U0339342

高等职业教育公共基础类创新教材

信息技术基础

主　编　李　宏　孟祥飞
副主编　王　欣　降秋杰　杨　辉
　　　　乌兰图亚　赵广智　宋海英

北京理工大学出版社
BEIJING INSTITUTE OF TECHNOLOGY PRESS

图书在版编目（CIP）数据

信息技术基础 / 李宏，孟祥飞主编. —北京：北京理工大学出版社，2020.6
ISBN 978-7-5682-8590-2

Ⅰ.①信… Ⅱ.①李… ②孟… Ⅲ.①电子计算机-高等职业教育-教材
Ⅳ.①TP3

中国版本图书馆 CIP 数据核字（2020）第 104974 号

出版发行 / 北京理工大学出版社有限责任公司
社　　址 / 北京市海淀区中关村南大街 5 号
邮　　编 / 100081
电　　话 /（010）68914775（总编室）
　　　　　（010）82562903（教材售后服务热线）
　　　　　（010）68948351（其他图书服务热线）
网　　址 / http：//www. bitpress. com. cn
经　　销 / 全国各地新华书店
印　　刷 / 三河市天利华印刷装订有限公司
开　　本 / 787 毫米×1092 毫米　1/16
印　　张 / 17
字　　数 / 395 千字
版　　次 / 2020 年 6 月第 1 版　2020 年 6 月第 1 次印刷
定　　价 / 48.00 元

责任编辑 / 王玲玲
文案编辑 / 王玲玲
责任校对 / 刘亚男
责任印制 / 施胜娟

图书出现印装质量问题，请拨打售后服务热线，本社负责调换

前　言

编写目的：

随着计算机学科的飞速发展和计算机的普及教育，计算机基础教育已经踏上了新的台阶，步入一个新的发展阶段。各专业对学生的计算机应用能力提出了更高的要求。为了适应新发展，我们组织有多年教学经验及多次参加国家级前沿学科培训的教师编写此书。在信息化2.0时期职教教材建设的新形势下，以微软公司的Office 2010系列软件为基础，同时增加了云计算与大数据、人工智能来编写这本教材。

信息技术基础是高等职业院校非计算机专业学生的一门公共必修课程，是学习其他计算机相关技术课程的前导和基础课程。在本书编写过程中，遵循实用、适用、先进的原则和通俗、精练、可操作的风格。

本书内容：

单元1　计算机基础知识，着重介绍了计算机的发展、数制之间的转换及系统结构。

单元2　操作系统，着重介绍了Windows 7的基本操作、资源管理、系统设置与磁盘管理。

单元3　文字处理Word 2010，着重介绍了文档的基本操作、格式的设置、页面的设置与打印、表格处理、图形图像对象的操作及高级操作。

单元4　电子表格Excel 2010，着重介绍了表格的数据输入，编辑工作表，工作表的基本操作，格式的编辑，公式、函数与图表的使用，数据管理与分析，数据清单及页面设置。

单元5　使用PowerPoint 2010制作演示文稿，着重介绍了演示文稿的基本操作、视图模式、外观设计，幻灯片中的对象编辑、交互效果设置、放映和输出。

单元6　计算机网络与Internet应用，着重介绍了计算机网络的定义、体系结构、拓扑结构、传输介质、分类、IP地址和域名DNS、Internet的基本知识、Internet的应用及信息检索与发布。

单元7　云计算和大数据基础，着重介绍了云计算和大数据的定义及发展。

单元8　人工智能，着重介绍了人工智能的现状与未来、知识体系及Python程序。

本书特点：

本书以实践性与应用性相结合为原则，以立德树人、培养能力为目标，以实际工作任务引领知识和技能，让读者在完成任务的过程中学习相关知识、掌握相关技能、提升自身的综合职业素质和能力，真正实现做中学、学中做的教学模式。

课题项目：

本文是内蒙古自治区教育科学研究“十三五”规划2019年度立项课题——“互联网+”与高校信息技术基础课程教育改革的理论与实践探索研究课题的阶段性成果，（项目号：NZJGH2019036），课题主持人宋海英。

目 录

单元 1

计算机基础知识

学习目标

1. 了解计算机的发展过程、特点、分类及应用领域。
2. 理解计算机的系统结构，软、硬件的基本概念及相互关系。
3. 掌握数制及转换方法；理解编码、指令等概念。
4. 了解微机的基本结构及组成部分的基本功能、性能指标。
5. 熟练掌握微机的基本使用（开机、关机、键盘（指法）、鼠标）。
6. 了解计算机的系统结构。
7. 掌握计算机硬件系统和软件系统之间的关系。

重点和难点

重点

计算机的体系结构；计算机系统的组成。

难点

数制及转换方法。

任务 1.1　计算机的发展

从世界上第一台计算机诞生到现在，虽然只有短短几十年的时间，但其发展迅速，在日常的生活中，计算机的应用已经无处不在。计算机在人们的生活和工作中扮演着越来越重要的角色。

计算机的诞生酝酿了很长一段时间。1946 年 2 月，第一台电子计算机 ENIAC 在美国问世，如图 1－1 所示，其用了 18 000 个电子管和 86 000 个其他电子元件，有两个教室那么大，运算速度为每秒 300 次各种运算或 5 000 次加法，是计算机的始祖，揭开了计算机时代的序幕。

计算机（Computer）的全称是电子计算机（Electronic Computer），俗称电脑，是一种能够按照程序运行，自动、高速处理海量数据的现代化智能电子设备，是一种具有计算能力和逻辑判断能力的机器。它由硬件和软件组成。没有安装任何软件的计算机称为裸机。

图 1-1　ENIAC 计算机

经过几十年的发展，计算机技术的应用已经十分普及，从国民经济的各个领域到个人生活、工作的各个方面，可谓无所不在。计算机是一种能够存储程序，并能按照程序自动、高速、精确地进行大量计算和信息处理的电子机器。用户可以使用计算机进行办公、处理公文、画画、听音乐、玩游戏、看 VCD 电影、浏览 Internet 网页等。同时，电子计算机的发展和应用水平是衡量一个国家的科学技术发展水平和经济实力的重要标志。因此，学习和应用电子计算机知识，对于每一个学生、科技人员、教育者和管理者都是十分必要的，使用计算机是目前人们必备的基本能力之一。

1.1.1　计算机的产生与发展

计算机的产生是 20 世纪最重要的科学技术大事件之一。20 世纪 40 年代中期，导弹、火箭、原子弹等现代科技的发展，迫切需要解决很多复杂的数学问题，原有的计算工具已经满足不了要求；另外，电子学和自动控制技术的迅速发展，也为研制电子计算机提供了技术条件。1946 年，美国宾夕法尼亚大学 J. W. Mauchly 和 J. P. Eckert 领导的科技人员研制成功第一台电子数字计算机（Electronic Numerical Integrator And Calculator，ENIAC）。虽然其体积大、功耗大，且耗资近百万美元，但是它为发展电子计算机奠定了技术基础。

自 1946 年世界上第一台通用电子数字计算机问世以来，计算机已被广泛地应用于科学计算、工程设计、数据处理及人们日常生活的各个领域，成为减轻人们体力与脑力劳动，帮助人们完成一些人类难以完成的任务的有效工具。

在电子计算机问世后的短短几十年的发展历史中，它所采用的电子元器件经历了电子管时代、晶体管时代、小规模集成电路时代、大规模和超大规模集成电路时代。按所使用的主要元器件分，电子计算机的发展主要经历了以下几个阶段。

第一代（1946—1958 年）是电子管计算机时代。其特征是采用电子管作为逻辑元件，使用阴极射线管或汞延迟线作为主存储器，结构上以 CPU 为中心，速度慢、存储量小。这

一代计算机的逻辑元件采用电子管，并且使用机器语言编程，后来又产生了汇编语言。

第二代（1959—1964 年）是晶体管计算机时代。其特征是用晶体管代替了电子管，用磁芯作为主存储器，引入了变地址寄存器和浮点运算部件，利用 I/O（Input/Output）处理机提高输入/输出操作能力等。这一代计算机的逻辑元件采用晶体管，并出现了管理程序和 Cobol、Fortran 等高级编程语言，以简化编程过程，建立了子程序库和批处理管理程序，应用范围扩大到数据处理和工业控制。

第三代（1965—1970 年）是集成电路计算机时代。其特征是用集成电路 IC（Integrated Circuit）代替了分立元件晶体管。这一代计算机逻辑元件采用中、小规模集成电路，出现了操作系统和诊断程序，高级语言更加流行，如 Basic、Pascal、APL 等。

第四代（1971 年至今）是超大规模集成电路计算机时代。其特征是以大规模集成电路（LSI）和超大规模集成电路（VLSI）为计算机主要功能部件，用 16 KB、64 KB 或集成度更高的半导体存储器部件作为主存储器。这一代计算机采用的元件是微处理器和其他芯片，其特点主要包括速度快、存储容量大、外部设备种类多、用户使用方便、操作系统和数据库技术进一步发展。同时，1971 年美国 Intel 公司首次把中央处理器（CPU）制作在一块芯片上，研究出了第一个 4 位单片微处理器，它标志着微型计算机的诞生。

第五代是正在研制中的新型电子计算机。有关第五代计算机的设想，是 1981 年在日本东京召开的第五代计算机国际会议上正式提出的。第五代计算机的特点是智能化，具有某些与人的智能相类似的功能，可以理解人的语言，能思考问题，并具有逻辑推理的能力。

我国计算机事业是从 1956 年制定《十二年科学技术发展规划》后开始起步的。1958 年成功地仿制了 103 和 104 电子管通用计算机。20 世纪 60 年代中期，我国已全面进入第二代电子计算机时代。我国的集成电路在 1964 年已研制出来，但真正生产集成电路是在 20 世纪 70 年代初期。20 世纪 80 年代以来，我国的计算机科学技术进入了迅猛发展的新阶段。

1.1.2 计算机的分类

计算机发展到今天，种类繁多，并表现出各自不同的特点。可以从不同的角度对计算机进行分类。

按计算机信息的表示形式和对信息的处理方式不同，分为数字计算机（digital computer）、模拟计算机（analogue computer）和混合计算机。数字计算机所处理的数据都是以 0 和 1 表示的二进制数字，是不连续的离散数字，具有运算速度快、准确、存储量大等优点，因此适用于科学计算、信息处理、过程控制和人工智能等，具有最广泛的用途。模拟计算机所处理的数据是连续的，称为模拟量。模拟量以电信号的幅值来模拟数值或某物理量的大小，如电压、电流、温度等都是模拟量。模拟计算机解题速度快，适用于解高阶微分方程，在模拟计算和控制系统中应用较多。混合计算机则是集数字计算机和模拟计算机的优点于一身。

按计算机的用途不同，分为通用计算机（general purpose computer）和专用计算机（special purpose computer）。通用计算机广泛适用于一般科学运算、学术研究、工程设计和数据处理等，具有功能多、配置全、用途广、通用性强的特点，市场上销售的计算机多属于通用计算机。专用计算机是为了适应某种特殊需要而设计的计算机，通常增强某些特定功能，忽略一些次要要求，所以专用计算机能高速度、高效率地解决特定问题，具有功能单纯、使用面窄甚至专机专用的特点。模拟计算机通常都是专用计算机，在军事控制系统中被广泛使用，如飞机的自动驾驶仪和坦克上的兵器控制计算机。

按性能和规模，把计算机划分为巨型机（超级计算机）、大型机、小型机、微型机等。

1. 巨型机

巨型机（giant computer）又称超级计算机（super computer），是指运算速度超过每秒1亿次的高性能计算机，如图1－2所示。它是目前功能最强、速度最快、软硬件配套齐备、价格最高的计算机，主要用于解决诸如气象、太空、能源、医药等尖端科学研究和战略武器研制中的复杂计算。其研制水平、生产能力及应用程序已成为衡量一个国家经济实力与科技水平的重要标志。

图1－2　巨型机

2013年6月17日在德国莱比锡举行的“2013国际超级计算大会”开幕式上正式公布了世界超级计算机500强。其中由中国国防科技大学开发的超级计算机“天河二号”，以持续计算速度每秒3.39亿亿次（理论峰值速度为54.9 PFLOPS）的优越性能位居榜首，超越2012年世界上最快的来自美国能源部橡树岭国家实验室研发的“泰坦”（2013年排名第二，持续计算速度每秒1.76亿亿次），标志着中国自2010年11月“天河一号”成为500强榜单第一位的超级计算机之后，再次排名世界超级计算机第一位。

“天河二号”的核心由32 000颗Intel Xeon Ivy Bridge处理器和48 000颗Intel Xeon Phi处理器组成，其核心共计有3 120 000个可运行的内核，拥有12.4 PB（1 PB＝1 024 TB）的硬盘和1.4 PB的内存，采用自己的分布式计算技术；采用光电混合传输技术，上层采用主干拓扑结构，通过13个路由，每个路由有576个端口，并运行麒麟Linux系统，最大消耗功率为17.6 MW（整机附带散热系统时，为24 MW），占地720 m^2，造价1亿美元。

2. 大型机

大型主机（main frame）或称大型计算机或大型通用机（常说的大、中型机），如图1－3所示，其特点是通用性强，有很强的综合处理能力。处理速度高达每秒30万亿次，主要用于大银行、大公司、规模较大的高校和科研院所，所以也被称为“企业级”计算机。大型主机经历批处理、分时处理、分散处理与集中管理等几个主要发展阶段。美国IBM公司生产的IBM 360、IBM 370、IBM 9000系列，就是国际上最具有代表性的大型主机。

图1－3　大型机

3. 小型机

小型机（mini computer）一般用于工业自动控制、医疗设备中的数据采集等场合。其规模和运算速度比大中型机的要差，但仍能支持十几个用户同时使用。小型机具有体积小、价格低、性能价格

比高等优点，适合中小企业、事业单位用于工业控制、数据采集、分析计算、企业管理及科学计算等，也可做巨型机或大中型机的辅助机。典型的小型机是美国 DEC 公司的 PDP 系列计算机、IBM 公司的 AS/400 系列计算机、我国的 DJS－130 计算机等。

4. 微型计算机

微型计算机简称微机，是当今使用最普遍、产量最大的一类计算机，其体积小、功耗低、成本少、灵活性大，性能价格比明显优于其他类型计算机，因而得到了广泛应用。微型计算机可以按结构和性能划分为单片机、单板机、个人计算机等几种类型。

微型机的中央处理器采用微处理芯片，体积小巧、轻便。目前微型机使用的微处理芯片主要有 Intel 公司的 Pentium 系列、AMD 公司的 Athlon 系列，以及 IBM 公司 Power PC 等。

1.1.3　计算机的特点

计算机的应用已经渗透到社会的各行各业，其主要原因是计算机具有以下特点。

1. 高速的运算能力

现在，一般的计算机运算速度是每秒几十万次到几百万次，大型计算机的运算速度是每秒亿亿次。目前世界上运算速度最快的计算机是中国的“天河二号”，已达 3.39 亿亿次/s，这是人的运算能力无法比拟的。高速运算能力可以完成天气预报、大地测量、运载火箭参数等的计算。

2. 很高的计算精度

由于计算机内采用二进制数字进行运算，其计算精度可通过增加表示数字的设备来获得，使数值计算根据需要获得千分之一至几百万分之一，甚至更高的精确度。一般计算机的字长越长，所能表达的数字的有效位就越多，其运算的精度就越高。

3. 具有“记忆”功能

计算机中设有存储器，存储器可以记忆大量的数据。当计算机工作时，计算的数据、运算的中间结果及最终结果都可存入存储器中。最重要的是，可以把人们为计算机事先编好的程序也存储起来。

4. 具有逻辑判断能力

计算机不仅能进行算术运算，还可以进行逻辑判断和推理，并能根据判断结果自动决定以后执行什么命令。

5. 高度的自动化和灵活性

由于计算机能够存储程序，并能够自动依次、逐条地运行，不需要人工干预，这样计算机就实现了高度的自动化和灵活性。

6. 联网通信，共享资源

若干台计算机联成网络后，为人们提供了一种有效、崭新的交流手段，便于世界各地的人们充分利用人类共有的知识财富。

1.1.4 计算机的用途

计算机的应用主要体现在以下几个方面。

1. 数值计算

为解决数值计算（科学计算），世界上第一台计算机研制成功。计算机运算的高速度和高精度是人工计算望尘莫及的，现代科技的发展使得各个领域的计算模型日趋复杂，人们可以通过编程自动计算，来解决科学研究和生产中的复杂计算问题，如军事、航天、航海、气象、高能物理、地震推测等。

2. 数据处理

数据处理（信息处理）是指对大量信息进行加工处理，例如分析、合并、分类、统计等，如在企业管理、会计、医学、文书、生物、图书、情报等方面的应用。常见的办公自动化系统、管理信息系统、酒店服务系统、航空订票系统等，都属于数据处理范围。数据处理工作具有输入/输出数据量大的特点。

3. 自动控制

计算机用于生产过程的自动控制，要求具有较高的实时性，故又称为实时控制，也称为过程控制。用于实时控制的计算机接收外部的信息有许多是温度、压力、电压、电流、位移等连续变化的模拟物理量，这些物理量首先需要通过模拟/数字转换装置转换成数字量，才能供计算机处理。计算机处理的数字量结果也需要通过数字/模拟装置转换为模拟量来实现对过程的控制，如钢铁厂中用计算机自动控制加料、吹氧、温度、冶炼时间等。

4. 计算机辅助系统

随着计算机的发展，计算机辅助工作的应用也越来越广泛，常见的有计算机辅助设计、计算机辅助制造、计算机辅助教学等。

计算机辅助设计（Computer Aided Design，CAD）是指利用计算机帮助设计人员进行设计。

计算机辅助制造（Computer Aided Manufacturing，CAM）是指利用计算机进行生产设备的管理、控制和操作过程。

计算机辅助教学（Computer Aided Instruction，CAI）是指利用计算机进行教学工作。

5. 人工智能

人工智能（Artificial Intelligence，AI），是用计算机模拟人类的一部分智能活动，如学习过程、推理过程、判断过程、适应过程等。它涉及计算机科学、控制论、信息论、仿生学、神经学、生理学等多门学科，是计算机应用研究的前沿学科。

6. 信息高速公路

1992 年美国副总统阿尔·戈尔提出建设“信息高速公路”，1993 年 9 月美国正式宣布实施“国家信息基础设施”计划，俗称“信息高速公路”计划，引起了世界各发达国家、新兴工业国家和地区的极大反响，并积极加入这场国际大竞争中。

国家信息基础设施，除通信、计算机、信息本身和人力资源关键要素的硬环境外，还包括标准、规则、政策、法规和道德等软环境。针对我国的信息技术相对落后、信息产业不够强大、信息应用不够普遍和信息服务队伍不够壮大等现状，有关专家提出我国的信息基础设施应该加上两个关键部分，即民族信息产业和信息科学技术。

7. 电子商务

电子商务（Electronic Commerce）最早产生于20世纪60年代，发展于20世纪90年代，一般指的是在网络上通过计算机进行业务通信和交易处理，实现商品和服务的买卖及资金的转账，同时，还包括企业公司之间及其内部借助计算机及网络通信技术能够实现的一切商务活动，也就是通过网络进行的生产、营销、销售和流通活动，不仅包括在互联网上的交易，而且也包括利用信息技术来降低商务成本、增加流通价值和创造商业机遇的所有商务活动。

商务活动的核心是信息活动，在正确的时间和正确的地点与正确的人交换正确的信息是电子商务成功的关键。电子商务的显著特点是突破了时间和地点的限制、低成本、高效率、虚拟现实、功能全面、使用更灵活和更加安全有效。

按照电子商务交易主体之间的差异，电子商务可以有多种不同的运行模式，其中最典型的运行模式有商家－商家模式（Business to Business，B2B）、商家－消费者模式（Business to Customer，B2C）、消费者－消费者模式（Customer to Customer，C2C）。

8. 电子政务

电子政务就是政府机构运用现代计算机技术和网络技术，将管理和服务的职能转移到网络上去，实现政府组织结构和工作流程的重组优化，打破时间、空间和部门分隔的制约，向全社会提供高效优质、规范透明和全方位的管理与服务。它开辟了推动社会信息化的新途径，创造了政府实施产业政策的新手段。电子政务的出现有利于政府转变职能，提高运作的效率。

电子政务的特点是转变政府工作方式，提高政府科学决策水平，优化信息资源配置，借助信息技术，降低管理和服务成本。

从电子政务服务的对象看，电子政务的主要内容包括政府－政府电子政务（Government to Government，G2G）、政府－企业电子政务（Government to Business，G2B）、政府－公民电子政务（Government to Citizen，G2C）。

1.1.5　计算机的发展趋势

现代计算机的发展表现在两个方面：一是朝着巨（型化）、微（型化）、多（媒体化）、网（络化）和智（能化）5种趋向发展；二是朝着非冯·诺依曼结构发展。

1. 计算机发展的5种趋向

（1）巨型化

巨型化是指发展高速度、大存储容量和强功能的超级巨型计算机。这既是诸如天文、气象、原子、核反应等尖端科学及进一步探索新兴科学的需要，同时也是为了让计算机具有人脑学习、推理的复杂功能。当今知识信息犹如核裂变一样不断膨胀，记忆、存储和处理这些信息是必要的。

(2) 微型化

由于超大规模集成电路技术的发展，计算机的体积越来越小、功耗越来越低、性能越来越强、性价比越来越高，微型计算机已广泛应用到社会各个领域。除了台式微型计算机外，还出现了笔记本型、掌上型。随着微处理器的不断发展，微处理器已应用到仪表、家用电器、导弹弹头等中、小型计算机无法进入的领域。

(3) 多媒体化

多媒体是“以数字技术为核心的图像、声音与计算机、通信等融为一体的信息环境”的总称。多媒体技术的目标是无论何时何地，只需要简单的设备就能自由自在地以交互和对话方式收发所需要的信息。多媒体技术的实质就是让人们利用计算机，以更接近自然的方式交换信息。

(4) 网络化

网络化就是用通信线路把各自独立的计算机连接起来，形成各计算机用户之间可以相互通信并使用公共资源的网络系统。一方面能使众多用户共享信息资源，另一方面能使各计算机之间通过传递信息进行通信，把国家、地区、单位和个人连成一体，提供方便、及时、可靠、广泛、灵活的信息服务。

(5) 智能化

智能化是指使计算机具有人的智能，能够像人一样思维，让计算机能够进行图像识别、定理证明、研究学习、探索、联想、启发和理解人的语言等，是新一代计算机要实现的目标。随着计算机的计算能力的不断增强，通用计算机也开始具备一定的智能化，如各种专家系统的出现就是用计算机模仿人类专家的工作。智能化从本质上扩充了计算机的能力，能越来越多地代替人类的脑力与体力劳动。

2. 非冯·诺依曼结构模式

随着计算机技术的发展、计算机应用领域的开拓更新，冯·诺依曼的工作方式已不能满足需要，所以出现了制造非冯·诺依曼计算机的想法。自 20 世纪 60 年代开始，除了创造新的程序设计语言，即所谓的非冯·诺依曼语言外，还从计算机元件方面提出了发明与人脑神经网络相类似的新型大规模集成电路的设想，即分子芯片。

(1) 光子计算机

光子计算机是用光子取代电子进行信息传递。在光子计算机中，光的速度是电子的 300 多倍。2003 年 10 月，全球首枚嵌入光核心的商用向量光学处理器问世，其运算速度是 8 万亿次/s，预示着计算机将进入光学时代。

(2) 生物计算机

生物计算机（分子计算机）在 20 世纪 80 年代中期开始研制，其特点是采用生物芯片，它由生物工程技术产生的蛋白质分子构成。在这种生物芯片中，信息以波的形式传播，运算速度比当今最新一代计算机快 10 万倍，并拥有巨大的存储能力。由于蛋白质分子能够自我组合，再生新的微型电路，使得生物计算机具有生物体的一些特点，如能发挥生物体本身的

调节机能，从而自动修复芯片发生的故障，还能模仿人脑的思考机制。目前，生物计算机研究领域已经有了新的进展，预计在不久的将来就能制造出分子元件，即通过在分子水平上的物理化学作用对信息进行检测、处理、传输和存储。

(3) 量子计算机

量子计算机是指处于多现实态下的原子进行运算的计算机，这种多现实态是量子力学的标志。在某种条件下，原子世界存在着多现实态，即原子和亚原子粒子可以同时存在于此处和彼处，可以同时表现出高速和低速，可以同时向上和向下运动。如果这些不同的原子状态分别代表不同的数字或数据，就可以利用一组具有不同潜在状态组合的原子，在同一时间对某一问题的所有答案进行探寻，寻找正确答案。量子计算机具有解题速度快、存储量大、搜索功能强和安全性较高等优点。

美国的研究人员已经成功实现了 4 量子位逻辑门，取得了 4 个锂离子的量子缠结状态，获得了新的突破。

任务 1.2　计算机中的数制和编码

1.2.1　计算机中数据的表示

数据是指能被计算机接收和处理的符号集合。在计算机中，所有被处理的数据可以分为数值型数据和非数值型数据。例如字母、图像、声音和视频等数据，就属于非数值型数据。这两类数据在计算机中都是以二进制方式存储的。

计算机内部存储和处理的数据都是用二进制表示的。下面介绍位、字节、字长的相关概念。

1. 位

位，也称为比特，常用小写字母“b”表示。位是计算机存储设备的最小单位。用 0 或者 1 来表示一个二进制数位。

2. 字节

一个字节由 8 位二进制数构成，常用大写字母“B”表示。字节是最基本的数据单位。在计算机内部，数据传送也是以字节为单位进行的。

常用的字节单位有 KB、MB、GB、TB 和 PB，相互之间的换算关系如下：

1 KB = 2^{10}B = 1 024 B　　　　1 MB = 2^{10}KB = 1 024 KB

1 GB = 2^{10}MB = 1 024 MB　　　　1 TB = 2^{10}GB = 1 024 GB

1 PB = 2^{10}TB = 1 024 TB

3. 字长

字长是指 CPU 在单位时间内一次处理的二进制位数的多少。对于计算机硬件，字长与数据总线的数目相对应。不同的计算机，其字长是不同的，常用的字长有 8 位、16 位、32 位和 64 位。字长是衡量计算机性能的一个重要标志。字长越长，则计算机性能越好。

注意：这些数据单位之间的进制并不是1 000，而是1 024，即2^{10}。

1.2.2 数制及其特点

数制也称计数制，是指用一组固定的符号和统一的规则来表示数值的方法。若按进位的方法进行计数，则称为进位计数制。计算机系统其实就是一种信息处理系统，计算机以二进制的形式进行信息的存储和处理。在计算机中，采用二进制是由计算机电路所使用的元器件的性质决定的。在计算机中采用了具有两个稳态的二值电路，且二值电路只能表示两个数码：0 和 1。低电位表示数码 0；高电位表示数码 1。

常用的数制有十进制、二进制、八进制和十六进制。一种进位计数制包含一组数码符号和 3 个基本因素：基数、数位、位权。

①数码：一组用来表示某种数制的符号。例如，二进制的数码符号是 0、1，八进制的数码符号是 0、1、2、3、4、5、6、7。

②基数：指该进制中允许选用的基本数码的个数。

十进制有 10 个数码符号：0、1、2、…、9。

二进制有 2 个数码符号：0、1。

八进制有 8 个数码符号：0、1、2、…、7。

十六进制有 16 个数码符号：0、1 、2、…、9、A、B、C、D、E、F（其中 A ~ F 对应十进制的 10 ~ 15）。

③数位：一个数中每一个数字所处的位置称为数位。

④位权：在某种进位计数制中，每个数位上的数码所代表的数值大小，等于这个数位上的数码乘以一个固定的数值，那么这个固定的数就是这种进位计数制中该数位中的位权。

1. 十进制

十进制有如下基本特点。

1）10 个数码：0、1、2、3、4、5、6、7、8、9。

2）运算规则：逢 10 进 1，借 1 当 10。

对于任意十进制数 N，按权展开时，可表示为

$$N = D_n \times 10^{n-1} + D_{n-1} \times 10^{n-2} + \cdots + D_1 \times 10^0 + D_{-1} \times 10^{-1} + \cdots + D_{-m} \times 10^{-m}$$

其中，m、n 为正整数，n 为小数点左边的位数，m 为小数点右边的位数。

【例 1－1】 将十进制数 3 525. 26 写成展开式。

$$(3\ 525.26)_{10} = 3 \times 10^3 + 5 \times 10^2 + 2 \times 10^1 + 5 \times 10^0 + 2 \times 10^{-1} + 6 \times 10^{-2}$$

2. 二进制

二进制有如下基本特点。

1）两个数码：0 和 1。

2）运算规则：逢 2 进 1，借 1 当 2。

对于任意一个 n 位整数、m 位小数的二进制数 N，按权展开时可表示为

$$N = B_n \times 2^{n-1} + B_{n-1} \times 2^{n-2} + \cdots + B_1 \times 2^0 + B_{-1} \times 2^{-1} + \cdots + B_{-m} \times 2^{-m}$$

它与十进制的差别在于进位基数产生了变化，每个位的权表现为2的幂次关系。

【例1－2】 将二进制数（10101.101）$_2$写成展开式。

$$(10101.101)_2 = 1\times2^4 + 0\times2^3 + 1\times2^2 + 0\times2^1 + 1\times2^0 + 1\times2^{-1} + 0\times2^{-2} + 1\times2^{-3}$$

3. 八进制

八进制有如下基本特点。

1）8个数码：0、1、2、3、4、5、6、7。

2）运算规则：逢8进1，借1当8。

对于任意一个n位整数、m位小数的八进制数N，按权展开时，可表示为

$$N = Q_n\times8^{n-1} + Q_{n-1}\times8^{n-2} + \cdots + Q_1\times8^0 + Q_{-1}\times8^{-1} + \cdots + Q_{-m}\times8^{-m}$$

【例1－3】 将八进制数（517.1）$_8$写成展开式。

$$(517.1)_8 = 5\times8^2 + 1\times8^1 + 7\times8^0 + 1\times8^{-1}$$

4. 十六进制

十六进制有如下基本特点。

1）16个数码：0、1、2、3、4、5、6、7、8、9、A、B、C、D、E、F。

2）运算规则：逢16进1，借1当16。

对于任意一个n位整数、m位小数的十六进制数N，按权展开时可表示为

$$N = H_n\times16^{n-1} + H_{n-1}\times16^{n-2} + \cdots + H_1\times16^0 + H_{-1}\times16^{-1} + \cdots + H_{-m}\times16^{-m}$$

【例1－4】 将十六进制数（4C5.1）$_{16}$写成展开式。

$$(4C5.1)_{16} = 4\times16^2 + 12\times16^1 + 5\times16^0 + 1\times16^{-1}$$

5. 各种数制的特点（表1－1）

表1－1　计算机中常用的几种计数制

计数制	二进制	八进制	十进制	十六进制
规则	逢2进1	逢8进1	逢10进1	逢16进1
基数	r＝2	r＝8	r＝10	r＝16
数码	0、1	0、1、2、…、7	0、1、…、9	0、1、…、9、A、B、C、D、E、F
位权	2^i	8^i	10^i	16^i
表示形式	B	O	D	H

1.2.3　二进制的运算

在计算机中，采用由“0”和“1”这两个基本符号所组成的二进制数。“1”和“0”正好与逻辑命题的“是”和“否”或“真”和“假”相对应，其为计算机实现逻辑运算和程序中逻辑判断提供了便利的条件。

1. 二进制算术运算

二进制算术运算与十进制算术运算类似，并且同样可以进行四则运算，且其操作简单、直观，更容易实现。

二进制求和法则如下：

0+0=0；0+1=1；1+0=1；1+1=10（逢2进1）。

二进制求差法则如下：

0-0=0；1-0=1；0-1=1（借1当2）；1-1=0。

二进制求积法则如下：

0×0=0；0×1=0；1×0=0；1×1=1。

二进制求商法则如下：

0÷0=0；0÷1=0；1÷0（无意义）；1÷1=1。

提示：

在进行两数相加时，应先写出被加数和加数，然后按照由低位到高位的顺序，根据二进制求和法则，把两个数逐位相加即可。

【例1-5】 求1001101+10010。

解：1001101

+）　10010

=1011111

答：1001101+10010=1011111。

【例1-6】 求1001101-10010。

解：1001101

-）　10010

=0111011

答：1001101+10010=0111011。

2. 二进制逻辑运算

计算机的逻辑运算和算术运算的主要区别是：逻辑运算是按位进行的，并且位与位之间不像加减运算那样有进位与借位的联系。

逻辑运算主要包括3种基本运算：逻辑加法（又称“或”运算）、逻辑乘法（又称“与”运算）和逻辑否定（又称“非”运算）。此外，“异或”运算也很有用。

（1）逻辑“与”

例如：0∧0=0，0∧1=0，1∧0=0，1∧1=1。

逻辑“与”在不同软件中用不同的符号表示，如AND、∧等。

（2）逻辑“或”

例如：0∨0=0，0∨1=1，1∨0=1，1∨1=1。

“或”运算通常用符号OR、∨等来表示。

(3) 逻辑“非”

例如:!0 =1,!1 =0。

对某二进制数进行“非”运算，实际上就是对它的各位按位求反。

1.2.4 不同数制间的相互转换

在计算机内部，数是以二进制表示的，而人们习惯上使用的是十进制数。计算机从外界接收到十进制数后，要经过翻译，把十进制数转换为二进制数才能对其进行处理。在计算机运行结束后，它再把二进制数换算为人们习惯使用的十进制数输出。虽然这个过程是由计算机自动完成的，但是对程序员来说，有时需要进行数制间的转换。

1. 将R进制数转换为十进制数

将一个R进制数转换为十进制数的方法是：按权展开，然后按十进制运算法则将数值相加。

【例1-7】 将二进制数 $(10\,110.011)_2$ 转换为十进制数。

$$
\begin{aligned}
(10110.011)_2 &= 1\times2^4+0\times2^3+1\times2^2+1\times2^1+0\times2^0+0\times2^{-1}+1\times2^{-2}+1\times2^{-3} \\
&= 16+0+4+2+0+0+0.25+0.125 \\
&= (22.375)_{10}
\end{aligned}
$$

【例1-8】 将八进制数转换为十进制数。

$$
\begin{aligned}
(345.67)_8 &= 3\times8^2+4\times8^1+5\times8^0+6\times8^{-1}+7\times8^{-2} \\
&= 192+32+5+0.75+0.109375 \\
&= (229.859375)_{10}
\end{aligned}
$$

【例1-9】 将十六进制数转换为十进制数。

$$
\begin{aligned}
(8AB.9C)_{16} &= 8\times16^2+10\times16^1+11\times16^0+9\times16^{-1}+12\times16^{-2} \\
&= 2048+160+11+0.5625+0.046875 \\
&= (2219.609375)_{10}
\end{aligned}
$$

2. 将十进制数转换成R进制数

将十进制数转换成R进制数时，应将整数部分和小数部分分别转换，然后再相加起来即可得到结果。整数部分采用“除R取余”的方法，即将十进制数除以R，得到一个商和余数，再将商除以R，又得到一个商和一个余数，如此继续下去，直到商为0为止。将每次得到的余数按照顺序逆序排列（即最后得到的余数写到整数的左侧，最先得到的余数写到整数的右侧），即为R进制的整数部分；小数部分采用“乘R取整”的方法，即将小数部分连续地乘以R，保留每次相乘的整数部分，直到小数部分为0或达到精度要求的倍数为止，将得到的整数部分按照得到的数排列，即为R进制的小数部分。

【例1-10】 将十进制数 $(39.625)_{10}$ 转换为二进制数。

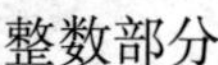
整数部分

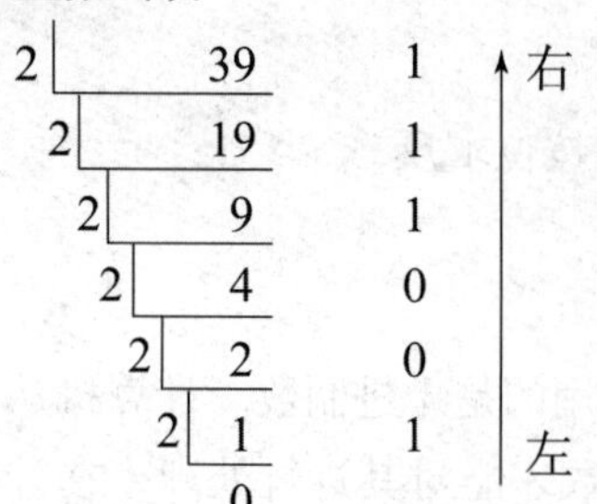

小数部分

0.625 × 2 = [1].250　1 ↓ 左
0.250 × 2 = [0].500　0
0.500 × 2 = [1].000　1　右

结果为 $(39.625)_{10} = (100111.101)_2$。

【例 1－11】 将十进制数 $(678.325)_{10}$ 转换为八进制数（小数部分保留两位有效数字）。

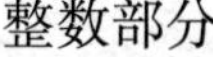
整数部分

8 | 678　6 ↑ 右
8 | 84　4
8 | 10　2
8 | 1　1　左
0

小数部分

0.325 × 8 = [2].600　2 ↓ 左
0.600 × 8 = [4].800　4　右

结果为 $(678.325)_{10} = (1246.24)_8$。

【例 1－12】 将十进制数 $(2006.585)_{10}$ 转换为十六进制数（小数部分保留三位有效数字）。

整数部分

16 | 2006　6 ↑ 右
16 | 125　13
16 | 7　7　左
0

小数部分

0.585 × 16 = [9].360　9 ↓ 左
0.360 × 16 = [5].760　5
0.760 × 16 = [12].160　12　右

结果为 $(2006.585)_{10} = (7D6.95C)_{16}$。

3. 二、八与十六进制数的相互转换

（1）二进制数和八进制数的互换

由于 $2^3 = 8$，因此 3 位二进制数可以对应 1 位八进制，见表 1－2。利用这种对应关系可以方便地实现二进制数和八进制数的相互转换。

表 1－2　二进制数与八进制数相互转换对照表

二进制数	八进制数	二进制数	八进制数
000	0	100	4
001	1	101	5
010	2	110	6
011	3	111	7

转换方法：以小数点为界，整数部分从右向左每3位分为一组，若不够3位，在左边补“0”，补足3位；小数部分从左向右每3位一组，不够3位时，在右面补“0”，然后将每3位二进制用1位八进制数表示，即可完成转换。

【例1－13】 将二进制数 $(10101101.1101)_2$ 转换成八进制数。

$(010\ 101\ 101.110\ 100)_2$

↓　↓　↓　↓　↓

$(1\quad 5\quad 5.\ 6\quad 4)_8$

结果为 $(10101101.1101)_2=(155.64)_8$。

反过来，将八进制数转换成二进制数的方法是：将每位八进制数用3位二进制数替换，按照原有的顺序排列，即可完成转换。

【例1－14】 将八进制数 $(7654.321)_8$ 转换成二进制数。

$(7\quad 6\quad 5\quad 4.\ 3\quad 2\quad 1)_8$

↓　↓　↓　↓　↓　↓　↓

$(111\ 110\ 101\ 100.011\ 010\ 001)_2$

结果为 $(7654.321)_8=(111110101100.011010001)_2$。

（2）二进制数和十六进制数的互换

由于 $2^4=16$，因此，4位二进制数可以对应1位十六进制，见表1－3。利用这种对应关系可以方便地实现二进制数和十六进制数的相互转换。

表1－3　二进制数与十六进制数相互转换对照表

二进制数	十六进制数	二进制数	十六进制数
0000	0	1000	8
0001	1	1001	9
0010	2	1010	A
0011	3	1011	B
0100	4	1100	C
0101	5	1101	D
0110	6	1110	E
0111	7	1111	F

转换方法：以小数点为界，整数部分从右向左每4位一组，若不够4位，在左面补“0”，补足4位；小数部分从左向右每4位一组，不够4位时，在右面补“0”，然后将每4位二进制数用1位十六进制数表示，即可完成转换。

【例1－15】 将二进制数 $(1101101.101110)_2$ 转换成十六进制数。

$(0110\ 1101.1011\ 1000)_2$

↓　↓　↓　↓

$(6\quad D.\ B\quad 8)_{16}$

结果为 $(1101101.101110)_2=(6D.B8)_{16}$。

反过来，将十六进制数转换成二进制数的方法是：将每位十六进制数用 4 位二进制数替换，按照原有的顺序排列，即可完成转换。

【例 1 - 16】 将十六进制数 $(1E2F.3D)_{16}$转换成二进制数。

(1　E　2　F. 3　$D)_{16}$

↓　↓　↓　↓　↓　↓

$(0001\ 1110\ 0010\ 1111.0011\ 1101)_2$

结果为 $(1E2F.3D)_{16}=(1111000101111.00111101)_2$。

八进制数和十六进制数的转换，一般利用二进制数作为中间媒介。

1.2.5　字符的表示及编码

1. 编码

编码就是采用少量的基本符号（例如使用二进制的基本符号 0 和 1），并选用一定的组合原则，来表示各种类型的信息（例如数值、文字、声音、图形和图像等）。为了使信息的表示、交换、存储或加工处理方便，在计算机系统中通常采用统一的编码方式。在输入过程中，系统自动将用户输入的各种数据按编码的类型转换成相应的二进制形式存入计算机存储单元中。在输出的过程中，再由系统自动将二进制编码数据转换成用户可以识别的数据格式，并输出给用户。

2. Unicode

世界上存在着多种编码方式。同一个二进制数字可以被解释成不同的符号，因此，要想打开一个文本文件，就必须知道它的编码方式；否则，如果用错误的编码方式解读，就会出现乱码。电子邮件之所以常常出现乱码，就是因为发信人和收信人使用的编码方式不一样。

在计算机科学领域中，Unicode（统一码、万国码、单一码、标准万国码）是业界的一种标准。Unicode 基于通用字符集（Universal Character Set）的标准，并且它为每种语言中的每个字符设定了统一并且唯一的二进制编码，以满足跨语言、跨平台进行文本转换、处理的要求。

通用字符集可以简写为 UCS（Univenl Charncter Set）。早期的 Unicode 标准有 UCS - 2、UCS - 4 两种格式。UCS - 2 用 2 个字节编码，UCS - 4 用 4 个字节编码。Unicode 用数字 0 ~ 0x10FFFF 来映射这些字符，最多可以容纳 1 114 112 个字符，或者说有 1 114 112 个码位。码位就是可以分配给字符的数字。UTF - 8、UTF - 16、UTF - 32 都是将数字转换为程序数据的编码方案。一般提到的 Unicode，其实就是指 UTF - 16 编码。Unicode 编码转换是指从 UTF - 16 到 ANSI 各个代码页编码（UTF - 8、ASCII 等）的转换。

3. ASCII 码

目前计算机中使用最广泛的字符集及其编码，是美国标准信息交换码（American Standard Code for Information Interchange，ASCII）。

ASCII 码总共有 128 个元素，因此，用 7 位二进制数就可以对这些字符进行编码。一个

字符的二进制编码占8个二进制位，即1个字节，在这7个二进制位前面的第8位码是附加的，即最高位，常以0填补，称为奇偶校验位。7位二进制数共可表示 $2^7=128$ 个字符，它包含10个阿拉伯数字、52个英文大小写字母、32个通用控制字符、34个控制码。ASCII码表见表1－4，纵向的3位（高位）和横向的4位（低位）组成ASCII码的7位二进制代码。

表1－4 7位的ASCII码表

低4位	高3位							
	000	001	010	011	100	101	110	111
0000	NUL	DLE	SP	0	@	P	、	p
0001	SOH	DC1	!	1	A	Q	a	q
0010	STX	DC2	“	2	B	R	b	r
0011	ETX	DC3	#	3	C	S	c	s
0100	EOT	DC4	$	4	D	T	d	t
0101	ENQ	NAK	%	5	E	U	e	u
0110	ACK	SYN	&	6	F	V	f	v
0111	BEL	ETB	,	7	G	W	g	w
1000	BS	CAN	(	8	H	X	h	x
1001	HT	EM	)	9	I	Y	i	y
1010	LF	SUB	*	:	J	Z	j	z
1011	VT	ESC	+	;	K	[	k	{
1100	FF	FS	‘	<	L	\	l	|
1101	CR	GS	－	=	M	]	m	}
1110	SO	RS	.	>	N	↑	n	~
1111	SI	US	/	?	O	↓	o	Del

任务1.3 计算机系统结构

1.3.1 计算机系统的概念

计算机系统由硬件系统和软件系统两大部分组成。

计算机硬件系统是计算机系统中由电子类、机械类和光电类器件组成的各种计算机部件和设备的总称，是组成计算机的物理实体，是计算机完成各项工作的物质基础。计算机软件系统是计算机硬件设备上运行的各种程序、相关的文档和数据的总称。计算机硬件系统和软件系统共同构成一个完整的系统，相辅相成，缺一不可。计算机系统的组成如图1－4所示。

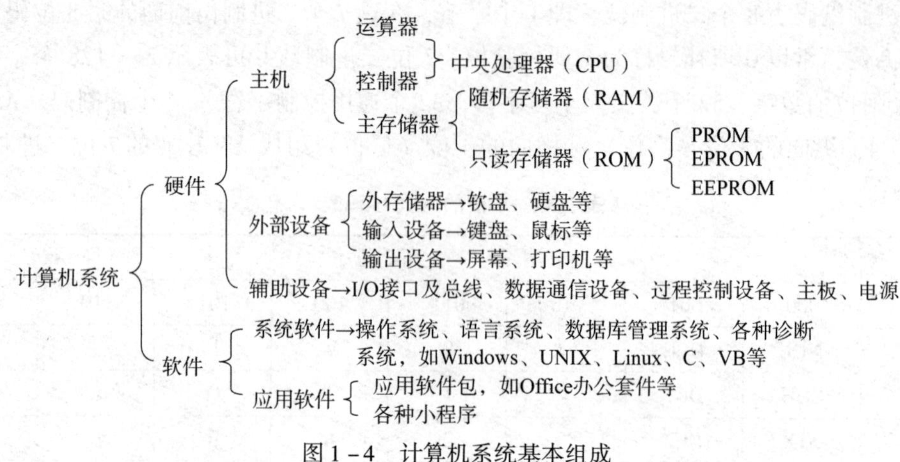

图 1-4　计算机系统基本组成

冯·诺依曼提出的计算机“存储程序”工作原理决定了计算机硬件系统由五大部分组成：存储器、运算器、控制器、输入设备和输出设备。

1. 存储器

存储器是用来存储数据和程序的部件。计算机中的信息都是以二进制代码形式表示的，必须使用具有两种稳定状态的物理器件来存储信息。这些物理器件主要包括磁芯、半导体触发器、MOS 电路或电容器等。

2. 运算器

运算器是整个计算机系统的计算中心，主要由执行算术运算和逻辑运算的算术逻辑单元（Arithmetic Logic Unit，ALU）、存放操作数和中间结果的寄存器及连接各部件的数据通路组成，用于完成各种算术运算和逻辑运算。

3. 控制器

控制器是整个计算机系统的指挥中心，主要由程序计数器（PC）、指令寄存器（IR）、指令译码器（ID）、时序控制电路和微操作控制电路等组成。在系统运行过程中，其不断地生成指令地址、取出指令、分析指令、向计算机的各个部件发出操作控制信号，指挥各个部件高速、协调地工作。

运算器和控制器合称为中央处理器（Central Processing Unit，CPU），是计算机的核心部件。CPU 和主存储器是信息加工处理的主要部件，通常将这两个部分合称为主机。CPU 的基本功能如下。

（1）程序控制

CPU 通过执行指令来控制程序的执行顺序，这是 CPU 的重要职能。

（2）操作控制

一条指令功能的实现需要若干操作信号来完成，CPU 产生每条指令的操作信号并将操作信号送往不同的部件，控制相应的部件按指令的功能要求进行操作。

（3）时间控制

CPU 对各种操作进行时间上的控制，这就是时间控制。CPU 对每条指令整个执行时间

进行严格控制。同时，指令执行过程中操作信号的出现时间、持续时间及出现的时间顺序都需进行严格控制。

（4）数据处理

CPU 对数据以算术运算及逻辑运算等方式进行加工处理，数据加工处理的结果为人们所利用，所以，对数据的加工处理是 CPU 最根本的任务。

4. 输入/输出设备

输入/输出设备（I/O 设备）又称为外部设备，它是与计算机主机进行信息交换，实现人机交互的硬件环境。

输入设备用于输入人们要求计算机处理的数据、字符、文字、图形、图像、声音等信息，以及处理这些信息所必需的程序，并将它们转换成计算机能接受的形式（二进制代码）。输入设备有键盘、鼠标、扫描仪、光笔、手写板、麦克风（输入语音）等。

输出设备用于将计算机处理结果或中间结果以人们可识别的形式（如显示、打印、绘图等）表达出来。常见的输出设备有显示器、打印机、绘图仪、音响设备等。

辅（外）存储器可以将存储的信息输入主机，主机处理后的数据也可以存储到辅（外）存储器中，因此，辅（外）存储设备既可以作为输入设备，也可以作为输出设备。

1.3.4 计算机软件系统

软件包括在计算机上运行的相关程序、数据及有关文档。通常把计算机软件系统分为系统软件和应用软件两大类。

1. 系统软件

系统软件也称为系统程序，是完成对整个计算机系统进行调试、管理、监控及服务等功能的软件。利用系统程序的支持，用户只需使用简便的语言和符号就可以编制程序，并使程序在计算机硬件系统上运行。系统程序能够合理地调试计算机系统的各种资源，使之得到高效率的使用，能监控和维护系统的运行状态，能帮助用户调试程序，查找程序中的错误等，大大减轻了用户管理计算机的负担。系统软件一般包括操作系统、语言处理程序、数据库系统、系统服务（如诊断系统程序）、标准库程序等。

2. 应用软件

应用软件也称为应用程序，是专业软件公司针对应用领域的需求，为解决某些实际问题而研制开发的程序，或由用户根据需要编制的各种实用程序。应用程序通常需要系统软件的支持，才能在计算机硬件上有效运行。文字处理软件、电子表格软件、作图软件、网页制作软件、财务管理软件等均属于应用软件。

1.3.5 计算机硬件系统和软件系统之间的关系

现代计算机不是一种简单的电子设备，而是由硬件与软件结合而成的一个十分复杂的整体。

计算机硬件是支持软件工作的基础，没有足够的硬件支持，软件便无法正常工作。相对于计算机硬件而言，软件是无形的，但是不安装任何软件的计算机（称为裸机）不能进行任何有意义的工作。系统软件为现代计算机系统正常、有效地运行提供良好的工作环境，丰富的应用软件使计算机强大的信息处理能力得到充分发挥。

在一个具体的计算机系统中，硬件、软件是紧密相关、缺一不可的，但是对某一具体功能来说，既可以用硬件实现，也可以用软件实现；同样，任何由软件实现的操作，在原理上也可以由硬件来实现。因此，为了方便用户，以及使计算机系统具有较高的总体效用，在设计计算机系统时，必须通盘考虑软件与硬件的结合，以及用户的要求和软件的要求。

在计算机技术的飞速发展过程中，计算机软件随着硬件技术的发展而不断发展与完善，软件的发展又促进了硬件技术的发展。

单元 2
操作系统

学习目标

1. 认识和了解 Windows 7 操作系统，熟练掌握针对窗口、菜单、工具栏、任务栏、对话框的基本操作。

2. 能够深刻理解文件和文件夹的概念与作用，熟练掌握查找、选定、新建、复制、移动、删除、重命名、属性查看与更改等文件（夹）基本操作。

3. 能够利用控制面板中的设置工具进行桌面、显示、声音等系统配置。

4. 能够进行常用应用程序的安装和卸载，会安装和使用计算机外部设备。

5. 了解 Windows 7 附件程序的使用，能够使用记事本、画图程序进行一般文字处理和图形绘制。

6. 掌握系统设置与磁盘管理。

重点和难点

重点

操作系统工作环境的设置。

难点

文档管理。

本章知识概念图

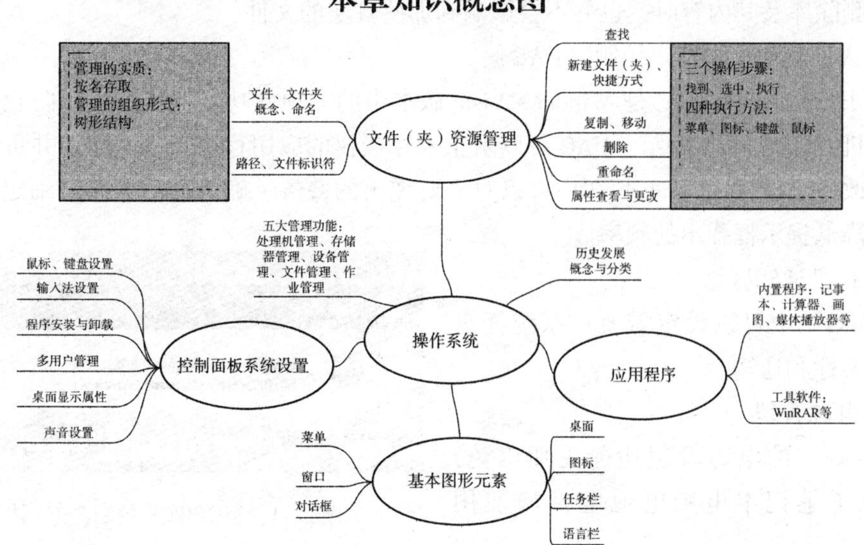

任务2.1 Windows 7 概述

Windows 7 是由微软公司开发的操作系统，核心版本号为 Windows NT 6.1。Windows 7 可供家庭及商业工作环境、笔记本电脑、平板电脑、多媒体中心等使用。2009 年 7 月 14 日，Windows 7RTM（Build 7600.16385）正式上线。2009 年 10 月 22 日，微软于美国正式发布 Windows 7，同时，也发布了服务器版本——Windows Server 2008 R2。2011 年 2 月 23 日，微软面向大众用户正式发布了 Windows 7 升级补丁——Windows 7SP1（Build7601.17514.101119－1850），另外，还发布了 Windows Server 2008 R2 SP1 升级补丁。

1. Windows 7 的新功能

（1）多功能任务栏

由于大多数用户把 Windows 任务栏设置成始终可见，因此，对任务栏的设置就显得尤为重要。Windows 7 任务栏的三大改进：首先，可以将应用程序固定在任务栏，便于快速启动。其次，在一个被多个窗口覆盖的桌面上，可以使用新的“航空浏览”功能从分组的任务栏程序中预览各个窗口，甚至可以通过缩略图关闭文件。最后，在任务栏的最右边还有一个永久性的“显示桌面”按钮。

（2）智能窗口排列

Windows 7 的另一个新功能就是智能排列窗口，把一个窗口拖拽到屏幕顶部时，它会自动最大化。

（3）库（Libraries）

使用“库”可以更加便捷地查找、使用和管理分布于整个电脑或网络中的文件或文件夹。它是个虚拟的概念，把文件或文件夹收纳到库中并不是将文件真正复制到“库”这个位置，而是在“库”这个功能中“登记”了哪些文件或文件夹的位置由 Windows 管理而已。因此，收纳到库中的内容除了它们自己占用的磁盘空间之外，几乎不会再额外占用磁盘空间，并且删除库及其内容时，也并不会影响到那些真实的文件。

（4）人性化的用户账户控制（UAC）

用户账户控制（UAC）是 Windows Vista 版本中的一项新功能，可以用于防止恶意程序破坏计算机，如图 2－1 所示。UAC 可以阻止未经授权的应用程序自动安装，并可以防止在无意中更改系统设置。Windows 7 中可以对需要弹出的警告、确认提示信息详细定义，这样就能大大降低提示框弹出的频率。

（5）托盘通知区域

Windows 7 中可以设定需要在系统托盘中显示的图标和通知。

（6）电源管理

Windows 7 的电源管理功能更加出色，大大延长了笔记本电脑电池电量的使用

图 2－1 “用户账户控制”对话框

时间。

(7) 自动电脑清理 (PC Safeguard)

电脑用户如果没有经验，可能会打乱先前的设置，安装可疑软件、删除重要文件或者是导致各种毁坏。但是注销登录时，电脑上所进行的一系列操作都会被清除。

(8) 更好用的系统还原

在 Windows Vista 中，有关于系统还原的设置选项很少。这一点在 Windows 7 中终于有了改进，有几个实用选项可供选择。

(9) 调整电脑音量

在 Windows 7 的默认状态下，当有语音电话（基于 PC 的）打出或打进来时，它会自动降低 PC 音箱的音量。如果不想用此功能，可随时设置关掉它。

2. Windows 7 的版本

目前 Windows 7 主要有 6 种版本。

1) Windows 7 Starter，初级版。主要新特性：无限应用程序、增强视觉体验（没有完整的 Aero 效果)、网络支持、移动中心 (Mobility Center)。缺少的功能：缺少一些附加功能。

2) Windows 7 Home Basic，家庭普通版。主要新特性：无限应用程序、增强视觉体验（没有完整的 Aero 效果)、高级网络支持（ad - hoc 无线网络和互联网连接支持 ICS)、移动中心 (Mobility Center)。缺少的功能：玻璃特效功能、实时缩略图预览、Internet 连接共享，不支持应用主题。

3) Windows 7 Home Premium，家庭高级版。主要新特性：Aero Glass 高级界面、高级窗口导航、改进的媒体格式支持、媒体中心和媒体流增强、多点触摸、更好的手写识别等。

4) Windows 7 Professional，专业版。加强网络的功能，比如域加入；高级备份功能；位置感知打印；脱机文件夹；移动中心 (Mobility Center)；演示模式 (Presentation Mode)。

5) Windows 7 Enterprise，企业版。提供一系列企业级增强功能：BitLocker，内置和外置驱动器数据保护；AppLocker，锁定非授权软件运行；DirectAccess，无缝连接企业网络等。

6) Windows 7 Ultimate，旗舰版。拥有 Windows 7 家庭高级版和 Windows 7 专业版的所有功能，它对硬件要求也是最高的。

Windows 7 Professional 版本是使用用户最多的版本，本书提到的 Windows 7 如无特殊说明，均指 Windows 7 Professional。

3. Windows 7 运行环境

Windows 7 具有更强大的功能，因而需要有更高性能的硬件支持。具体要求如下。

1) CPU：1 GHz 及以上的 32 位或 64 位处理器。

2) 内存：1 GB (32 位)/2 GB (64 位)。

3) 硬盘：20 GB 以上可用空间。

4) 显卡：有 WDDM 1.0 驱动的支持 DirectX 10 以上级别的独立显卡，显卡支持 DirectX 9 就可以开启 Windows Aero 特效。

5) DVD R/RW 驱动器或者 U 盘等其他储存介质。

6）声卡、音箱等多媒体设备，以及网卡或调制解调器等联网设备。

4. Windows 7 的启动模式

通过打开计算机并在 Windows 启动之前按 F8 键，屏幕上就会显示 Windows 7 的“高级启动选项”菜单，访问该菜单，能够以多种模式启动 Windows 7。

(1) 修复计算机

显示可以用于修复启动问题的系统恢复工具的列表，运行诊断或恢复系统。此选项仅在计算机硬盘上安装了系统恢复工具之后才可用。如果有 Windows 安装光盘，则系统恢复工具位于该光盘上。

(2) 安全模式

以一组最少的驱动程序和服务启动 Windows。

(3) 网络安全模式

在安全模式下启动 Windows，包括访问 Internet 或网络上的其他计算机所需的网络驱动程序和服务。

(4) 启用引导日志

创建文件 ntbtlog. txt。该文件列出所有在启动过程中安装并可能对高级疑难解答非常有用的驱动程序。

(5) 最后一次的正确配置（高级）

使用最后一次正常运行的注册表和驱动程序配置启动 Windows。

(6) 禁用系统失败时自动重新启动

因错误导致 Windows 失败时，阻止 Windows 自动重新启动。仅当 Windows 陷入循环状态，即 Windows 启动失败，重新启动后再次失败时，使用此选项。

(7) 正常启动 Windows

以正常模式启动 Windows，如图 2－2 所示。

图 2－2　Windows 7 操作系统的初始界面

5. 启动和退出

(1) 启动与登录

每一次打开计算机的电源开关，Windows 操作系统就会自动启动。在启动的开始阶段，系统装载各种驱动程序，检查系统的硬件配置。

如果配置了多个用户或设置了用户密码，那么就会出现如图 2－3 所示的登录界面。

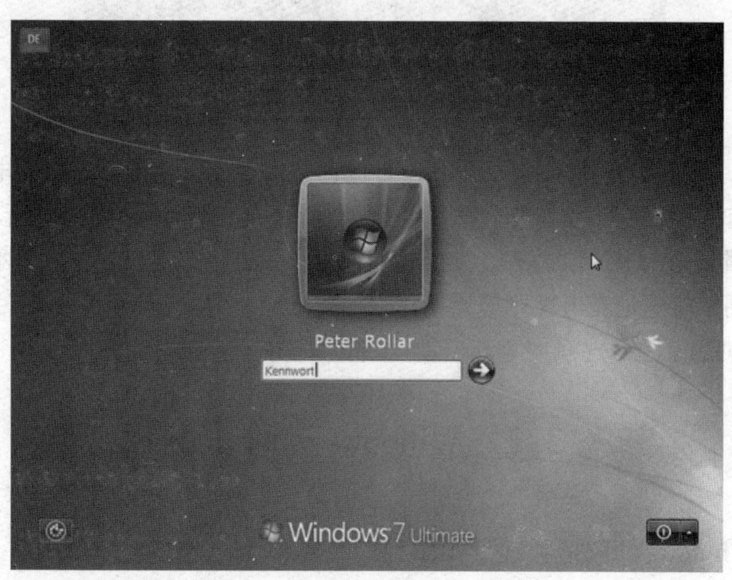

图 2－3　Windows 登录界面

(2) 退出，关闭计算机

正确关闭操作系统的步骤如下：

①保存已打开的应用程序中的文档和其他数据，然后退出所有应用程序。

②单击“开始”按钮，在弹出的“开始”菜单中选择“关机”命令，系统将进行关机前的善后处理，自动关机。

用完计算机后，应将其正确关闭，这一点很重要，不仅可以节能，还使计算机更安全，并确保数据得到保存。

在单击“开始”→“关机”时，计算机关闭所有打开的程序及 Windows 本身，然后完全关闭计算机和显示器。关机不会保存用户的工作，因此，必须先保存你的文件。

Windows 7 是一个多用户操作系统，每个用户都有自己的工作环境。当其他用户需要使用该计算机时，可以采用“注销”或“切换用户”的方式进行切换或登录。在“关机”菜单（图 2－4）中选择“注销”或“切换用户”选项，则可以在不关闭计算机的情况下，让其他用户使用该计算机。

若在“关机”菜单中选择“睡眠”或“休眠”，计算机将处于低功耗状态，显示器和硬盘自动关闭，但内存中的信息仍然保留，需要继续使用计算机时，只需移动一下鼠标，即可使系统恢复到用户登录状态。“睡眠”是一种节能状态，当希望再次开始工作时，可使计算机快速恢复全功率工作（通常在几秒之内）。“休眠”是一种主要为便携式计算机设计的

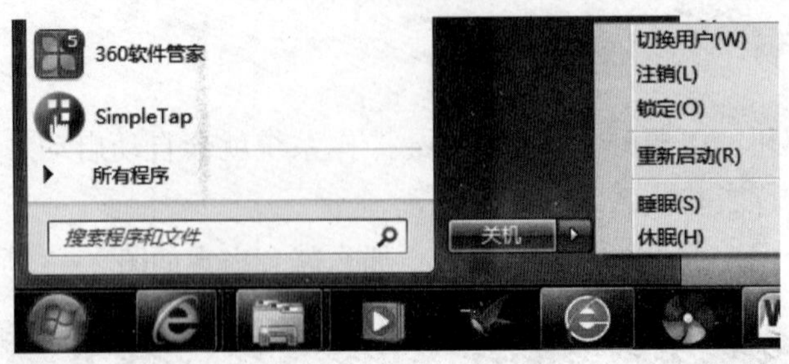

图 2－4　关闭 Windows

电源节能状态。“睡眠”通常会将工作和设置保存在内存中，并消耗少量的电量，而休眠则将打开的文档和程序保存到硬盘中，然后关闭计算机。在 Windows 使用的所有节能状态中，休眠使用的电量最少。对于便携式计算机，如果用户知道将有很长一段时间不使用它，并且在那段时间不可能给电池充电，则应使用休眠模式。

若在“关机”菜单中选择“重新启动”，将关闭并重新启动计算机。

任务 2.2　Windows 7 的基本操作

2.2.1　Windows 的鼠标和键盘操作

1. 鼠标的操作

当移动鼠标时，计算机屏幕上的鼠标指针也随之移动。鼠标指针在不同的位置上会有不同的形状，所代表的意义也不同。表 2－1 说明了部分常见的鼠标指针形状及相应的功能。

表 2－1　鼠标指针形状及相应的功能说明

指针形状	功能说明	指针形状	功能说明	指针形状	功能说明
	正常选择		不可用		移动
	帮助选择		垂直调整		候选
	后台运行		水平调整		手写
	忙		沿对角线调整 1		链接
	精确定位		沿对角线调整 2		选定文本

典型的鼠标有左、右两个键。通常左键设置为主键，用于大多数鼠标操作；右键设置为次键，用于打开快捷菜单。

鼠标器的左、右两个键可以组合起来使用，完成特定的操作。最基本的鼠标操作方式有以下几种。

1）指向：把光标移动到某一对象上，一般可以用于激活对象或显示工具提示信息。

2）单击左键：鼠标左键按下、松开，用于选择某个对象或者某个选项、按钮等。

3）单击右键：鼠标右键按下、松开，会弹出对象的快捷菜单或帮助提示。

4）双击：快速地连续按鼠标左键两次，用于启动程序或者打开窗口，一般是指双击左键。

5）拖动：单击某对象，按住左键，移动鼠标，在另一个地方释放左键，常用于滚动条操作或复制、移动对象的操作。

2. 键盘的操作

当文档窗口或对话输入框中出现闪烁的插入标记（光标）时，就可以直接敲键盘，输入文字。

在快捷方式下，也可以在按下 Alt 键的同时，再按下某个字母来启动相应的程序或文件。

在菜单操作中，可以通过键盘上的箭头来改变菜单选项，通过 Enter 键来选取相应的选项。还可以按 Tab 键或 Shift + Tab 组合键在不同的窗口、对话框、选项及按钮之间进行切换。

键盘的操作方式还有许多，总之，利用键盘能够完成 Windows 7 中文版提供的一切操作。用户要想提高操作 Windows 7 的速度，需要同时熟练地掌握鼠标和键盘的使用。

2.2.2 Windows 7 桌面组成和操作

桌面是打开计算机并登录到 Windows 系统后，直到关闭计算机前出现的主屏幕区域的内容，即电脑工作的平台。当利用桌面工作时，就像在一张真正的桌子上工作一样，可以写日记、绘图或者玩游戏。桌面包含了两大部分：一部分是桌面本身，另一部分是任务栏。如图 2－5 所示。

图 2－5 Windows 7 桌面

有时看到的桌面可能和图 2－5 中的并不完全一致，但基本部分还是相同的，可以根据自己的喜好进行桌面的个性化设置。桌面上摆放着一些经常用到的和特别重要的工作图标，可以利用图标在桌面上快速启动一个需要使用的资源，使用完毕后，关闭相应资源回到桌面。桌面的主要组成部分见表 2－2。

表 2－2　桌面组成部分及各图标的功能或作用

名称	说明
桌面	桌面是任务栏以上的所有内容。打开的每一个程序都出现在桌面上的一个窗口内。可以设置桌面的背景图片和屏幕保护
桌面图标	在桌面上有一些图形和文字结合在一起的小图形，称为图标。图标附带的文字说明了这个图标的用途。如“我的电脑”，该窗口含有计算机系统中的各种资源设置，主要包括硬盘驱动器、光盘驱动器及控制面板；“回收站”，双击该图标可以显示出以前删除的文件名，并可以从中恢复一些有用的文件。这些图标类似于办公桌上放着的各种常用办公用品，通过它们可以快速启动一些应用程序
“开始”按钮	单击“开始”按钮可以进入 Windows 操作系统的“开始”菜单
快速启动任务栏	在快速启动任务栏中，只需单击鼠标，就可以访问经常使用的程序
活动任务栏	活动任务栏可以方便地实现各应用程序窗口之间的切换
语言栏	语言栏是一个浮动的工具条，可以浮动在桌面上，也可以显示在任务栏上。利用它能够轻易地切换键盘输入法
通知区域（系统任务栏）	用于显示系统当前运行在后台的实用程序的快捷图标，来自这些程序的消息出现在通知区域之上的提示框内。如单击时钟显示程序任务图标，可以显示当前时间；单击音量控制图标，可以调节播放的音量

1. 使用桌面图标

图标是代表文件、文件夹、程序和其他项目的小图片。首次启动 Windows 时，在桌面上至少看到一个图标——回收站，微软公司已将其图标添加到桌面上。双击桌面图标，会启动或打开它所代表的项目。

（1）从桌面上添加或删除图标

用户可以根据自己的喜好和操作的便利性布置自己的桌面图标。一些人喜欢桌面干净整齐，上面只有几个图标或没有图标，而一些人喜欢将很多图标都放在自己的桌面上，以便快速访问经常使用的程序、文件和文件夹。

如果想要从桌面上轻松访问某些文件或程序，可以创建它们的快捷方式。快捷方式是一个表示与某个项目链接的图标，而不是项目本身。可以通过图标上的箭头来识别是否是快捷方式，有箭头的是快捷方式图标，如图 2－6 所示。

1）添加或删除常用的桌面图标的步骤：

常用的桌面图标包括“计算机”、个人文件夹、“回收站”和“控制面板”。

①右键单击桌面上的空白区域，然后单击“个性化”，弹出“个性化”窗口，如图2－7所示。

图2－6　图标与快捷方式图标

②在左窗格中，单击“更改桌面图标”。

③选中想要添加到桌面的每个图标的复选框，或选中想要从桌面上删除的每个图标的复选框，然后单击“确定”按钮。

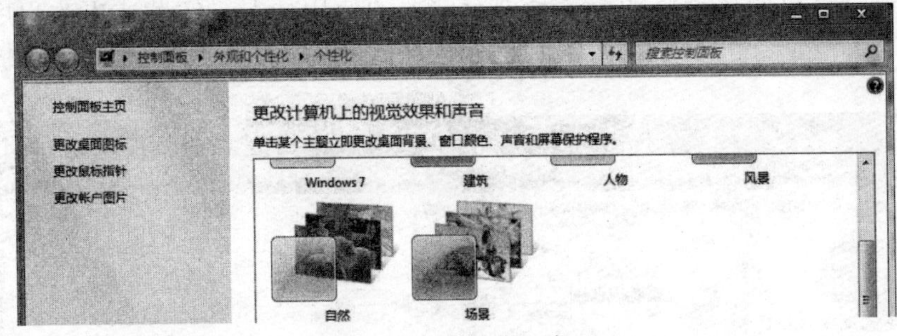

图2－7　“个性化”窗口

2）将文件夹中的文件移动到桌面上的步骤：

①打开包含该文件的文件夹。

②将该文件拖动到桌面上（非同一盘的对象拖动常配合使用Shift键）。

3）从桌面上删除图标的步骤：

右键单击该图标，然后单击“删除”按钮。如果该图标是快捷方式，则只会删除该快捷方式，原始项目不会被删除。

（2）移动图标

Windows将图标排列在桌面左侧的列中。为了方便，Windows提供多种排列方式，右键单击桌面上的空白区域，单击“排列方式”，可以选择按名称、项目类型等进行排列，还可以让Windows自动排列图标。右键单击桌面上的空白区域，单击“查看”，然后单击“自动排列图标”。Windows将图标排列在左上角并将其锁定在此位置。若要对图标解除锁定，以便再次移动它们，则再次单击“自动排列图标”，去掉前面的“√”，这时可以通过将其拖动到桌面上的新位置来移动图标，如图2－8所示。

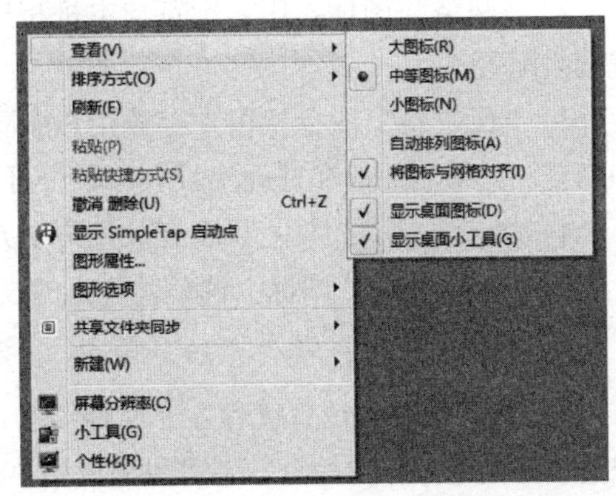

图2－8　桌面图标排列方式菜单

（3）隐藏桌面图标

如果想要临时隐藏所有桌面图标，而实际并不删除它们，右键单击桌面上的空白部分，单击“查看”，然后单击“显示桌面图标”清除复选标记。现在，桌面上没有显示任何图标。可以通过再次单击“显示桌面图标”来显示图标。

（4）选择多个图标

若要一次移动或删除多个图标，必须首先选中这些图标。单击桌面上的空白区域并拖动鼠标，用出现的矩形包围要选择的图标，然后释放鼠标按钮。现在，可以将这些图标作为一组来拖动或删除它们。

（5）常用图标的使用

常用的桌面图标包括“计算机”、“回收站”、个人文件夹、“网络”和“控制面板”。

1）“计算机”图标：双击“计算机”图标，打开“计算机”窗口，如图 2－9 所示。在此可以查看计算机的各种资源、各种外存储器的使用情况，卸载或更改程序，查找文件等。

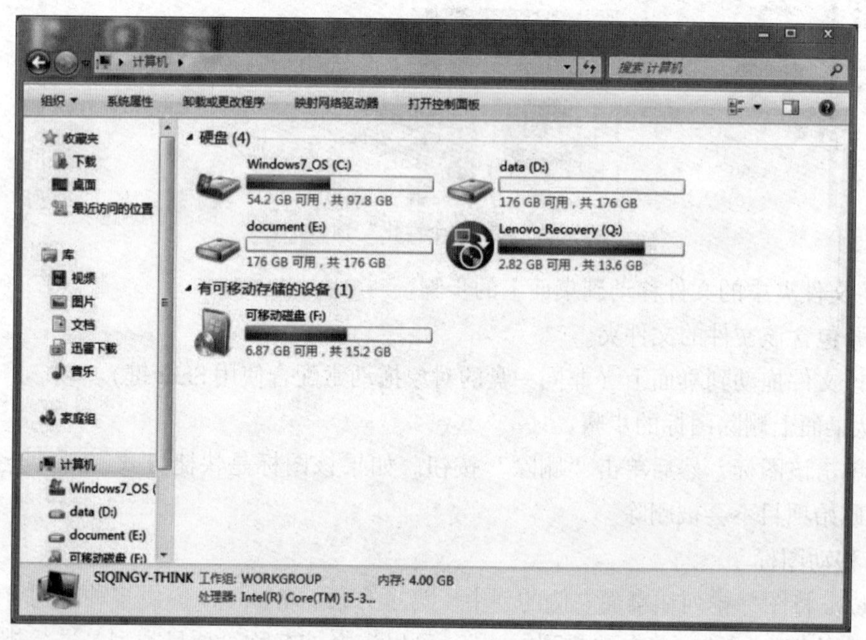

图 2－9 “计算机”窗口

2）“网络”图标：用来浏览与本机相连的计算机上的资源、查看或更改网络连接、设置网络配置等。

3）“回收站”图标：用来存放用户删除的文件，如果以后想再用这些文件，还可以从中恢复。如果里面的文件确实没有用了，可以清空它。

4）个人文件夹图标：用来存放用户个人经常使用的文档。

5）“控制面板”图标：调整计算机的设置。

2. “开始”按钮与“开始”菜单

“开始”菜单是计算机程序、文件夹和设置的主门户。“开始”菜单中含有使用户能够快速、方便地工作的命令，它可以完成用户想要做的操作。“开始”菜单可执行如图 2－10 和表 2－3 所示常见的活动。

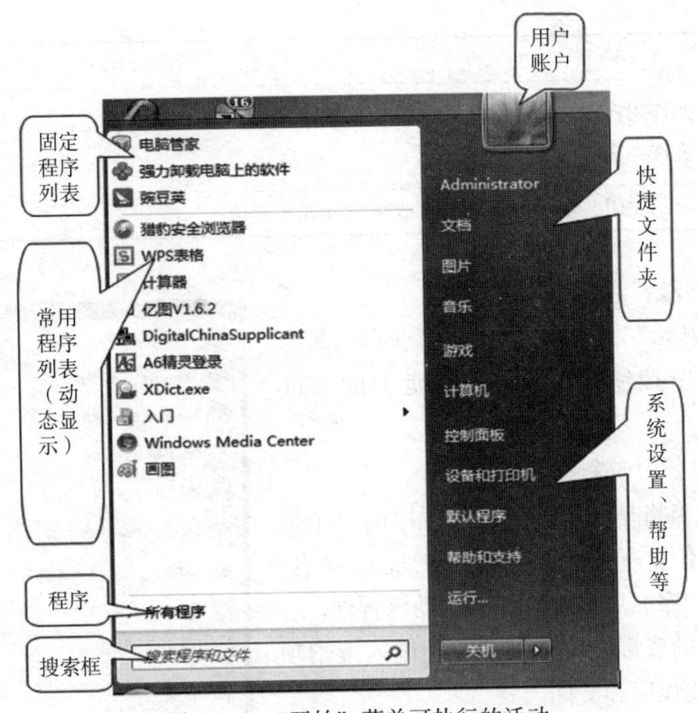

图2－10 “开始”菜单可执行的活动

表2－3 开始菜单组成及说明

结构区域	说明
用户账户	在菜单顶部显示的是当前计算机用户名称
固定程序列表	默认显示的 Web 浏览器 Internet Explorer 和 E－mail 邮件程序 Outlook 图标，分别用于打开系统默认安装的浏览器和系统默认安装的电子邮件收发工具
常用程序列表	常用程序列表显示用户访问过的程序。经常使用的程序图标位于此区域顶部，使用频度低的程序图标位于此区域底部。默认情况下，最多可以显示 30 项常用程序图标，当达到 30 项时，较不常用的程序图标将被更常用的程序图标替换
所有程序	显示计算机上安装的所有程序的列表，可以在此启动一个应用程序或打开一个窗口进行具体操作
快捷文件夹	“文档”“图片”“音乐”“计算机”是系统默认生成的，打开它们，可以分别存储不同类型的文件和程序。单击“计算机”图标，显示的窗口中有本地计算机信息存储状况，并授权用户管理、访问、查看硬盘驱动器、存储设备，以及多用户共享文件；可以通过“网上邻居”共享网络资源（包括本地局域网资源和 Web 或 FTP 站点资源）
系统设置	“控制面板”调整计算机系统设置操作，包括系统性能和维护、网络设置、用户账户、删除和添加程序、自定义计算机外观和功能选项
帮助/搜索	打开“帮助和支持”的“帮助和支持中心”，为用户提供中文 Windows 的联机帮助主题、教程文章和支持服务等信息

续表

结构区域	说明
搜索	允许用户在本地计算机、网络或互联网、通讯簿上根据文件名、文件大小或日期等查找文件、文件夹或别的计算机
关机	显示关闭、重新启动、待机或休眠模式等选项

(1) 打开“开始”菜单

若要打开“开始”菜单（图 2－11），单击屏幕左下角的“开始”按钮，或者按键盘上的 Windows 徽标键。

“开始”菜单分为 3 个基本部分：

- 左边的大窗格是显示计算机上程序的一个短列表。单击“所有程序”可显示程序的完整列表。用鼠标指向某一程序名后单击，即可启动该程序。
- 左边窗格的底部是搜索框，通过键入搜索项可在计算机上查找程序和文件。
- 右边窗格提供对常用文件夹、文件、设置和功能的访问。在这里还可以注销 Windows 或关闭计算机。

图 2－11 “开始”菜单

“开始”菜单是日常工作的起点。当单击“所有程序”图标时，会弹出程序菜单，在程序菜单上会列出在系统中安装的程序。例如，要启动“计算器”应用程序，则单击“开始”→“所有程序”→“附件”→“计算器”，如图 2－12 所示。

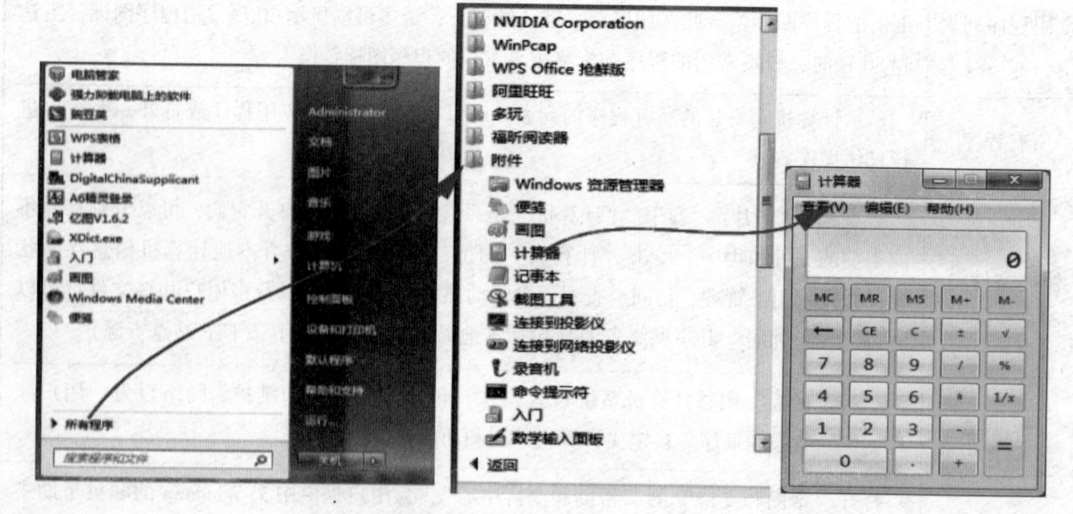

图 2－12 启动“计算器”应用程序

(2) 搜索框

搜索框是在计算机上查找项目的最便捷方法之一。搜索框将遍历计算机中的程序及个人文件夹（包括“文档”“图片”“音乐”“桌面”及其他常见位置）中的所有文件夹。它还可以搜索电子邮件、已保存的即时消息和联系人；搜索 Internet 收藏夹和访问的网站的历史记录。如果这些网页中的任何一个包含搜索项，则该网页会出现在“收藏夹和历史记录”标题下。

若要使用搜索框，打开“开始”菜单并键入搜索项。键入之后，搜索结果将显示在“开始”菜单左边窗格中的搜索框上方。

对于以下情况，程序、文件和文件夹将作为搜索结果显示：

1）标题中的任何文字与搜索项匹配或以搜索项开头。

2）该文件实际内容中的任何文本（如字处理文档中的文本）与搜索项匹配或以搜索项开头。

3）文件属性中的任何文字（例如作者）与搜索项匹配或以搜索项开头。

单击任一搜索结果可以将其打开，还可以单击“查看更多结果”来搜索整个计算机。

(3) 帮助和支持

启动 Windows 7 的帮助系统，寻求系统帮助。

3. 任务栏

“任务栏”位于桌面下方，是操作系统的重要组成部分，包括快速启动任务栏、活动任务栏和通知区域（或称系统任务栏）3 个部分。

(1) 快速启动任务栏（图 2－13）

位于任务栏左端，是一个可选部件，提供对某些常用程序的快速启动方式（单击图标可以运行程序）。

(2) 活动任务栏（图 2－14）

图 2－13　快速启动任务栏　　图 2－14　活动任务栏

这是任务栏的主要部分，显示系统正在运行的程序的图标按钮。

操作系统可以同时运行多个任务，也就是说，可以一次打开多个应用程序。不过，每次只能有一个应用程序的窗口处在屏幕前端，这个应用程序叫作“前台程序”；其他打开的应用程序处在屏幕后端，叫作“后台程序”。

如果同时打开了多个应用程序，那么，在活动任务栏尚未占满时，每一个应用程序都会用一个按钮在任务栏上显示；当打开程序太多而使任务栏空间不足以显示每一个按钮时，应用程序按钮将进行合并，同一个程序打开的多个文件显示为一个按钮组，并在按钮组上显示实例数目。单击按钮组，展开实例按钮。

单击任何一个应用程序的按钮，它的应用程序窗口立即显示在桌面的最表层，使之成为前台程序。

3. 语言栏（图 2－15）

一个浮动的工具条，原则上不是工具栏的组成部分，不过它一般最小化显示在任务栏上，主要进行键盘输入语言菜单的设置与选择。

4. 通知区域（系统任务栏）（图 2－16）

图 2－15　语言栏 　　　　图 2－16　通知区域

通知区域（系统任务栏）位于任务栏最右端，它的得名来自它偶尔会在屏幕上显示一些通知消息，它还显示系统开机即运行的一些系统程序图标，如音量图标、时间图标等。利用系统图标，可以进行一些系统程序的快捷设置处理。

（1）跟踪窗口

如果一次打开多个程序或文件，则可以将打开窗口快速堆叠在桌面上。由于窗口经常相互覆盖或者占据整个屏幕，因此，有时很难看到下面的其他内容，或者不记得已经打开的内容，这种情况下使用任务栏会很方便。无论何时打开程序、文件夹或文件，Windows 都会在任务栏上创建对应的按钮，表示已打开程序的图标。

（2）查看所打开窗口的预览

将鼠标指针移向任务栏按钮时，会出现一个小图片，上面显示缩小版的相应窗口，此预览也称为缩略图。如果其中一个窗口正在播放视频或动画，则会在预览中看到它正在播放。图 2－17 所示为当鼠标移到 Word 按钮时显示 Word 所打开的文件。

图 2－17　当鼠标移到 Word 按钮时显示 Word 所打开的文件

（3）程序切换

若要切换到另一个窗口，单击它的任务栏按钮即可。

（4）通知区域

通知区域位于任务栏的最右侧，包括一个时钟和一组图标，这些图标表示计算机上某程序的状态，或提供访问特定设置的途径。通知区域所显示的图标集取决于已安装的程序或服务及计算机制造商设置计算机的方式。

将鼠标指针移向特定图标时，会看到该图标的名称或某个设置的状态。例如，指向音量图标，将显示计算机的当前音量级别；指向网络图标，将显示有关是否连接到网络、连接速度及信号强度的信息。

双击通知区域中的图标，通常会打开与其相关的程序或设置。例如，双击音量图标，会打开音量控件；双击网络图标，会打开“网络和共享中心”。

有时通知区域中的图标会显示小的弹出窗口（称为通知），向用户通知某些信息。例如，向计算机添加新的硬件设备之后，可能会看到安装新硬件之后，通知区域显示一条消息，单击通知右上角的“关闭”按钮可关闭该消息。如果没有执行任何操作，则几秒之后，通知会自行消失。

为了减少混乱，如果在一段时间内没有使用图标，Windows 会将其隐藏在通知区域中。如果图标变为隐藏，则单击“显示隐藏的图标”按钮，可临时显示隐藏的图标。

（5）任务栏操作

在任务栏的空白处单击鼠标右键，在弹出的快捷菜单中选择“属性”命令，系统弹出如图 2－18 所示的对话框，通过此对话框可以对任务栏的位置进行重新定义，也可以选择自动隐藏任务栏等。

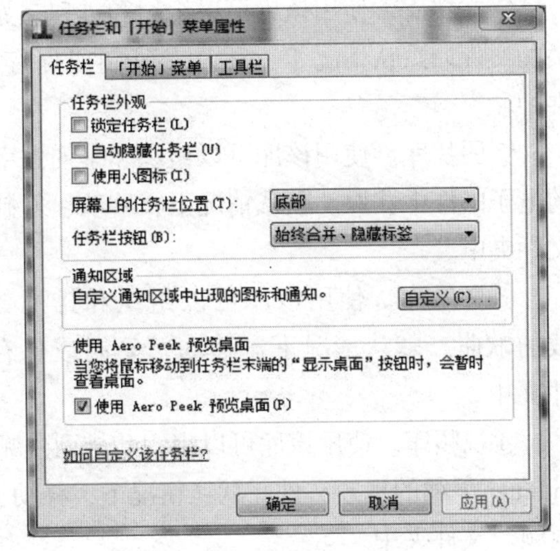

图 2－18 “任务栏和「开始」菜单属性”对话框

任务 2.3 Windows 7 资源管理

文件是计算机领域的重要概念之一，它表示被赋予了名称并存储在磁盘上的一组关联信息的集合。当数据集合成一组记录的数据、一份文档的数据、一张照片、一首歌曲、一段视频、一封电子邮件或一段程序等存放在存储介质中后，就称它们为“文件”。操作系统的一个非常重要的部分便是其文件系统，用于实现对文件的操作和管理。

2.3.1 文件、文件夹、路径和库

文件是存储在辅助存储器中的一组相关信息的集合，它可以是存放的程序、文档、图片、声音或视频信息等。为了便于对文件进行管理，系统允许用户给文件设置或取消有关的文件属性，如只读属性、隐藏属性、存档属性、系统属性。

文件夹是存储文件的容器，该容器中还可以包含文件夹（通常称为子文件夹）或文件，从而形成树形目录结构。文件夹也可以设置相应的属性。

路径是从盘符经过各级文件夹到文件的目录序列。因为文件可以在不同的磁盘、不同的目录中，所以，在存取文件时，必须指定文件的存放位置。

库是用于管理文档、音乐、图片和其他文件的位置。在 Windows 7 中，“库”是浏览、组织、管理和搜索具备共同特性的文件的一种方式——即使这些文件存储在不同的地方。Windows 7 能够自动地为文档、音乐、图片及视频等项目创建库。用户还可以创建自己的库。库的优势是它可以有效地组织、管理位于不同文件夹中的文件，而不受文件实际存储位置的影响。

库是 Windows 7 的一项新功能。默认情况下，其包含以下内容：

①文档库。使用该库可以组织和排列字处理文档、电子表格、演示文稿及其他与文本有关的文件。默认情况下，移动、复制或保存到文档库的文件都存储在“我的文档”文件夹中。

②图片库。使用该库可以组织和排列数字图片，图片可从照相机、扫描仪或者从其他人的电子邮件中获取。默认情况下，移动、复制或保存到图片库的文件都存储在“我的图片”文件夹中。

③音乐库。使用该库可以组织和排列数字音乐，如从音频 CD 翻录或从 Internet 下载的歌曲。默认情况下，移动、复制或保存到音乐库的文件都存储在“我的音乐”文件夹中。

④视频库。使用该库可以组织和排列视频，例如取自数字相机、摄像机的剪辑，或者从 Internet 下载的视频文件。默认情况下，移动、复制或保存到视频库的文件都存储在“我的视频”文件夹中。

2.3.2　文件管理工具

最基本也是最方便的文件管理方法是使用“计算机”或“资源管理器”这两个强大的文件管理工具，它们除了可以完成文件的一般管理工作（如文件的建立、删除、复制等）外，还可以启动应用程序、管理打印机、管理计算机资源的设置和使用等。

1. “计算机”和“资源管理器”窗口

(1) 启动“计算机”

双击桌面图标“计算机”或单击“开始”菜单的“计算机”项，就可以打开如图 2－19 所示的“计算机”窗口。

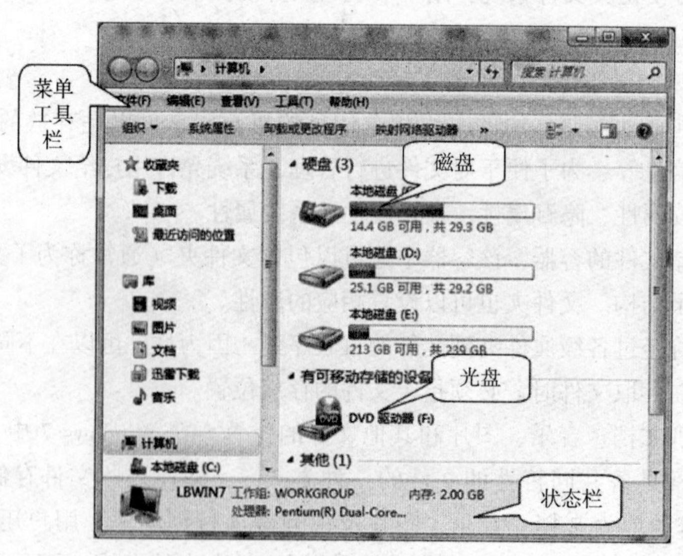

图 2－19　“计算机”窗口组成

(2) 启动“资源管理器”

以下几种方法都可以启动资源管理器。

■ 单击“开始”按钮，选中“所有程序”→“附件”，在其下一级菜单中单击“Windows 资源管理器”选项。启动后的资源管理器窗口如图 2-20 所示。

图 2-20 资源管理器树形结构

■ 在“开始”菜单按钮上单击鼠标右键，系统显示“开始”按钮的右键快捷菜单，单击“资源管理器”选项即可启动资源管理器。

■ 用鼠标右键单击桌面上的“我的电脑”“我的文档”和“回收站”等系统桌面图标，系统将显示右键快捷菜单。尽管右键快捷菜单的内容不尽相同，但都包含“资源管理器”选项，单击该选项，均可启动资源管理器。

资源管理器以树形目录形式显示文件和文件夹，在一个窗口中可以同时看到源文件夹和目标文件夹，可以方便地对文件进行操作。通过资源管理器的树形层次化窗口可以了解一个文件夹是否包含子文件夹。当文件夹图标左边出现“▷”时，表示该文件夹包含下一级文件夹，单击“▷”，该文件夹将向下展开，显示其下一级文件夹的内容；当文件夹图标左边出现“◢”时，表示该文件夹已经展开，单击“◢”可以将展开的文件夹收缩；当文件夹图标左边没有任何标记时，表示该文件夹已处于最底层，即该文件夹的下面不再包含任何下一级文件夹。在文件夹树形结构框中，单击驱动器或文件夹的名称，该驱动器或文件夹成为当前项，即被选中，此时右窗格中将显示当前项中所包含的文件夹和文件；双击某驱动器或文件夹的名称，该驱动器或文件夹成为当前项，右窗格中也将显示当前项中所包含的文件夹和文件，同时将已展开的当前项收缩，或将已收缩的当前项展开。

2. 设置“资源管理器”外观和工作方式

在资源管理器窗口中，在菜单栏单击“工具”→“文件夹选项”，打开“文件夹选项”对话框，如图 2-21 所示。

(1)“常规”选项卡

在“常规”选项卡中设置浏览文件夹和打开项目的方式，如图 2-21 所示。

(2)"查看"选项卡

"查看"选项卡提供更多的高级设置，如图2－22所示。

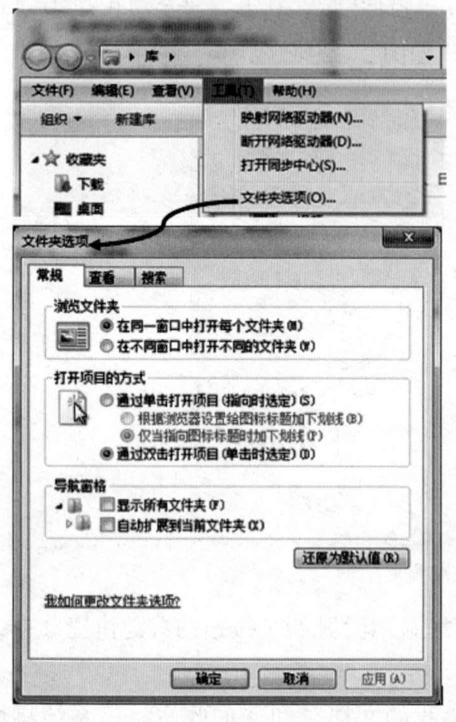

图2－21 "文件夹选项"对话框

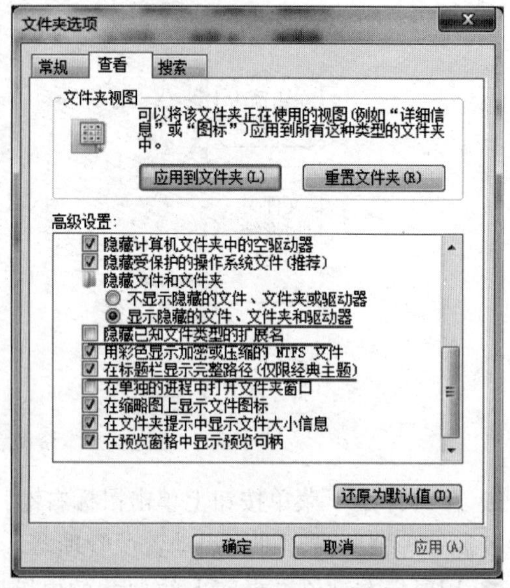

图2－22 "查看"选项卡

在"查看"选项卡的设置中，特别注意3项高级设置，见表2－4。

表2－4 "查看"选项的3项高级设置

设置项目	设置建议
隐藏文件和文件夹	设置为"显示隐藏的文件、文件夹和驱动器"，可以显示出设置为"隐藏"属性的文件（夹）对象
隐藏已知文件类型的扩展名	此项设置为无效，在系统中注册的文件类型，其扩展名仍显示出来
在标题栏显示完整路径	此项设置为有效，在窗口标题显示当前文件夹的路径

(3)"搜索"选项卡

"搜索"选项卡中提供了搜索功能的一些常规设置，如图2－23所示。

3. 文件夹内容的显示方式

单击菜单栏"查看"菜单，在其下拉菜单中可以设置文件夹内容的不同显示方式。文件夹内容的显示方式见表2－5。

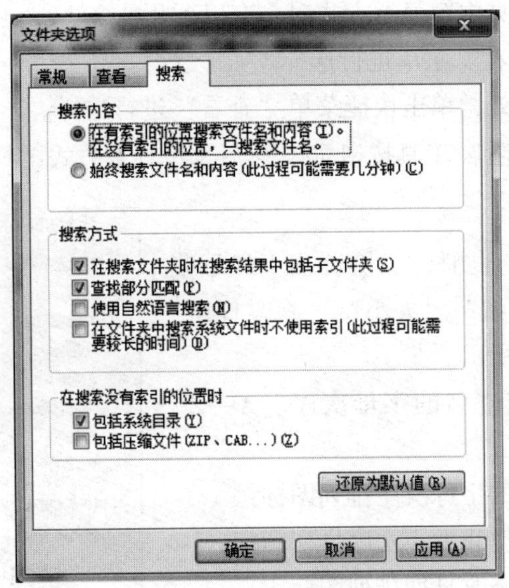

图2－23　“搜索”选项卡

表2－5　文件夹内容的显示方式

显示方式	说明
内容	显示文件夹中图片的缩小尺寸
平铺	显示标准文档和文件夹图标并在右侧显示文件夹或文件名。对于文档来说，还会显示一些诸如大小等文件信息
图标（各种大小）	以大图标显示每一项的图标和名称，没有更详细的内容
列表	以小图标显示每一项的图标和名称，没有更详细的内容
详细信息	显示每一项的小图标和很多信息，在顶端会显示列标题

几种显示方式的效果如图2－24所示。

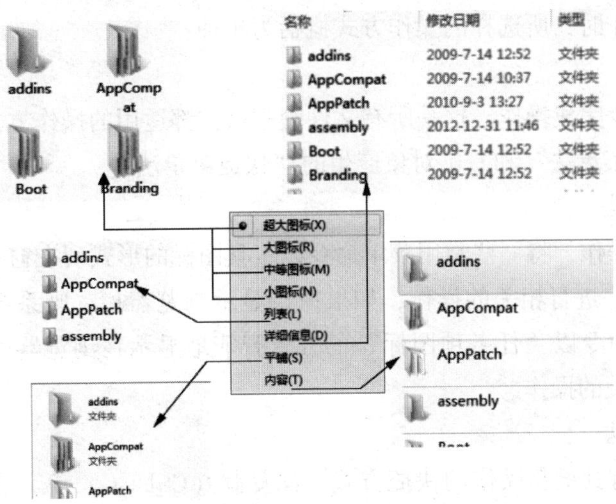

图2－24　文件夹内容的显示方式

当要切换不同的文件夹内容显示方式时，有以下几种方法：

①单击菜单栏的“查看”菜单进行选择。

②右击内容窗格空白处，单击快捷菜单“查看”进行选择。

③单击工具栏的“查看”工具按钮，然后选择查看方式。

4. 图标的排列

单击“查看”→“排列图标”，会弹出下级子菜单，其包括“名称”“类型”“大小”“修改日期”等多个选择，如图 2 – 25 所示。

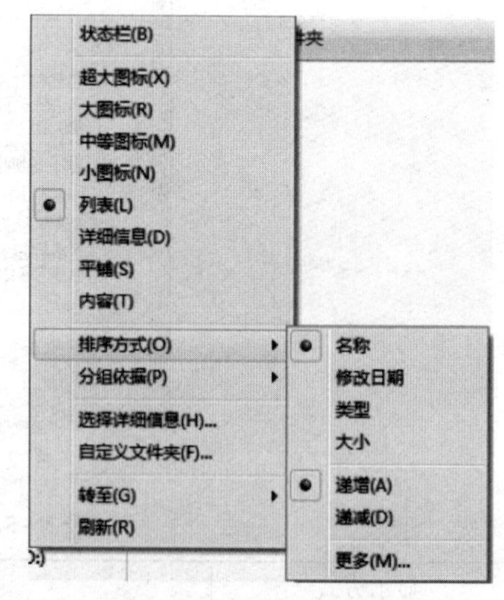

图 2 – 25　排列图标级联菜单

名称：按文件夹和文件名的字母次序（A→Z）排列图标；

类型：按文件扩展名的字母次序排列图标；

大小：按文件的存储空间大小次序排列图标；

修改日期：按文件的修改日期排列图标。

当以“详细信息”方式显示文件夹内容时，右窗格上部有一行列标题，单击列标题“名称”“大小”“类型”和“修改日期”中的某一项，就可以改变文件图标的升/降序排列方式。每单击一次，排列的顺序将倒转一次。如果原来的文件是按存储空间从小到大的顺序排列的，单击“大小”列标题，文件将按存储空间从大到小的顺序排列。同样，如原来的文件是按字母从 A 到 Z 的顺序排列的，单击“名称”列标题，文件将按从 Z 到 A 的顺序排列。

2.3.3　文件管理操作

文件的管理操作是操作系统中最常用的操作。基本的文件和文件夹操作有查找、新建、重命名、属性更改与设置、复制、移动、删除、快捷方式建立等。

在进行具体操作时，所选择的操作方式概括为 4 种：

（1）菜单法

即使用菜单命令完成操作，这是所有文件管理操作都适用的操作方式。这种方式进一步分为“菜单栏下拉菜单法”和右击对象产生的“快捷菜单法”。

（2）图标工具法

系统为了方便操作，将一些常用菜单命令以工具图标的形式列在窗口工具栏上，可以直接单击“工具图标”进行相关的操作；如果窗口显示浏览器栏，则系统会将一些与当前对象相关的常用菜单命令以“任务项图标”的方式智能地显示在浏览器栏，单击“任务项图标”也可以实现相关的操作。

（3）键盘操作法

一些菜单命令有其键盘操作的快捷方式，如复制（Ctrl + C）等，有关操作可以直接使用键盘快捷方式；下拉菜单命令还有热键操作方式（菜单命令后的括号中的字母为热键，

也就是菜单打开时，可直接键入热键字母完成操作），以纯键盘实现操作；此外，还有一些功能键。

（4）鼠标操作法

这是图形界面中最为形象、最为简单的操作方式，通过进行鼠标的点击和拖动，实现目标对象的相关操作。

一、文件和文件夹的基本操作

在“计算机”窗口中，可以实现文件或文件夹的各种操作。

1. 选定对象

在做任何操作之前，首先要选定被操作的对象，然后根据需要完成相应的操作。操作方法见表2－6。

表2－6 选定的操作方法

鼠标操作法	①直接单击要选择的对象，该对象即被选中，此时文件、文件夹或磁盘变为高亮状态 ②按住鼠标左键不放，在要选择的文件周围拖动鼠标来框选这些文件
键盘操作法	①Ctrl＋A：将当前窗口所有内容选定 ②Shift＋Home：选取当前文件与窗口顶部第一个文件间的所有内容 ③Shift＋End：选取当前文件与窗口底部最后一个文件间的所有内容
菜单法	通过“资源管理器”打开“编辑”下拉菜单： 全选(A) Ctrl+A 反向选择(I) 单击“全选”，则“资源管理器”右窗格的所有文件和文件夹均呈高亮状态，即全部被选中 单击“反向选择”，则取消原来已选择的内容，选择原来未选中的文件和文件夹。适合选取大量不连续排列的文件

（1）选定磁盘

在“计算机”窗口中，单击要选定的磁盘图标，双击打开相应的磁盘。

（2）选定文件夹

在“计算机”窗口中，单击文件夹图标则选中，双击文件夹图标则打开，打开的文件夹为当前文件夹。

（3）选定文件

1）选定一个文件：单击要选定的文件即可。

2）选定多个连续的文件：用鼠标操作，单击第一个要选择的文件，然后按住Shift键再单击最后一个要选择的文件，则第一个文件与最后一个文件之间的所有文件被选定。用键盘操作，先用Tab键将光标定位于文件列表框，然后用键盘方向键移动高亮条到要选择的第一

个文件名处，按住 Shift 键的同时用方向移动键将高亮条移到最后一个文件处，则完成操作。

3）选定多个非连续的文件：按住 Ctrl 键，用鼠标单击每个要选定的文件，即可将所单击的多个文件选定。

4）全选：按 Ctrl + A 组合键或单击“组织”菜单中的“全选”命令，可实现全选操作。

5）取消选定：对所选的驱动器、文件夹或文件，只要重新选定其他对象或在空白处单击鼠标左键即可取消全部选定。若要取消部分选定，只要按住 Ctrl 键，用鼠标单击每一个要取消的文件即可。

2. 复制文件或文件夹

1）选定要复制的对象，选择“组织”菜单中的“复制”命令（或右击选定的对象，选择快捷菜单中的“复制”命令），打开目标盘或目标文件夹，选择“组织”菜单中的“粘贴”命令（或在目标位置的空白处右击，选择快捷菜单中的“粘贴”命令），如图 2－26 所示。

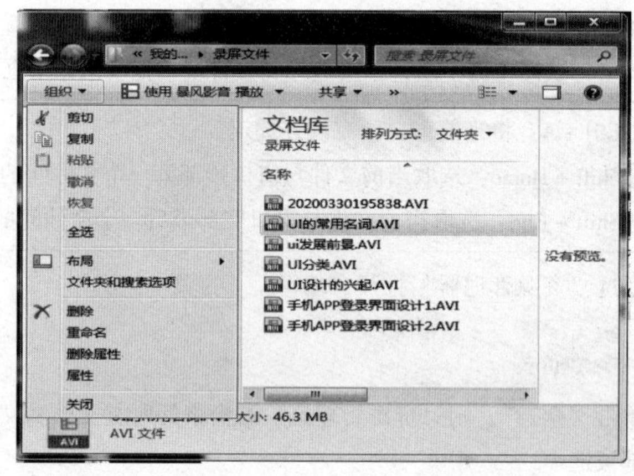

图 2－26　选定一个文件后的“组织”菜单

2）按住 Ctrl 键不放，用鼠标将选定的对象拖拽到目标盘或目标文件夹中，也能实现复制操作。如果在不同磁盘上复制，只要用鼠标拖拽选定的对象，即可完成复制操作。

3. 移动文件或文件夹

移动文件或文件夹的方法与复制操作类似，只需将“复制”命令改为“剪切”命令。

1）选定要复制的对象，选择“组织”菜单中的“剪切”命令（或右击选定的对象，选择快捷菜单中的“剪切”命令），打开目标盘或目标文件夹，选择“组织”菜单中的“粘贴”命令（或在目标位置的空白处右击，选择快捷菜单中的“粘贴”命令）。

2）按住 Shift 键的同时，将选定的对象拖拽到目标盘或目标文件夹中，实现移动操作。如果在同一磁盘中移动，只需用鼠标直接拖拽文件或文件夹。

“组织”菜单中的“剪切”“复制”和“粘贴”命令所对应的快捷键分别是 Ctrl + X、Ctrl + C 和 Ctrl + V。使用快捷键来实现文件的复制与移动更加方便，见表 2－7。

表 2－7　复制、移动的操作方法

方法	操作	类型	说明
菜单法	"编辑"下拉菜单 剪切(T)　Ctrl+X 复制(C)　Ctrl+C 粘贴(P)　Ctrl+V	复制	复制到文件夹： "复制"→"粘贴"
		移动	移动到文件夹： "剪切"→"粘贴"
	右键快捷菜单 剪切(T) 复制(C) 粘贴(P) → 自定义文件夹(F)... 粘贴(P) 粘贴快捷方式(S)	复制	"复制"→"粘贴"
		移动	"剪切"→"粘贴"
图标工具法	"浏览器栏"任务图标 （智能变化） 复制到文件夹(F)... 移动到文件夹(V)...	复制	复制这个文件 复制这个文件夹 复制所选项目
		移动	移动这个文件 移动这个文件夹 移动所选项目
鼠标拖放法	移动时显示图标　复制时显示图标（+ 复制到）	复制（图标）	不同逻辑磁盘间，直接拖放； 同磁盘内，按住 Ctrl 键拖放
		移动（图标）	不同逻辑磁盘间，按住 Shift 键拖放； 同磁盘内，直接拖放
键盘操作法	源位置 Ctrl + C→目标位置 Ctrl + V	复制	
	源位置 Ctrl + X→目标位置 Ctrl + V	移动	

例如，使用鼠标拖放法实现将"D:\A01\第二章\示例图片\Tree.jpg"复制到"C:\lx"文件夹下。操作步骤如下：

①在资源管理器中选中"D:\A01\第二章\示例图片"文件夹，使其成为当前文件夹。

②在右边的内容框中，选中文件"Tree.jpg"，并按下鼠标左键将其向文件夹树形框上移动，此时可以看到移动图标上有（图标）指示。

③按住左键不放，移动图标到"C:"盘下的"lx"的文件夹图标上（蓝色图标高亮显示）时，松开左键，文件"Tree.jpg"就复制到"C:\lx"文件下，如图 2－27 所示。

图 2－27　复制成功

注意：

无论在哪种情形下，按住 Shift 键拖放执行移动操作，按住 Ctrl

键拖放执行复制操作。

右键拖放时，拖动到左窗格目标文件夹上释放右键时，会出现操作选择菜单，单击其中的“移动到当前位置”或“复制到当前位置”选项，即可完成移动或复制操作。

若在移动时不小心移错了位置，可以立即按 Ctrl + Z 组合键撤销操作。

4. 删除文件或文件夹

（1）删除操作的方法（表 2 – 8）

表 2 – 8　删除操作的方法

菜单法	“文件”菜单 删除(D)	删除	选择执行命令之前，按住 Shift 键，则为物理删除
	快捷菜单 删除(D)	删除	
键盘操作法	Delete 键		删除
	Shift + Delete 组合键		物理删除
鼠标拖放法	→ 移动到 回收站 新建 Microsoft Word 文档.doc 回收站	直接拖入回收站图标内	删除
		按住 Shift 键拖入回收站图标内	物理删除

1）选定要删除的文件或文件夹，然后选择“组织”菜单中的“删除”命令。

2）选定要删除的文件或文件夹，然后右击鼠标，选择快捷菜单中的“删除”命令。

3）选定要删除的文件或文件夹，然后按 Delete 键。

4）直接用鼠标将选定的对象拖到“回收站”可实现删除操作。如果在拖动的同时按住 Shift 键，则文件或文件夹将从计算机中删除，而不保存到回收站中。

如果想恢复被删除的文件，则使用“回收站”的“还原”功能。在清空回收站之前，被删除的文件将一直保存在那里。

在删除文件时，会弹出“删除文件”对话框进行确认，如图 2 – 28 所示。

图 2 – 28　“文件删除”对话框

图2－28是逻辑删除确认对话框，框中提示文字为“确实要把此文件放入回收站吗?”，单击“是”按钮后，系统将文件移到“回收站”。而在物理删除文件时，弹出的“删除文件”对话框会有所不同，框中提示文字将变为“确实要永久性地删除此文件吗?”，单击“是”按钮后，系统将文件物理删除。

（2）删除文件的操作步骤

①选择需要删除的文件或文件夹；

②执行删除操作；

③弹出是否删除对话框；

④单击“是”按钮。

（3）“回收站”的使用

“回收站”的图标放在桌面上，在资源管理器的文件夹树上也很容易找到它。双击桌面上的“回收站”的图标，打开回收站窗口，如图2－29所示。

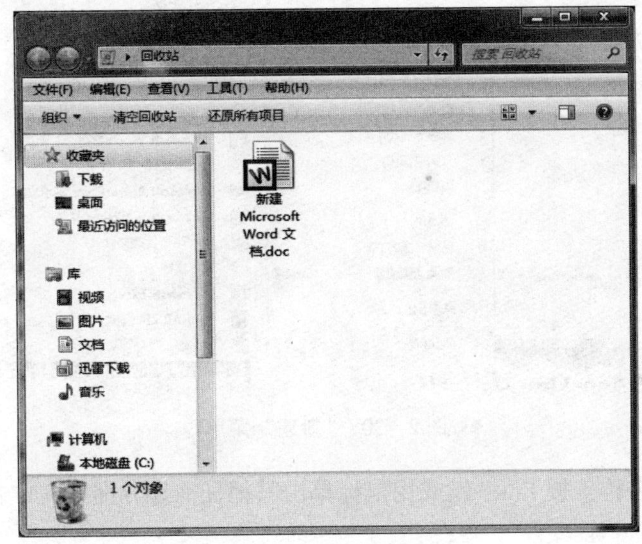

图2－29 “回收站”窗口

在“回收站”窗口中，单击浏览器栏上的“清空回收站”任务项，将其中的所有文件物理删除，在硬盘上腾出它们所占的空间；单击浏览器栏上的“还原所有项目”任务项，恢复其中的删除文件到原来所在的文件夹中。要恢复或物理删除个别项目，选中项目右击，选择“还原”，则恢复所选项目，选择“删除”，则物理删除所选项目。

5. 文件或文件夹的重新命名

操作步骤如下。

1）选定要重命名的文件或文件夹，使其显示反色。

2）执行重命名操作，有以下几种方法。

①在“组织”菜单中选择“重命名”命令。

②右键单击并打开快捷菜单，选择“重命名”命令。

③在选中的文件或文件夹的名字上，单击鼠标左键（不能单击图标）。

④直接按快捷键 F2。

3）用户键入自己喜欢的名字即可。

6. 创建新文件夹

首先选定新文件夹所在的位置，然后通过以下方式创建新文件夹。

方法 1：单击“计算机”窗口中的“新建文件夹”菜单。

方法 2：在窗口右部空白处单击鼠标右键，选择“新建”→“文件夹”命令（图 2－30）。

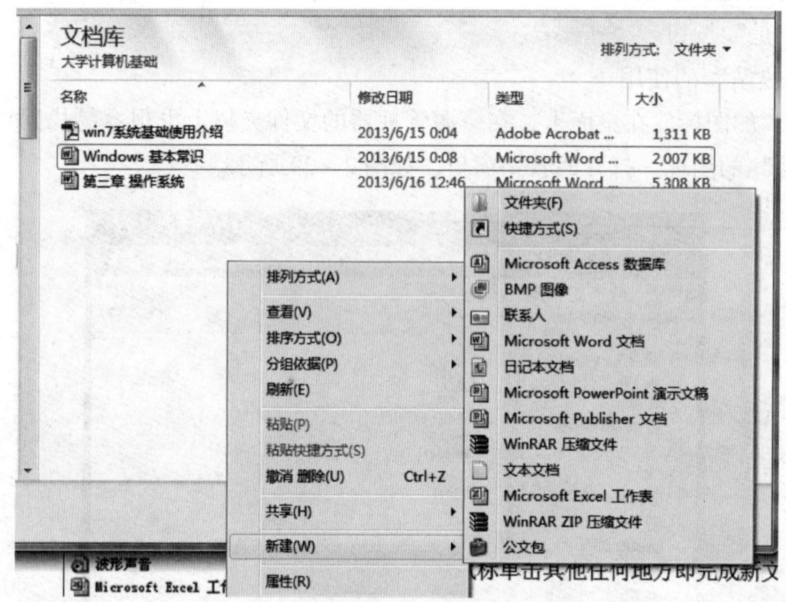

图 2－30 “新建”菜单

键入文件夹的名称，按 Enter 键或用鼠标单击其他任何地方即可完成新文件夹的创建。

7. 创建新的空文件

在图 2－30 所示的“新建”菜单中，选择文件类型，窗口中出现带临时名称的文件；键入新的文件名称，按 Enter 键或鼠标单击其他任何地方即可创建一个新的空文件。值得注意的是，建立的文件是一个空文件，如果要编辑，双击该文件，系统会调出相应的应用程序把文件打开。

8. 设置、查看、修改文件或文件夹的属性

要查看某一文件或文件夹的属性，一般有如下两种方法。

1）单击要查看的文件或文件夹，然后从窗口的“组织”菜单中选择“属性”命令。

2）右键单击要查看的文件或文件夹，然后从弹出的快捷菜单中选择“属性”命令。

图 2－31 所示对话框为文件属性对话框，第一栏显示该文件的类型及打开方式；第二栏显示文件的位置、大小及占用空间；第三栏显示文件的创建时间、修改时间及访问时间；第四栏列出了文件的使用属性复选框。用户可以修改这两个属性，其含义如下。

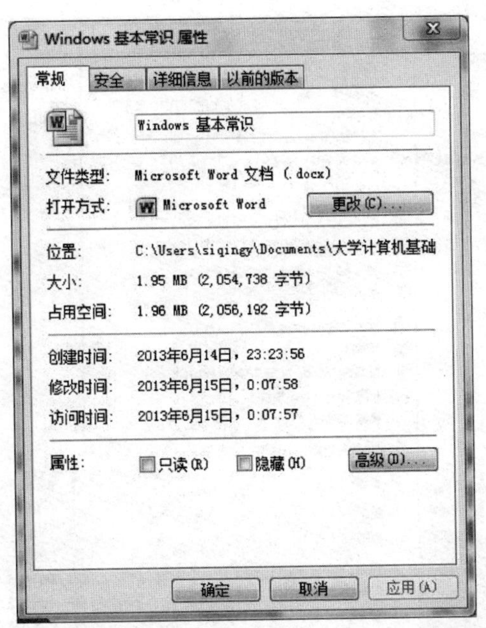

图2-31　属性对话框

1）只读文件（R）：此类文件不可以被修改或删除。

2）隐藏文件（H）：此类文件可以被改变，但不显示。

图2-32所示为文件夹属性对话框，有“常规”“共享”和“安全”“以前的版本”4个选项卡。

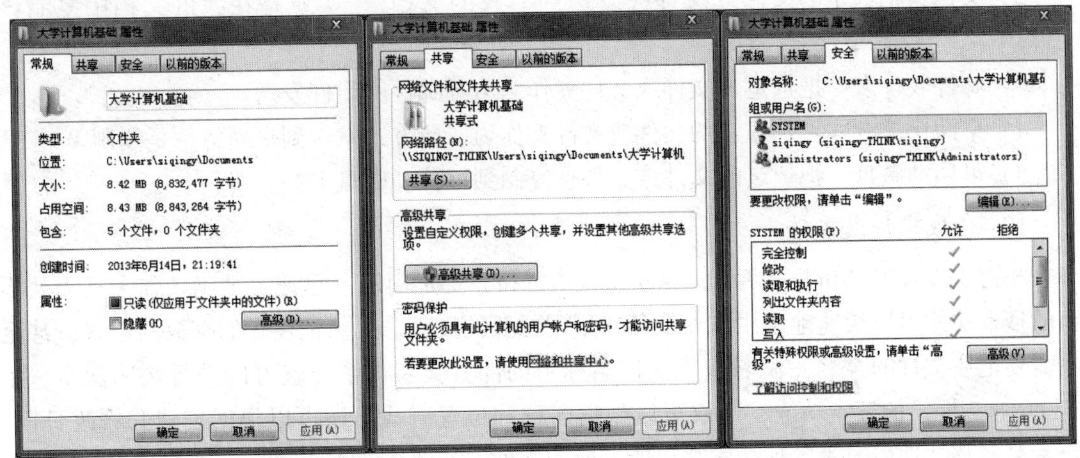

图2-32　文件夹对话框

9. 发送文件或文件夹

在Windows 7中，可以直接把文件或文件夹发送到“Bluetooth”“文档”“邮件收件人”“桌面快捷方式”和“可移动磁盘”等地方。

发送文件或文件夹的方法是：选定要发送的文件或文件夹，然后单击鼠标右键，选择“发送到”命令，再选择具体的发送目标即可，如图2-33所示。

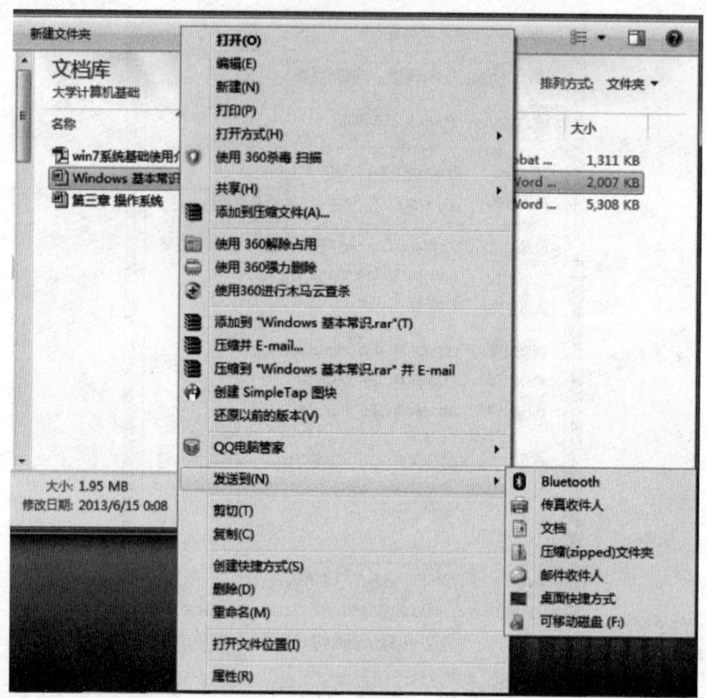

图 2－33 “发送到”菜单

“发送到”子菜单中的各命令功能如下。

1）Bluetooth：把选定的文件或文件夹发送到已经连接的蓝牙设备上，实质是复制。

2）文档：把选定的文件或文件夹发送到“我的文档”，实质是在我的文档中复制该文件。

3）邮件收件人：把选定的文件或文件夹作为电子邮件的附件发送。

4）桌面快捷方式：把选定的文件或文件夹作为快捷方式发送到桌面，不是复制。

5）可移动磁盘：把选定的文件或文件夹复制到可移动磁盘上。

10. 查找文件或文件夹

相对于以往的 Windows 系统，Windows 7 的搜索更加简洁、迅速、准确。强大且无处不在的搜索功能可以快速地调用这些散落在不同位置的文件，无须记住它们存放的位置，甚至不需要记住文件的全名，仅需输入文件名称中的部分文字，系统就可以进行快速搜索。用 Windows 7 提供的搜索功能，不仅可以根据名称和位置查找，还可以根据创建和修改日期、作者名称及文件内容等各种线索找出所需要的文件，如图 2－34 所示。

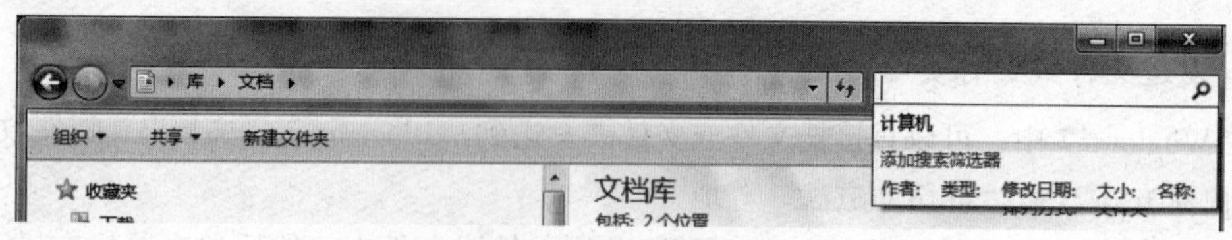

图 2－34 搜索框

在“开始”菜单和“计算机”窗口中均有搜索框，其中“计算机”或“库”窗口中的搜索框功能更加强大，如图 2-34 所示，单击搜索框可以指定搜索的类型、修改日期等。

（1）运用搜索功能的方法

运用搜索功能的方法见表 2-9。

表 2-9 运用搜索功能的方法

开始菜单法	■ 单击“开始”菜单，可以看到下侧的搜索框 ■ 在框内输入搜索的程序名称或文件名，输入名称的一部分，就会即时出现搜索结果
资源管理器法	■ 启动“资源管理器”（方法略） ■ 搜索框位于窗口右上侧，在框内输入文件名称就可以进行程序或文件的搜索

（2）搜索的操作步骤

①从“开始”菜单搜索程序。

单击“开始”菜单，可以看到下侧的搜索框。在框内输入搜索的程序名称或文件名，输入名称的一部分，就会即时出现搜索结果。此时尽可能地将文件名输入完整，系统会进一步锁定搜索的范围。搜索结果会进行自动分类，可以单击其中的一种类型来展开搜索结果，如图 2-35 所示。

图 2-35 “开始”菜单的搜索功能

②锁定文件夹，缩小搜索范围。

单击“开始”菜单中的“计算机”，可以在 Windows 资源管理器中进行搜索。

11. 恢复被删除的文件或文件夹

恢复被删除的文件或文件夹的操作如下。

1）在桌面上双击“回收站”，被删除的文件或文件夹显示在右窗格中。

2）选择要恢复的文件或文件夹。

3）选择“还原此项目”（选择一个文件时）或“还原选定的项目”（选择多个文件时）即可。

12. 文件夹选项

在“计算机”窗口中单击“组织”菜单项，在弹出的下拉菜单中选择“文件夹和搜索选项”，得到图 2－36 所示的“文件夹选项”对话框，其中包含“常规”“查看”和“搜索”三个选项。

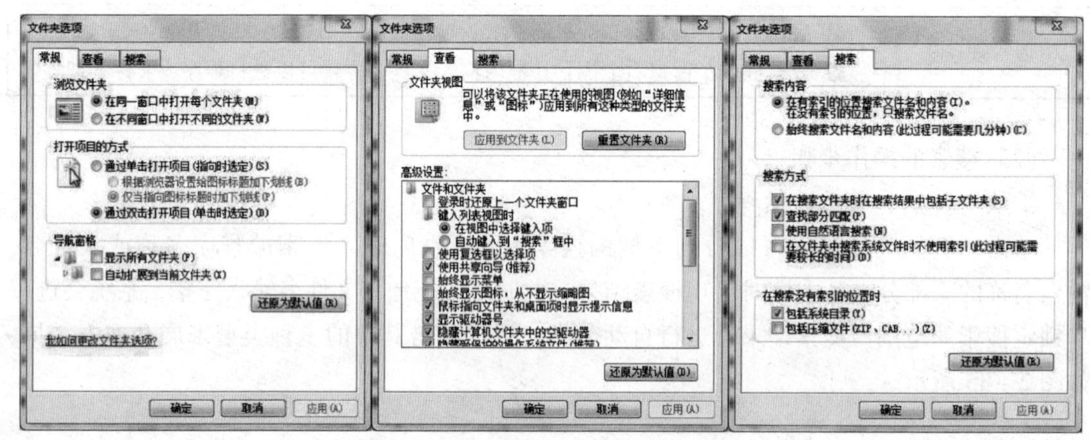

图 2－36 “文件夹选项”对话框

“常规”选项：包括浏览文件夹的方式、打开项目的方式和导航窗格的显示方式等，用户可以根据需要进行选择。

“查看”选项：包含对文件夹的高级设置。

“搜索”选项：包含搜索内容与搜索方式的选择。

13. 创建快捷方式

（1）快捷方式的概念

快捷方式是提高工作效率的强大工具。用户可为应用程序、文档或文件夹、打印机等任何对象创建其快捷方式，并把它们所对应的快捷方式图标放置在桌面上或指定的文件夹中。各种快捷方式图标都有一个共同的特点，即在其左下角有一个较小的跳转箭头。双击快捷方式图标，将迅速打开它“指向”的对象。

多数情况下是为某个经常使用的应用程序创建可快速启动的快捷方式，并将它放置在桌面上。这样，当需要启动这个程序时，就不必查找它所在的路径，直接双击此应用程序的快捷方式图标即可。

某个快捷方式建立后，可以重新命名，也可以用鼠标拖动或使用“剪贴板”将它们移动或复制到任意指定的位置。当某个快捷方式不再需要时，可将它们删除，删除后不会影响它所指向的对象。

（2）快捷方式的建立

方法 1：在同一文件夹中创建快捷方式。

1）选择文件或文件夹。

2）使用鼠标右键，在弹出的快捷菜单中选择“创建快捷方式”。

方法2：在桌面创建快捷方式。

1）选择文件或文件夹。

2）右击此项，在弹出的快捷菜单中选择“发送到”。

3）从“发送到”菜单中选择“桌面快捷方式”。

任务2.4 系统设置与磁盘管理

“控制面板”的作用是调整计算机的设置，这些设置几乎包含了有关Windows外观和工作方式的所有设置，并允许用户对Windows进行设置，使其更加适合用户的需要。

Windows操作系统允许修改计算机和其自身几乎所有部件的外观和行为，修改工具十分庞杂。为了便于统一管理，系统将所有设置工具放在“控制面板”系统文件夹中。“控制面板”的主要设置功能如图2－37所示。

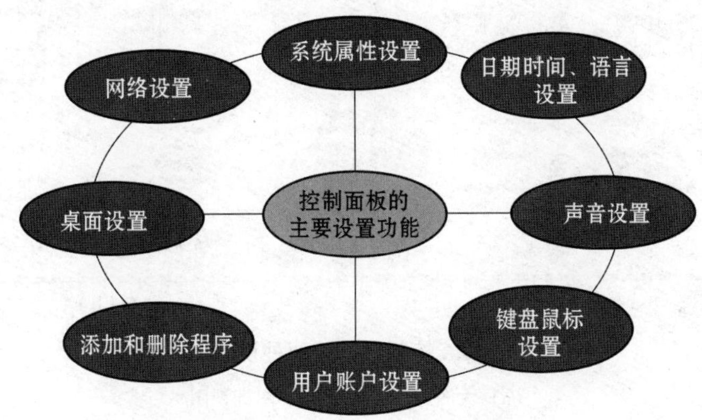

图2－37 “控制面板”的主要设置功能

1. 启动“控制面板”

启动“控制面板”的主要方法如下。

方法1：在“计算机”窗口中，选择“打开控制面板”菜单。

方法2：选择“开始”菜单中的“控制面板”菜单。

方法3：双击桌面“控制面板”图标。

以上方法均可打开如图2－38所示的“控制面板”窗口。

2. “控制面板”介绍

单击“开始”→“控制面板”，打开“控制面板”系统文件夹窗口。在窗口中，单击浏览器栏右上角的“类别”/“小图标”/“大图标”来改变查看图标的方式。图2－39所示显示了“控制面板”的两种视图模式。

图 2-38 “控制面板”窗口

图 2-39 控制面板的两种视图模式

（a）大图标视图；（b）小图标视图

类别视图将各种设置功能分类放置，显示图标类别。

外观和个性化：包括系统桌面设置（包括桌面背景、主题、分辨率、屏保程序）、任务栏和开始菜单设置、文件夹选项设置。

网络和 Internet：联网操作，包括 Internet 连接属性和局域网连接设置。

程序：添加和删除系统中安装的程序，添加和删除系统组件程序。

硬件和声音：对系统中所有与声音有关的硬件、驱动程序、系统的声音方案进行设置。设置键盘、鼠标、打印机、扫描仪、数码相机、电话和调制解调器、游戏控制器等硬件，提供专门的硬件添加向导。系统、电源管理、任务计划、管理工具 4 个项目用于查看和维护系统整体性能。

用户账户和家庭安全：改变用户设置、密码设置、用户类型设置、增加/删除用户设置等。

时钟、语言和区域：改变日期、时间、语言和区域设置，以及设置日期、时间、数字、货币的显示方式。

轻松访问：调整系统的外观和行为，提高该软件对弱视、听力不好或行动困难用户的可用性。

系统和安全：检查计算机的状态，涉及防火墙、防病毒软件、自动更新三个安全要素，提供建议、做法，以便更好地保护计算机。

每一个设置图标都是一个设置工具。单击设置图标会打开一个设置对话框，每一个对话框中都包含更多更改对象和设备属性的控件。

2.4.1 外观和个性化设置

在“控制面板”的类别视图窗口中，单击“外观和个性化”，打开该类别的对话框，如图2－40 所示。

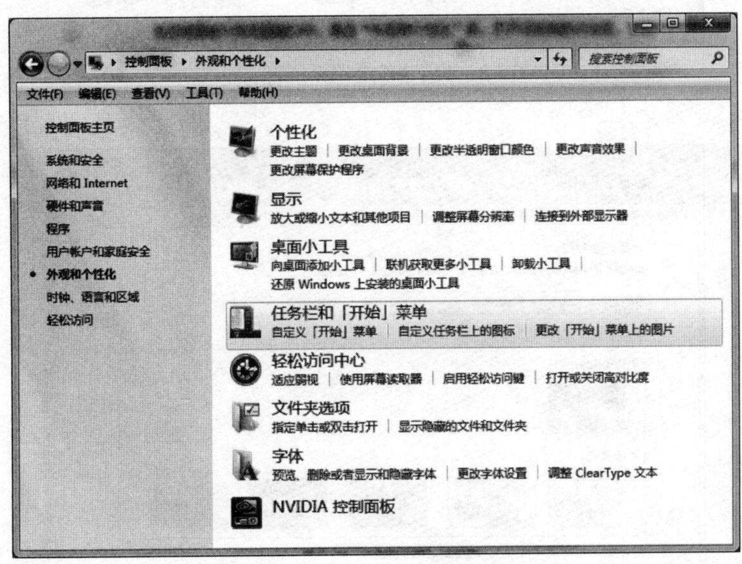

图 2－40 “外观和个性化”对话框

1. 个性化与显示设置

一般情况下要对屏幕的背景、颜色及屏幕保护程序等内容进行设置，整洁美观的桌面设置提供舒适的工作环境。

在“外观和个性化”对话框中，可以选择一个任务来更改主题、设置背景图片、设置屏保程序。当选择任务后，系统打开“个性化”对话框。单击“外观和个性化”对话框中的“个性化”设置图标，同样打开“个性化”对话框，如图 2－41 所示。

(1) 设置桌面背景图片

单击“个性化”对话框“桌面背景”选项卡，弹出的对话框如图 2－42 所示。

通过在“图片位置”列表框中选择背景图片，也可以单击“浏览”命令按钮，打开“浏览”对话框，在计算机指定位置甚至在网络查找需要的图片文件（默认查找“图片收藏”文件夹）。

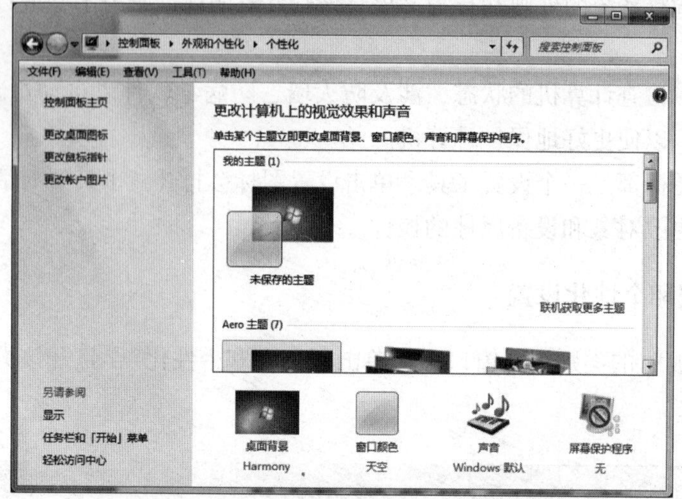

图 2－41 “个性化”对话框

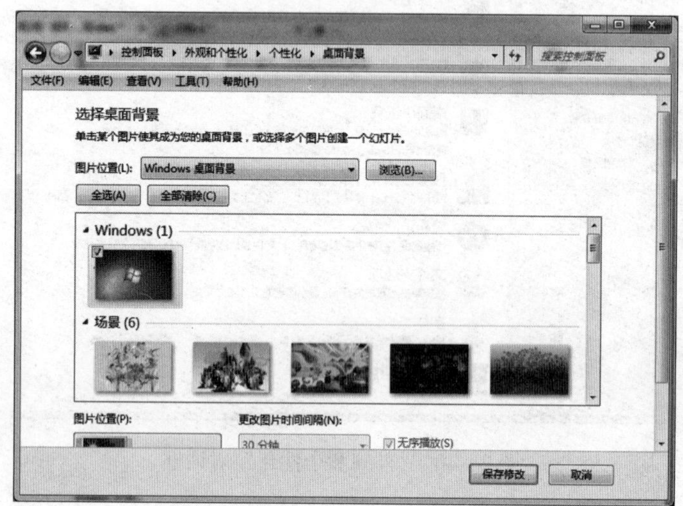

图 2－42 “桌面背景”对话框

（2）设置屏保程序

以为计算机设置 Windows 7 三维文字的屏保程序为例说明操作过程。单击“个性化”对话框的“屏幕保护程序”选项卡，在弹出的对话框中进行操作，如图 2－43 所示。

①选择“屏幕保护程序”下拉列表中的“三维文字”，如图 2－44 所示。

②单击“设置”命令按钮，打开如图 2－45 所示的“三维文字设置”对话框，在“自定义文字”文本框中输入“谁也不要动我的计算机”。

（3）屏幕分辨率设置

单击“个性化”对话框的“调整屏幕分辨率”选项卡，对话框界面如图 2－46 所示。

在“分辨率”项中，通过滑块调整计算机屏幕分辨率。高分辨率时，一屏显示内容多，字体会减小。

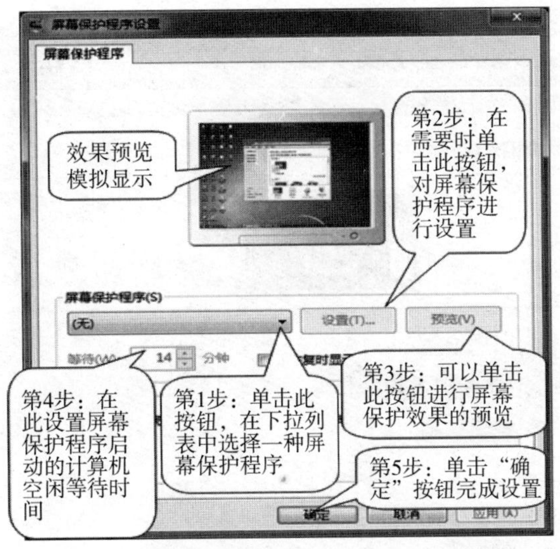

图2－43　设置屏幕保护程序的操作过程

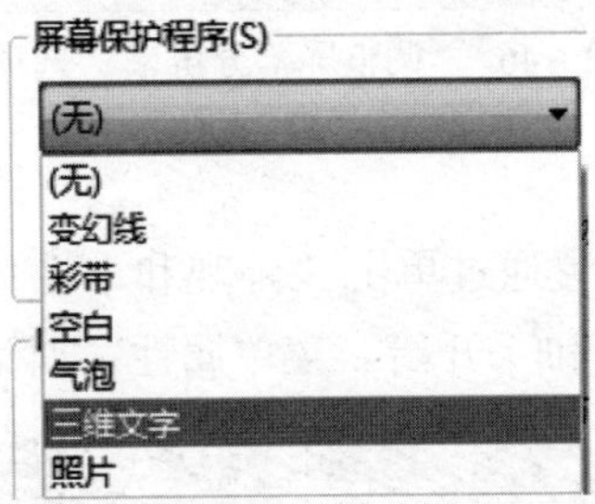

图2－44　“屏幕保护程序”下拉列表

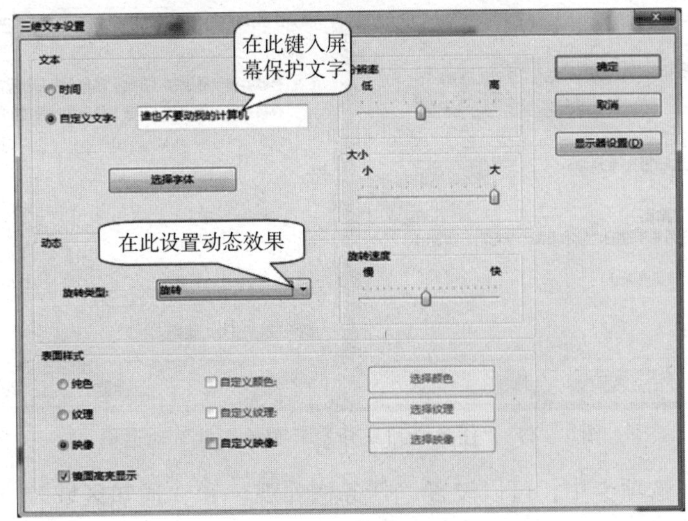

图2－45　“三维文字设置”对话框

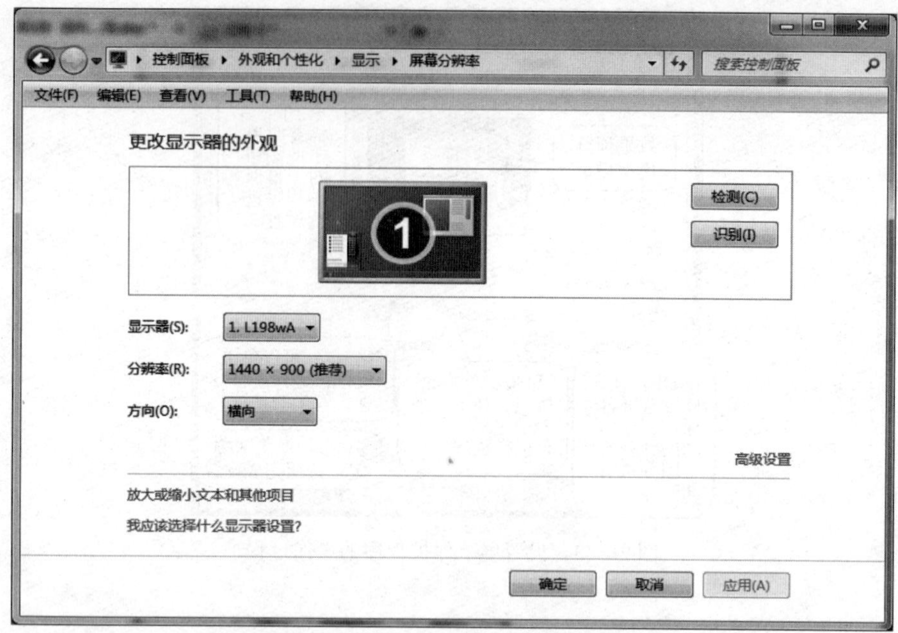

图 2－46 “调整屏幕分辨率”选项卡

2. 任务栏和“开始”菜单

任务栏和“开始”菜单的设置通过单击“外观和个性化”对话框中的“任务栏和「开始」菜单”图标，打开“任务栏和「开始」菜单属性”对话框，如图 2－47 所示。

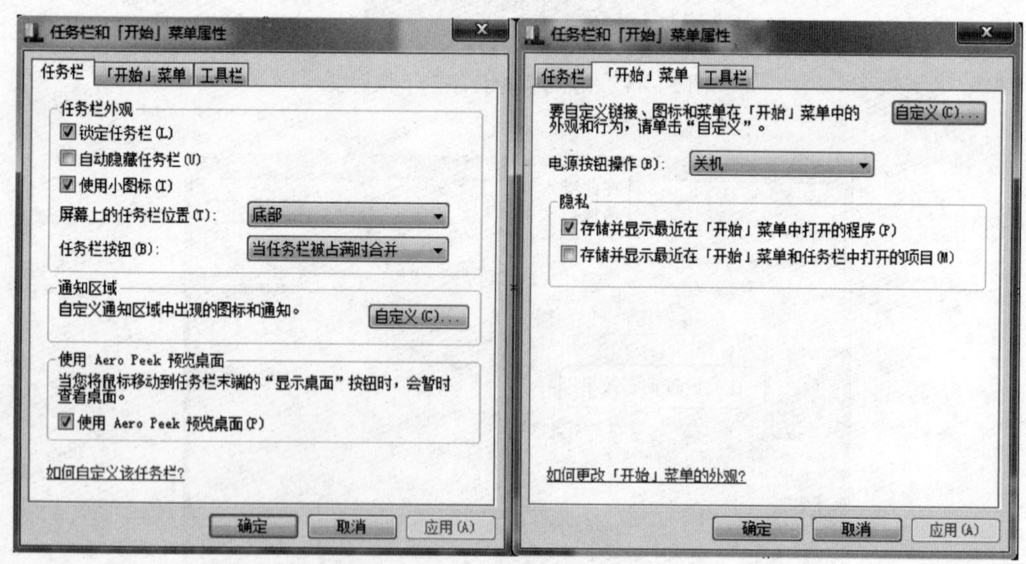

图 2－47 “任务栏和「开始」菜单属性”对话框

在“任务栏”选项卡中，可以设置“任务栏外观”和“通知区域”。在“「开始」菜单”选项卡中，选中“「开始」菜单”选项，单击“自定义”命令按钮，可以打开“自定义「开始」菜单”对话框。

设置“「开始」菜单”要显示的最近打开过的程序的数目，方法如下。

最近打开过的程序列表区的列表程序项的数目最高可设置为30，默认为10。现在将其改为15，操作步骤如下：

①单击“任务栏和「开始」菜单属性”对话框中“「开始」菜单”选项卡。

②选中“「开始」菜单”单选项，单击“自定义”命令按钮，打开如图2－48所示的“自定义「开始」菜单”对话框。

③在“自定义「开始」菜单”对话框中的“要显示的最近打开过的程序的数目”微调框中，输入“15”，单击“确定”按钮返回。

④在“任务栏和「开始」菜单属性”对话框中，单击“确定”按钮完成设置。

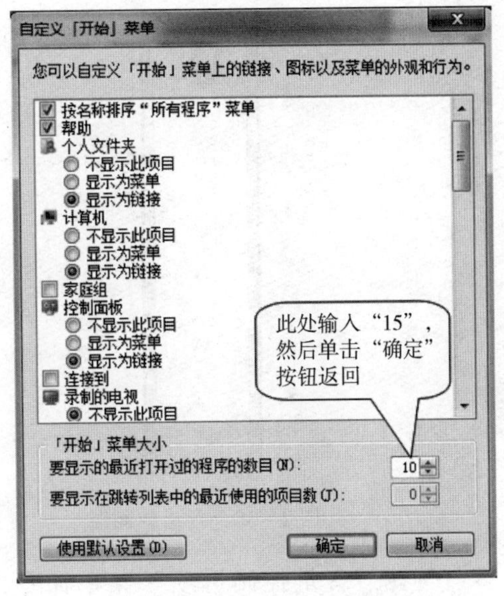

图2－48 “自定义「开始」菜单”对话框

2.4.2 音量设置

在“控制面板”的类别视图窗口中，单击“硬件和声音”，打开该类别的对话框，在“声音”对话框中单击“更改系统音量”图标，打开如图2－49所示的“音量合成器”对话框。

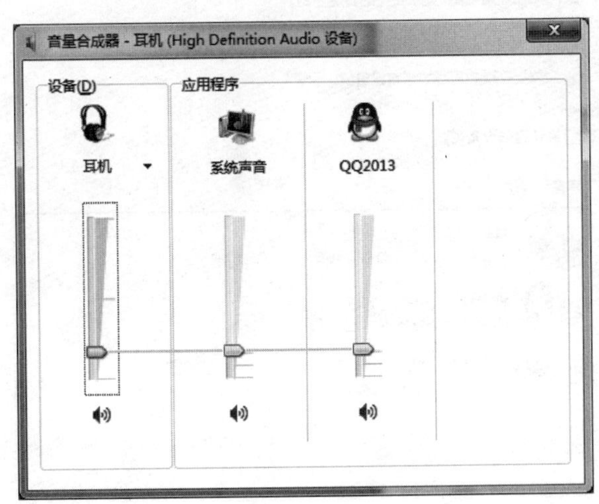

图2－49 “音量合成器”对话框

在此处通过移动音量滑块，可以调整不同应用程序的音量高低；单击“🔊”选项，计算机或程序不输出声音🔇。

利用系统任务栏上的音量图标🔈也可以调整音量的大小或设置静音，操作步骤如下：

①单击音量图标，出现如图2－50所示的音量控制器，上下移动滑块调整音量大小或设置为静音。

②在音量图标上单击鼠标右键，出现如图2－51所示的快捷菜单。

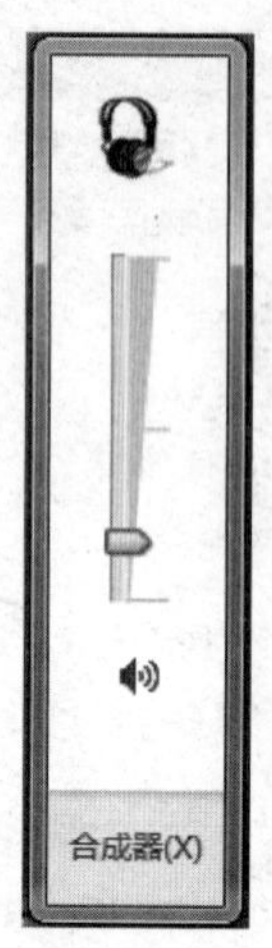

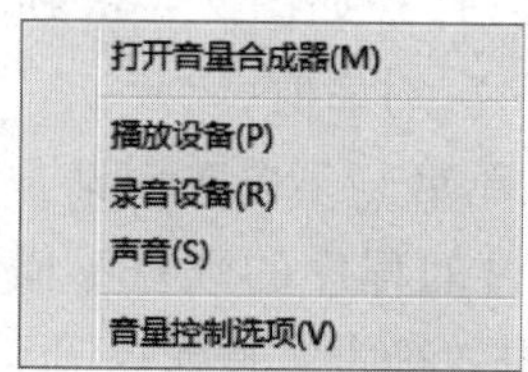

图2-50　音量控制器　　　　图2-51　音量图标快捷菜单

③选择“音量控制选项”菜单命令，打开“音量控制选项”对话框，如图2-52所示。

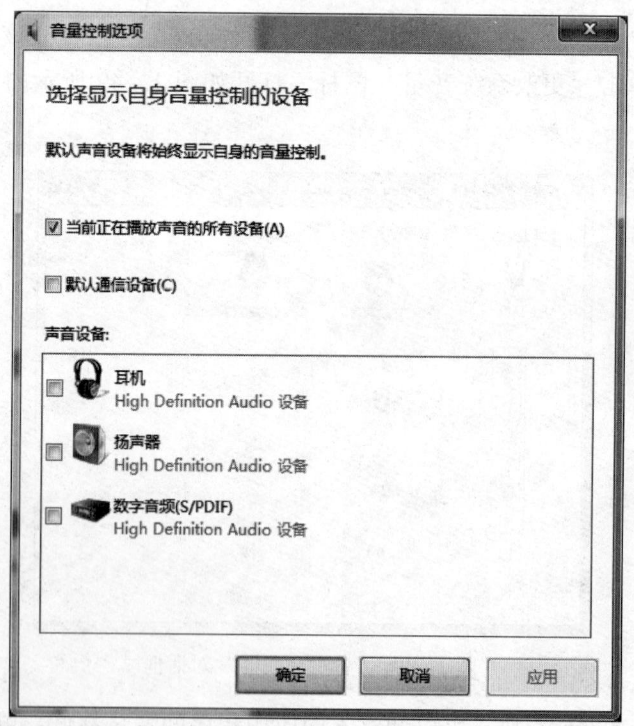

图2-52　“音量控制选项”对话框

④管理不同音频设备。

2.4.3　日期和时间设置

在“控制面板”的类别视图窗口中，单击“时钟、语言和区域”图标，打开该类别的

对话框，在其中单击“设置日期和时间”图标，打开如图2-53所示的“日期和时间”对话框。

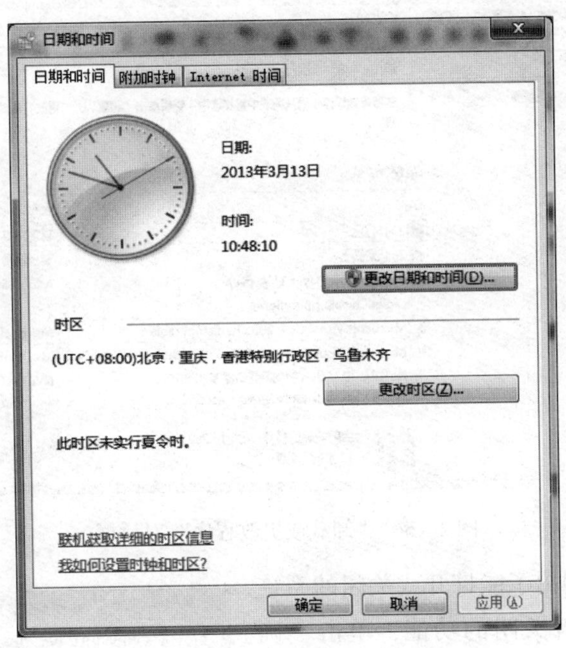

图2-53 “日期和时间”对话框

可在“日期和时间”选项卡中设置系统的年、月、日，在“时区”区域中还可以设置所在时区。

2.4.4 添加或删除程序

程序不同于文档，文档可以自由地复制和使用，程序在使用之前必须先安装，此外，删除其图标并没有删除程序本身，必须通过自带的卸载程序或系统的“程序”功能来删除程序。

单击“控制面板”中的“卸载程序”图标，打开“卸载或更改程序”对话框，如图2-54所示。

1. 删除程序

“卸载或更改程序”对话框中，默认启动“卸载或更改程序”向导命令，在“卸载或更改程序”列表中显示计算机上安装的所有程序。要从计算机上删除某一程序，在列表中选中，单击“卸载/更改”命令实现删除程序的操作。

2. 打开或关闭 Windows 功能

为了节省系统资源和安装时间，安装系统时往往没有打开所有的系统功能。Windows 在任何时候都可以打开或关闭系统功能。通过单击“程序”对话框中的“打开或关闭 Windows 功能”命令按钮启动对话框，如图2-55所示。

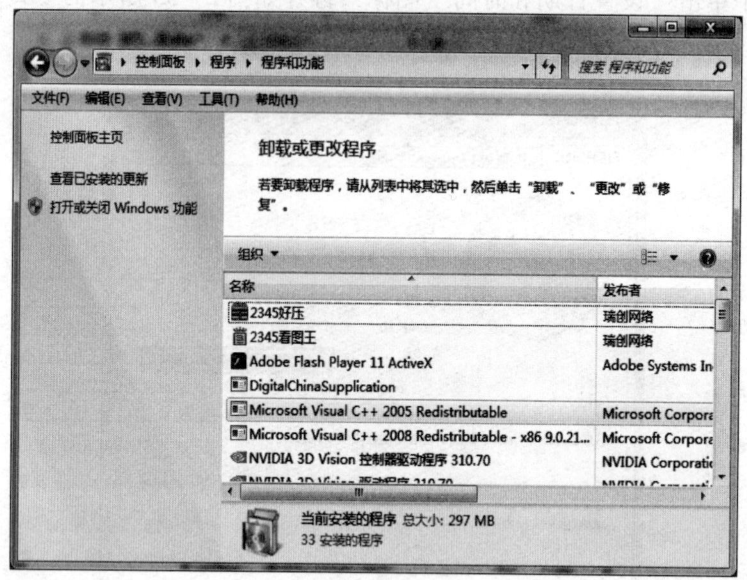

图 2-54 "卸载或更改程序"对话框

在组件列表框中列出了能打开或关闭的系统功能，选中要打开或者关闭的功能，单击"确定"按钮，系统将进行组件配置，开启或关闭对应系统功能。

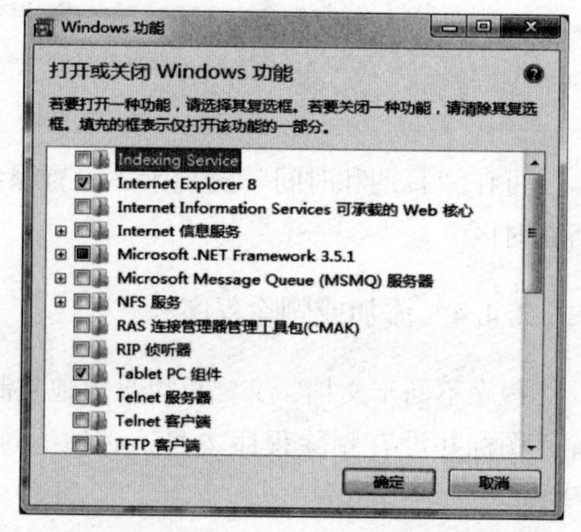

图 2-55 安装或删除 Windows 组件向导

2.4.5 用户账户

Windows 系统允许多个用户共享同一台计算机。当多人共享计算机时，有时设置会被意外地更改。为了防止其他人更改计算机设置，系统通过"用户账户"将每一个用户使用计算机时的数据和程序隔离。

用户账户由一个账户名和密码组成。账户定义了系统使用权限，系统中的账户分为两类：一类是管理员账户，另一类是受限账户，每一类均可设置多个账户。管理员账户拥有对计算机使用方面的最大权限，可以安装程序或增删硬件、访问计算机中的所有文件、管理本计算机中的所有其他账户。在计算机中应保证至少有一个管理员账户。有限账户类型，意味着操作计算机的权限是有限制的，用户不能更改多数系统设置，不能删除重要的文件，用户的各种设置（如桌面、"开始"菜单等的个性设置）只会影响到该用户对计算机的使用。有限账户不允许安装或删除系统中的应用程序，仅仅可以使用。有限账户也不能将自己升格为管理员账户，那是管理员账户的权限。见表 2-10。

表2-10 管理员账户和受限账户权限

权限	计算机管理员	受限用户
安装程序和硬件	√	
进行系统范围的更改	√	
访问和读取所有非私人的文件	√	
创建与删除用户账户	√	
更改其他人的用户账户	√	
更改自己的账户名或类型	√	
更改自己的图片	√	√
创建、更改或者删除自己的密码	√	√

计算机系统中还有一类来宾账户，来宾账户没有密码，只有使用计算机的最小权限，如浏览 Internet、收发电子邮件、使用应用程序等。

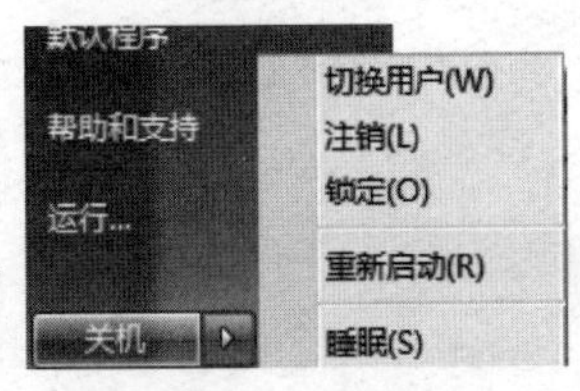

图2-56 切换用户

每个用户有自己的用户名和密码，可以让用户在不关机的情况下切换用户。当某个用户已完成自己的工作，而另外一个用户想继续使用时，可以选择“开始”菜单下的“切换用户”选项，如图2-56所示，单击“切换用户”按钮，即可出现开机时的“欢迎使用”登录界面，单击相应用户，如有密码，输入密码，系统开始导入相应用户配置信息，然后进入该用户界面。

1. 创建账户

要创建用户账户，首先以管理员账户登录系统。单击“开始”→“控制面板”→“用户账户和家庭安全”，打开“用户账户”对话框，如图2-57所示。

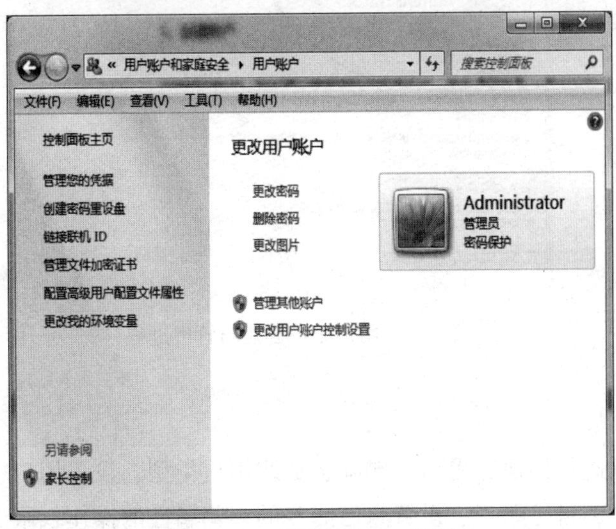

图2-57 “用户账户”对话框

在该对话框中，单击“管理其他账户”，打开“更改用户账户”对话框，单击“创建一个新账户”任务项，在打开的设置向导中，键入新账户的用户名，选择管理员或受限账户类型，然后单击“创建账户”，完成账户创建。

在对话框中单击“更改账户”任务项，可以在打开的向导中完成对用户的密码设置、删除等更改操作。操作过程如图 2－58 所示。

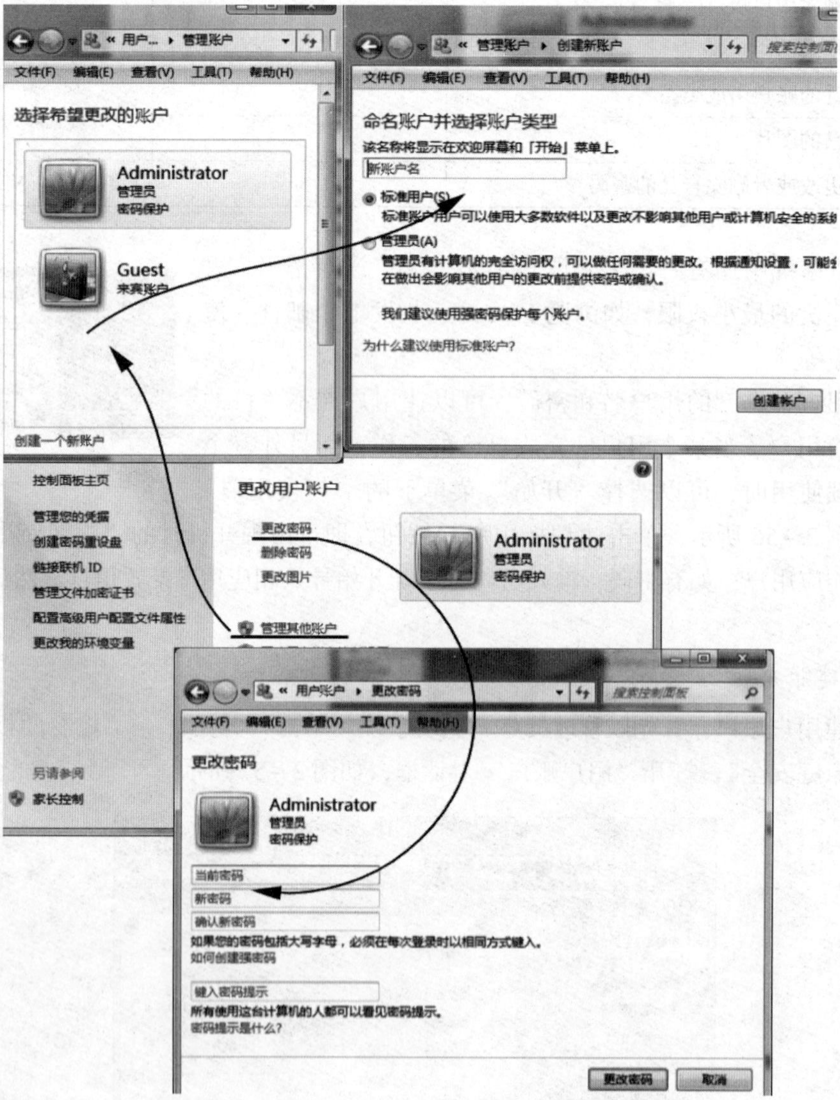

图 2－58　用户账户创建与管理过程

2. 管理账户

管理员账户可以进行创建、更名、删除、更改用户类型、设置用户密码等管理操作，受限账户只有有限的管理自己账户、设置自己账户的一些属性的操作权限。

有关用户账户更多信息，单击“了解”对话框的帮助主题。

2.4.6 设备与驱动安装

安装打印机是件非常容易的工作。只要遵照打印机附带的指令，将它连接到计算机对应端口（USB 端口或标准的打印机端口）即可。有时还需要安装打印机的驱动程序。

Windows 在启动时可以自动搜索网络中的打印机，无论是连接到本地的打印机还是连接到网络中的共享打印机，均可自动地被 Windows 检测到。经过改进的 Windows 不仅可以使用本地网络中的打印机，如果需要，还可以搜索 Internet 中的打印机。

在“控制面板”中有“查看设备和打印机”选项，单击“开始”→“控制面板”→“查看设备和打印机”，如图 2－59 所示。

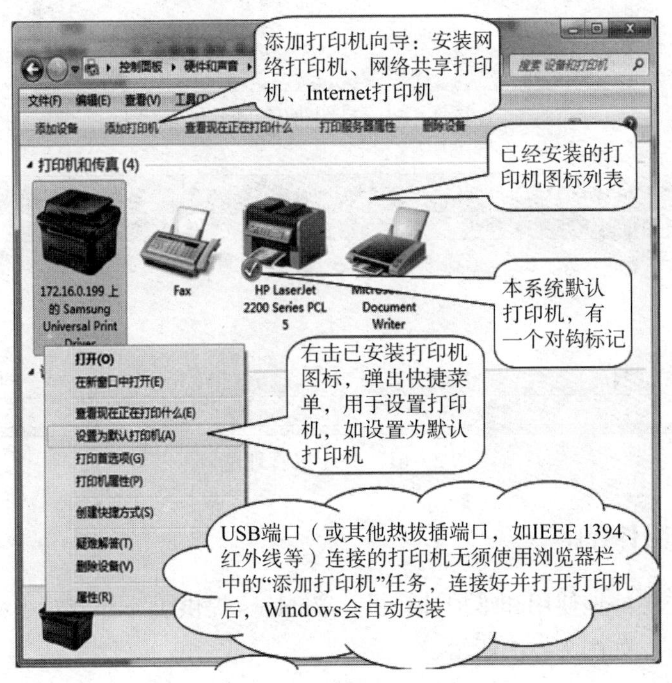

图 2－59 “打印机和传真”窗口

在“打印机和传真”窗口中显示已经安装的打印机图标，可以对这些打印机进行相关设置。

单击浏览器栏上的“添加打印机”任务项，启动安装向导安装打印机，如图 2－60 所示。

在添加打印机向导中，选择网络打印机，向导搜索网络共享打印机，指引完成安装；选择安装本地打印机，向导可能引导选择安装端口和驱动程序。

当用户进行打印作业时，在任务栏右边的状态栏里会出现打印机的小图标，双击该图标，会弹出如图 2－61 所示的打印机管理窗口。

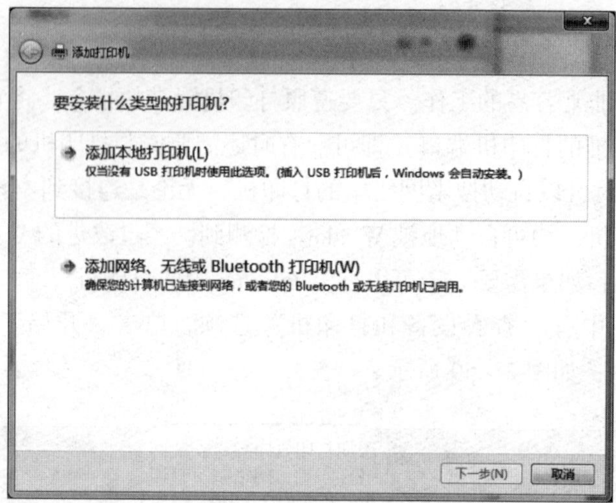

图 2-60　打印机安装向导

图 2-61　打印机管理窗口

2.4.7　使用附件程序

为了帮助用户更好地使用和维护计算机，Windows 提供了一部分短小精悍、功能简单实用的附件应用程序，如图 2-62 所示。

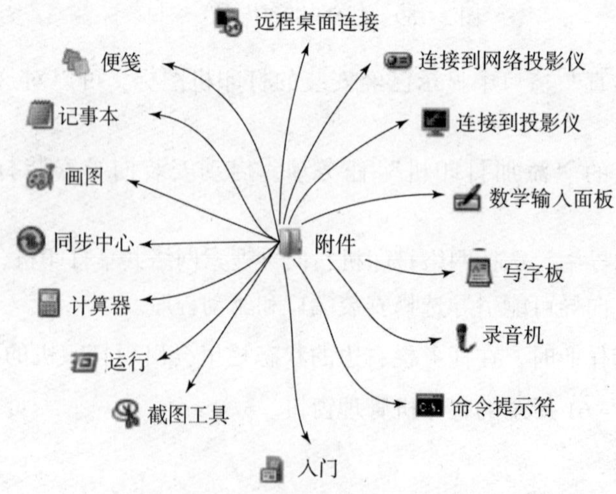

图 2-62　“附件”应用程序

1. 记事本使用

“记事本”和“写字板”都是附件程序中用来处理文档的实用小程序，它们都可以用来创建、打开、保存文本文件。

“写字板”（Wordpad. exe）是小型字处理程序，与 Word 的功能大部分相同，特别适合编写一些短小的格式文本文件，提供基本的文档编辑和格式化功能，能够插入多媒体中的声音及图像。“记事本”（Notepad. exe）是一个用来创建简单的文本文档的编辑器，是编辑纯文本文件（. txt）的实用编辑工具，功能相对简单，适合处理简单文本，如日志记录等。

（1）“记事本”程序窗口

单击“开始”→“所有程序”→“附件”→“记事本”，打开如图 2 – 63 所示的“记事本”程序窗口。

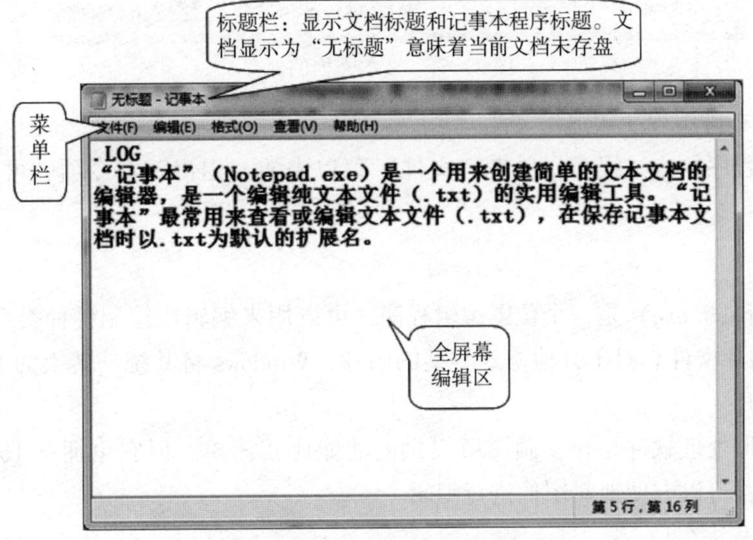

图 2 – 63　“记事本”程序窗口

打开记事本程序窗口后，可以在窗口工作区进行全屏幕的编辑。“记事本”仅支持基本的格式，能够设置字形、字体、字号，其在为网页创建 HTML 文档时特别有用。

（2）输入文本

记事本支持全屏幕编辑，在编辑区有一闪烁的插入点光标，指示输入位置；使用当前的输入法程序，在编辑区输入字符和文字。在没有设置“自动换行”时，文字符号会在一行中输入，直到行满或按 Enter 键换行。

（3）设置“自动换行”的屏显方式

“自动换行”是一记事本窗口的折行显示方式，能够在记事本窗口中完整显示一行的所有文字符号（并非真正意义的换行，真正意义换行需要按 Enter 键）。

单击“格式”→“自动换行”，就能设置自动换行。

（4）文档的保存方法

在“文件”菜单中单击“保存”或“另存为”命令，弹出如图 2 – 64 所示的“另存为”对话框。

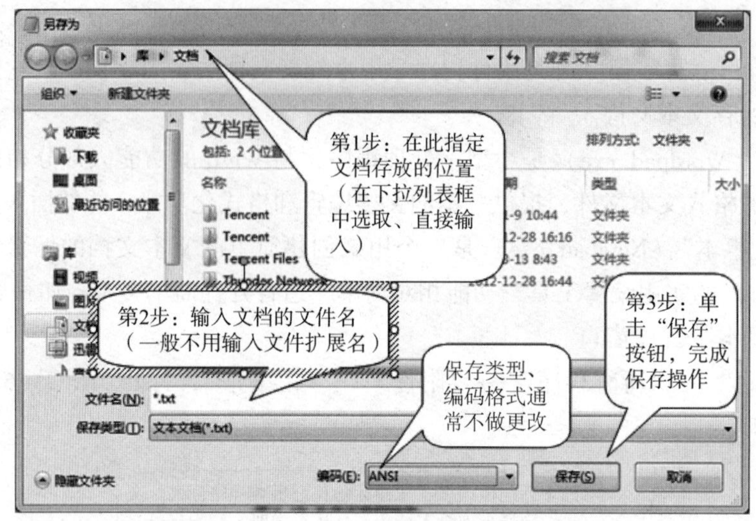

图2-64　文本文档的保存

（5）记事本应用程序的退出方法

退出应用程序的方法很多，单击“文件”菜单中的“退出”命令项就可以退出记事本应用程序了。

2. 画图

画图（mspaint. exe）是一个位图编辑程序，可以用来编辑或绘制各种类型的位图文件，即 BMP 格式图片文件。对于其他格式类型的图片，Windows 将其统一转换为 BMP 格式，再用画图程序打开。

与专业图形处理软件相比，画图所提供的功能比较简单，但它也拥有 16 种绘图工具，利用这些工具，可以方便地对图像进行编辑。

（1）画图程序窗口

单击“开始”→“所有程序”→“附件”→“画图”，打开如图 2-65 所示的“画图”程序窗口。

“画图”程序提供了绘图的工具箱、颜料盒，因此可以利用它绘制、编辑图形，还可以在图形上输入文字等。

①工具箱。工具箱由工具框和形状框组成，工具框中有 6 个按钮，每个按钮对应一种画图工具，如图 2-66 所示。选择框位于工具框的下部，用于选择笔宽等。选择框中的内容随着所选画图工具的不同而不同。

将鼠标指针移至工具箱内，单击所要使用的工具按钮，即选择了这个工具。然后将鼠标指针移到绘图区，鼠标指针变为相应的形状，于是就可以利用该工具进行相应的工作。

②颜料盒。颜料盒由若干个涂有不同颜色的小方格构成。可以从颜料盒中选择不同的颜色来绘图。用鼠标左键单击某一颜色的小方格，当前颜色即显示为该颜色。当前颜色分为 1、2 两格。

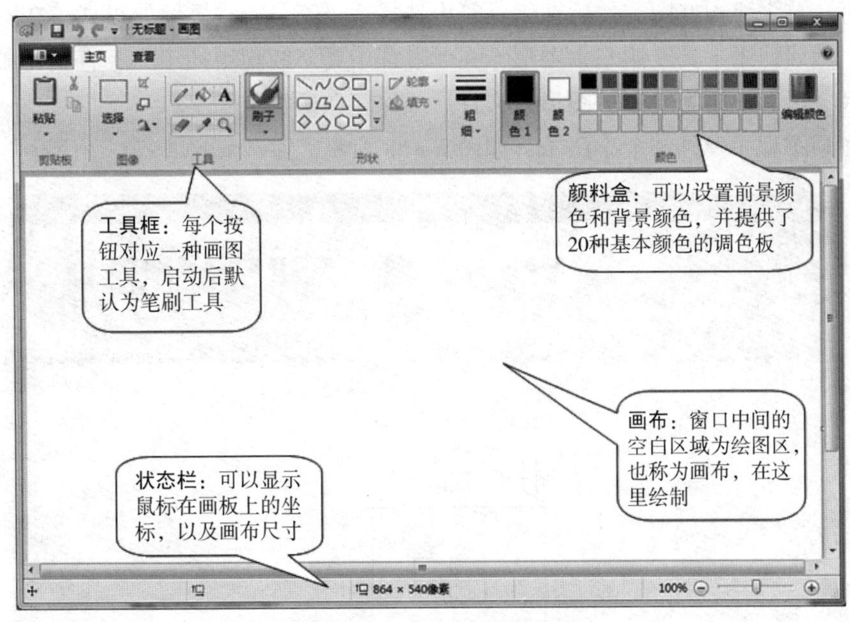

图 2－65　“画图”程序窗口

③状态栏。位于“画图”窗口最底部，它从左至右分为四个区域。第一个区域显示当前鼠标所在坐标，第二个区域显示鼠标选中画布的像素大小，第三个区域显示整个画布的像素大小，第四个区域显示当前画布的放缩比例。

工具箱、颜料盒和状态栏可以隐藏起来，从而扩大绘图区的显示区域。隐藏与显示的方法是：右击工具箱、颜料盒或状态栏的任意区域，在弹出的快捷菜单中单击“最小化功能区”，即可隐藏工具箱、颜料盒和状态栏。使用同样步骤再单击“最小化功能区”，可以重新显示工具箱、颜料盒和状态栏。

（2）图形绘制

利用画图程序可以绘制线条和图形、在图形中添加文字、对图像进行色彩和效果处理。在画图程序中绘制图形的基本流程如图 2－67 所示。

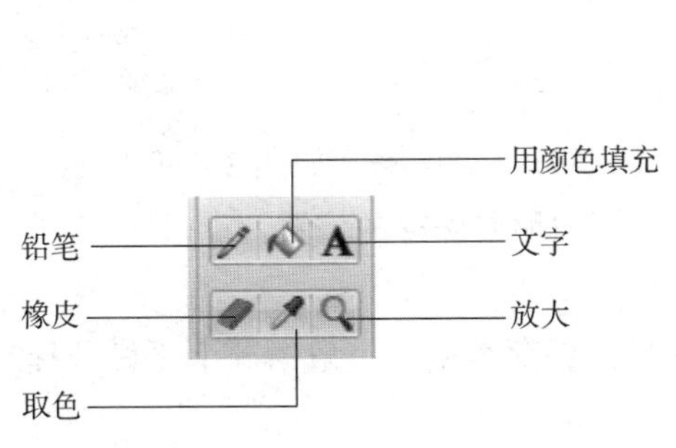

图 2－66　工具栏中的画图工具

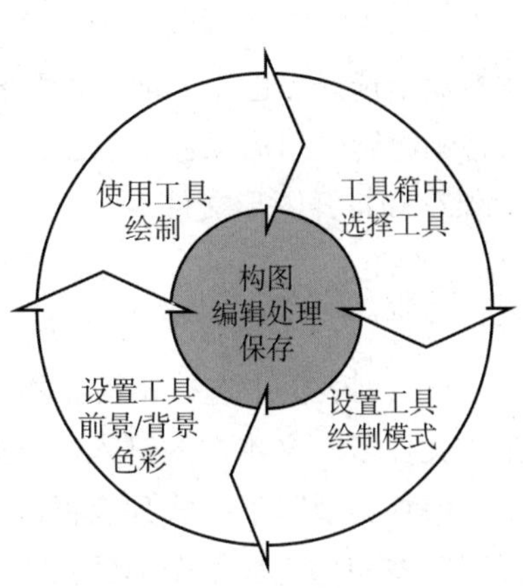

图 2－67　图形绘制流程

绘图时，首先要构好图，然后在工具箱内选择适当工具，设置绘制模式，在颜料盒中选择好颜色。然后使用工具绘制基本图形，在此过程中要不断地更换工具，直到完成图形绘制和基本处理。最后还要将绘制的图形以文件形式保存在磁盘上。

例如在画图程序中画一个小房子，如图 2－68 所示。

图 2－68　绘制小房子

此例只涉及使用画矩形、直线、圆角矩形工具，下面简要说明操作步骤。

①在工具箱内单击“矩形”工具按钮，在选择框内选择“空心”绘制模式，在颜料盒中选择黑色作为前景色。在“画布”上绘制矩形。

②在工具箱内单击“直线”工具按钮，在选择框内选择线粗细的绘制模式，在颜料盒中选择黑色作为前景色。在“画布”上绘制屋顶、窗户、烟囱边线等。

③在工具箱内单击“椭圆”工具按钮，在选择框内选择“空心”绘制模式，在颜料盒中选择黑色作为前景色。在“画布”上绘制烟囱顶和烟雾。

④在工具箱内单击“圆角矩形”工具按钮，在选择框内选择“有边框的实心”绘制模式，在颜料盒中选择黑色作为前景色和背景色。在“画布”上绘制门前台阶。

最后将刚绘制的图形保存到磁盘，以便以后打开来欣赏。

（3）保存和打开图形文件

1）保存文件。

单击“文件”→“保存”命令项，弹出“保存为”对话框，如图 2－69 所示。

①在下拉式列表框中选择驱动器和文件夹，即图形要保存的位置。

②在“文件名”文本框内键入一个名字。

③在“保存类型”下拉式列表框内选择文件的保存类型（一般情况下不做选择），最后单击“保存”按钮即完成了图形的保存。

2）打开文件。

单击“文件”→“打开”，弹出“打开”对话框，如图 2－70 所示。

图 2－69 “保存为”对话框

图 2－70 “打开”对话框

在该对话框中间左侧列表框中选择文件所在路径，右部列表框将显示所选文件夹中所有的文件和子文件夹。

在列表框内选择要打开的图形文件，单击“打开”按钮或双击文件图标，即完成打开图形文件的操作。

2.4.8 磁盘管理

1. 磁盘格式化

磁盘管理涉及磁盘的格式化、查看磁盘的状况及磁盘的优化整理等。

格式化就是将硬盘进行重新规划，以便更好地存储文件。格式化会造成数据的全部丢失。在资源管理器中格式化磁盘很容易，过程如下：

1）打开“计算机”，右击需要格式化的驱动器图标（以E盘为例），出现一个快捷菜单，选择“格式化”命令，此时出现一个“格式化”对话框，如图2－71所示。

2）在“文件系统”下拉列表框中选择文件系统。Windows 7默认的文件系统为NTFS（New Technology File System）文件系统。

3）如果需要卷标，在“卷标”文本框中输入磁盘的卷标名称。

4）格式化选项。

①快速格式化：选中该框，将进行快速格式化，即在格式化时只删除磁盘上的内容，不检查磁盘中的错误。这种方式适用于已格式化的磁盘。

②创建一个MS－DOS启动盘：选中此项，可创建一个DOS操作系统启动盘。

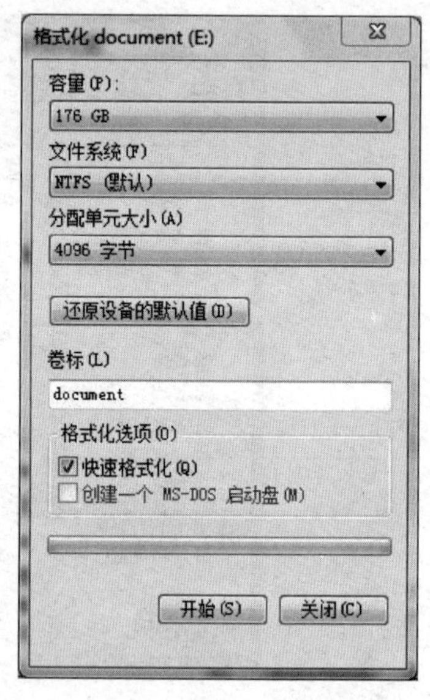

图2－71 “格式化”对话框

5）单击“开始”按钮开始进行格式化。

值得注意的是，用户一般不要对硬盘进行格式化，因为格式化会造成所格式盘的数据全部丢失，务必谨慎使用！

2. 查看磁盘属性

打开“计算机”，右击磁盘，选择快捷菜单中的“属性”命令，随后出现一个对话框，在这个对话框中单击“常规”选项卡，从中可以查看磁盘的使用状况，如磁盘的可用空间及已用空间等，如图2－72所示。

图2－72 “常规”选项卡

单击“工具”选项卡，可以对磁盘进行扫描纠错、碎片整理和备份操作。在“查错”框中，可以检查磁盘文件系统中的错误，并进行自动修复。在“碎片整理”框中，单击

“立即进行碎片整理”，则会整理磁盘的碎片，这样可以提高系统的性能。在“备份”框中，可以制作磁盘的备份。

单击“共享”标签，可以设置磁盘的共享方式。

3. 磁盘管理程序

(1) 磁盘碎片整理程序

所谓碎片，是指文件存储在磁盘上的非连续区，碎片在逻辑上是链接起来的，因此不影响磁盘文件的读写操作，但影响读写速度，所以操作系统中专门设计了相关的管理程序来解决碎片问题。在 Windows 7 操作系统中，用“磁盘碎片整理程序”收集磁盘碎片信息，并整理所有碎片程序所在的位置，以消除文件碎片。

使用方法如下：

选择磁盘属性中的“工具”标签，单击“立即进行碎片整理”，即打开“磁盘碎片整理程序”窗口，如图 2－73 所示。在该窗口中，选择需要整理的驱动器，单击“磁盘碎片整理”按钮，即对选择的磁盘进行碎片整理。

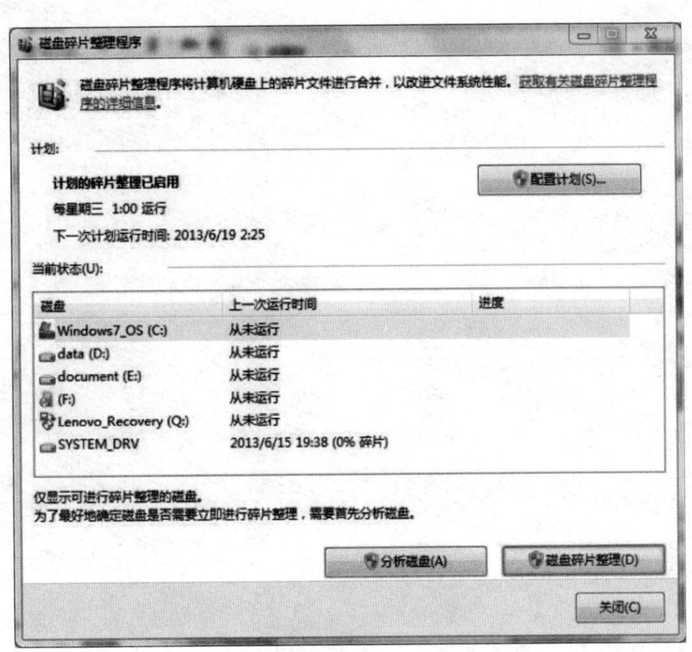

图 2－73　“磁盘碎片整理程序”窗口

如果磁盘碎片整理程序在对磁盘进行整理的过程中发现磁盘有错，会弹出一个消息框，告之当前磁盘有错，这时对磁盘进行扫描并修复，然后再对磁盘进行碎片整理操作。当整理工作完成后，系统给出另外一个消息框，报告磁盘碎片整理程序运行的结果。

(2) 磁盘清理程序

磁盘清理程序用于清理磁盘中多余的文件，以释放更多的磁盘空间。使用方法为：单击“开始”→“所有程序”→“附件”→“系统工具”→“磁盘清理程序”，系统弹出“磁盘清理：驱动器选择”对话框，如图 2－74 所示，用户选择需要清理多余文件的驱动

器，然后单击“确定”按钮，则弹出“磁盘清理程序”对话框，在该对话框中显示了可释放的磁盘空间。用户选择要删除的文件后，单击“确定”按钮，即完成了磁盘空间的释放。

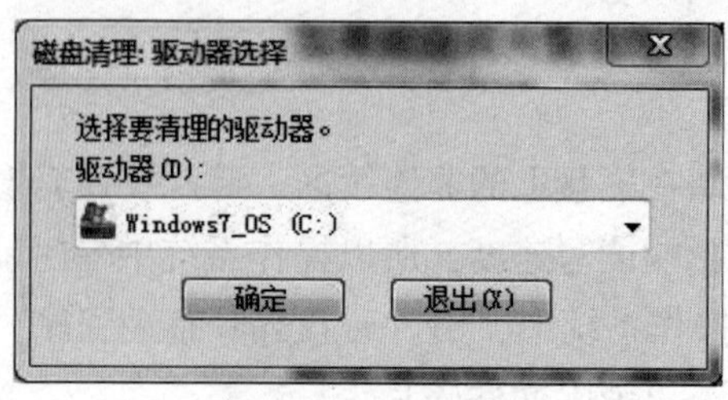

图 2－74　磁盘清理

单元 3 文字处理 Word 2010

学习目标

1. 掌握文档的创建、编辑与保存。
2. 字符与段落的格式化。
3. 在文档中插入表格、图片、艺术字、形状。
4. 对文档进行页面设置与打印。

重点和难点

重点

1. 斜线表头的制作。
2. 页码、页眉、页脚的插入。
3. 节的使用。
4. 生成目录。

难点

目录的生成，节的使用。

Word 2010 是 Microsoft Office 系列办公软件的重要组成部分，它的功能十分强大，可以用于日常办公文档、文字排版、数据处理、建立表格、办公软件开发等，是 Office 2010 套装软件中最常用的办公软件之一。

本章介绍 Word 2010 的基本操作，内容包括 Word 2010 的功能概述、文档编辑、排版和打印、表格处理、图形文字混合排版，以及编制目录和邮件合并的高级操作等，使读者能够比较全面地了解和掌握 Word 2010 的功能特性，并能运用它从事文档编辑、排版与打印等工作。

任务 3.1　Word 2010 概述

3.1.1　Word 2010 的功能和特点

1. Word 2010 的功能

Word 2010 的功能十分强大，主要包括以下几方面。

①使用向导快速创建文档：如根据给定的模板创建文档、英文信函、电子邮件、简历、备忘录、日历等。

②文档编辑排版功能全面：如页面设置、文本选定与格式设置、查找与替换、项目符号、拼写与语法校对等。

③支持多种文档浏览与文档导航方式：支持大纲视图、页面视图、文档结构图、Web版式、目录、超链接等多种方式，使用户能快速浏览和阅读长文档。

④联机文档和 Web 文档：利用 Web 页可以创建 Web 文档。

⑤图形和图片：可以使用两种基本类型的图形来增强 Microsoft Word 文档的效果。

⑥图表与公式：可以在 Word 表格、文本文件、Excel 表格、电子数据库中创建图表，并且具备复杂数学公式的编辑功能。

2. Word 2010 的特点

①直观、友好的操作界面：Word 友好的界面、丰富的工具，使用鼠标点击即可完成排版任务。

②多媒体混排：它可以轻松实现文字、图形、声音、动画及其他可插入对象的混排。

③强大的制表功能：Word 可以自动、手动制作多样的表格，表格内数据还能实现自动计算和排序。

④自动功能：Word 提供了拼写和语法检查、自动更正功能，保证了文档的正确性。

⑤模板与向导功能：它专门针对用户反复使用同一类型文档提供了模板功能，使用户可以快速建立该模板类型的文档。

⑥Web 工具支持：因特网（Internet）是当今最普及的信息、数据平台，Word 可以方便地制作简单 Web 页（通常称为网页）。

⑦强大的打印功能：Word 对打印机具有强大的支持性和配置性，并提供了打印预览功能，打印效果在编辑屏幕上可以一目了然。

3.1.2 Word 2010 的窗口组成

1. Word 2010 的启动

安装好 Microsoft Office 2010 套装软件后，可以用下列步骤启动 Word 2010。

第 1 步：单击“开始”按钮，弹出“开始”菜单。

第 2 步：选择“开始”菜单中的“程序”命令，出现“程序”级联菜单。

第 3 步：选择“程序”→“Microsoft Office”→“Microsoft Word 2010”命令，即可启动 Word。

2. Word 2010 的窗口组成

整个 Word 2010 操作窗口由上至下主要可分成标题栏、功能区、编辑区和状态栏四部分组成，启动后出现图 3－1 所示的启动界面，表示系统已进入 Word 工作环境。

从图 3－1 中可以看出，Word 2010 窗口上方看起来像菜单的名称其实是功能区的名称或称为选项卡，当单击这些选项卡时，并不会打开菜单，而是切换到与之相对应的功能区面

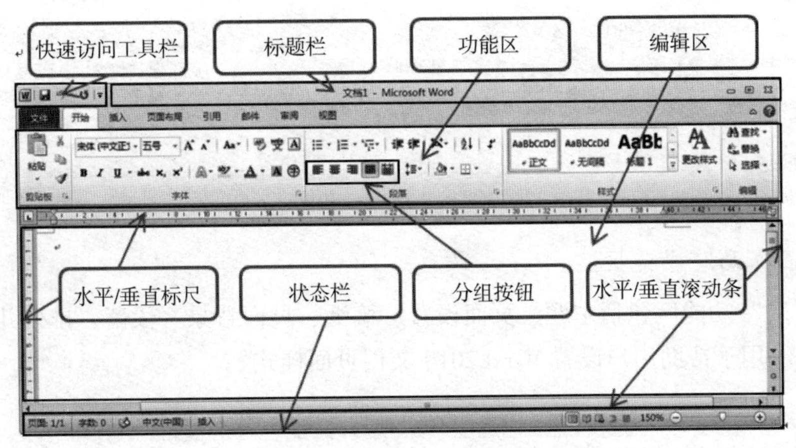

图 3－1　Word 2010 启动界面

板。每个功能区根据功能的不同，又分为若干个组。

3. Word 2010 的退出

退出 Word 2010 表示结束 Word 程序的运行，这时系统会关闭所有已打开的 Word 文档，如果文档在此之前做了修改而未存盘，则系统会出现如图 3－2 所示的提示对话框，提示用户是否对所修改的文档进行存盘。

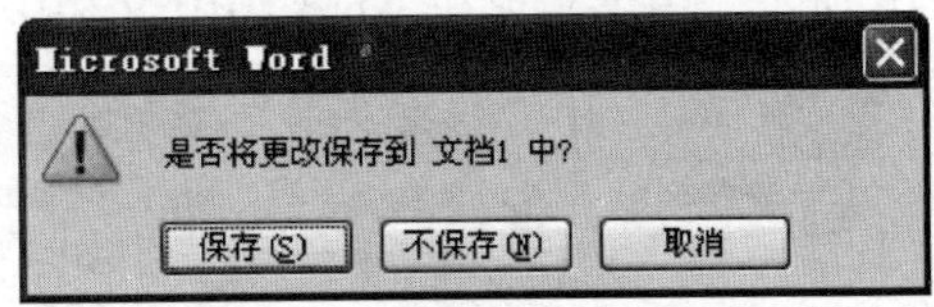

图 3－2　保存文件对话框

退出 Word 2010 的方法如下：

①单击 Word 标题栏右端的☒按钮。

②选择“文件”选项的“退出”命令。

③使用快捷键 Alt + F4，快速退出 Word。

3.1.3　Word 2010 功能区

1. “开始”功能区

“开始”功能区中包括剪贴板、字体、段落、样式和编辑几个分组，如图 3－3 所示。该功能区主要用于帮助用户对 Word 2010 文档进行文字编辑和格式设置，是用户最常用的功能区。

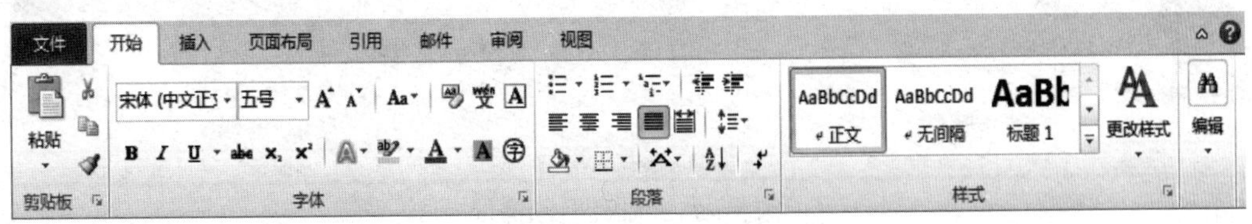

图 3－3　“开始”功能区

2. “插入”功能区

“插入”功能区包括页、表格、插图、链接、页眉和页脚、文本和符号几个分组，如图 3－4 所示。主要用于在 Word 2010 文档中插入各种元素。

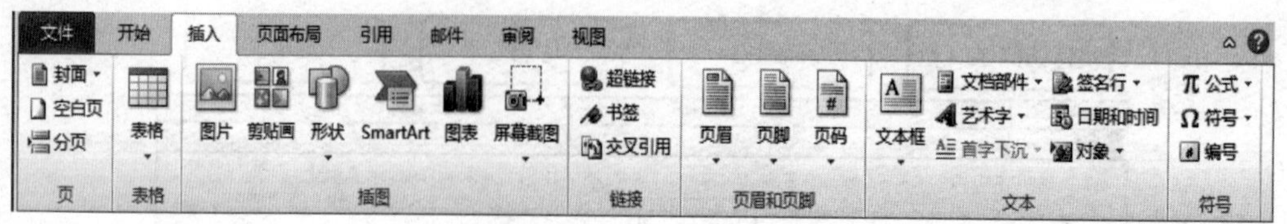

图 3－4 “插入”功能区

3. “页面布局”功能区

“页面布局”功能区包括主题、页面设置、稿纸、页面背景、段落、排列几个分组，如图 3－5 所示。用于帮助用户设置 Word 2010 文档页面样式。

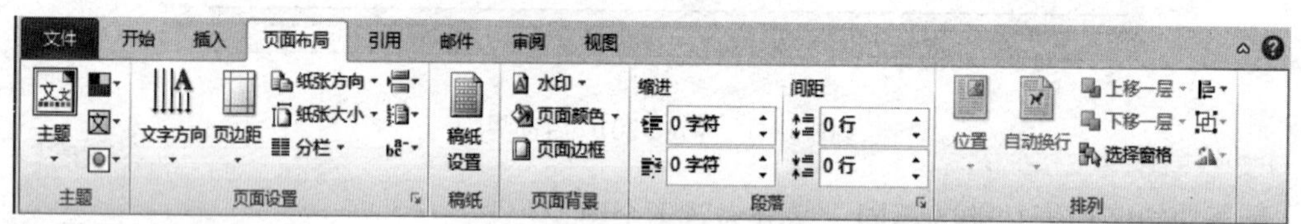

图 3－5 “页面布局”功能区

4. “引用”功能区

“引用”功能区包括目录、脚注、引文与书目、题注、索引和引文目录几个组，如图 3－6 所示。用于实现在 Word 2010 文档中插入目录等比较高级的功能。

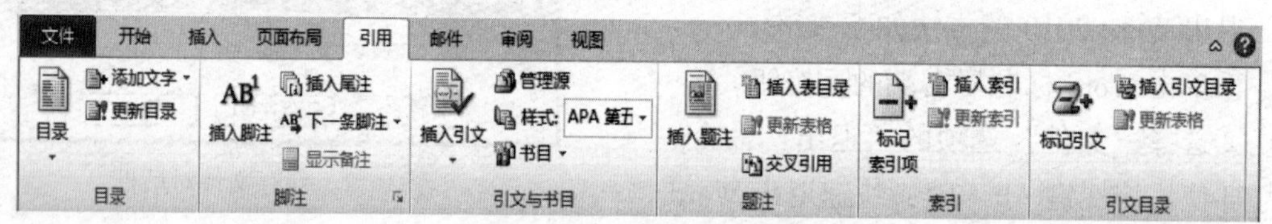

图 3－6 “引用”功能区

5. “邮件”功能区

“邮件”功能区包括创建、开始邮件合并、编写和插入域、预览结果和完成几个组，如图 3－7 所示。该功能区的作用比较专一，专门用于在 Word 2010 文档中进行邮件合并方面的操作。

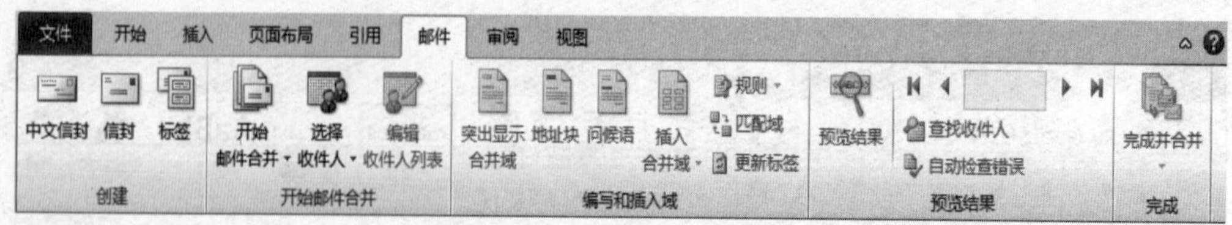

图 3－7 “邮件”功能区

6. “审阅”功能区

“审阅”功能区包括校对、语言、中文简繁转换、批注、修订、更改、比较和保护几个组，如图 3－8 所示。主要用于对 Word 2010 文档进行校对和修订等操作，适用于多人协作处理 Word 2010 长文档。

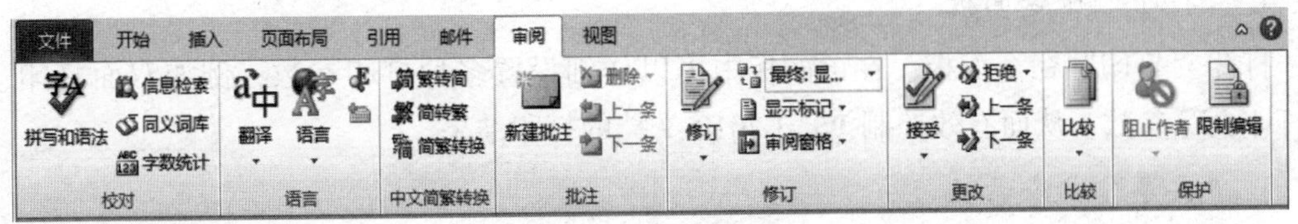

图3－8 “审阅”功能区

7. “视图”功能区

“视图”功能区包括文档视图、显示、显示比例、窗口和宏几个组，如图3－9所示。主要用于帮助用户设置Word 2010操作窗口的视图类型，以方便操作。

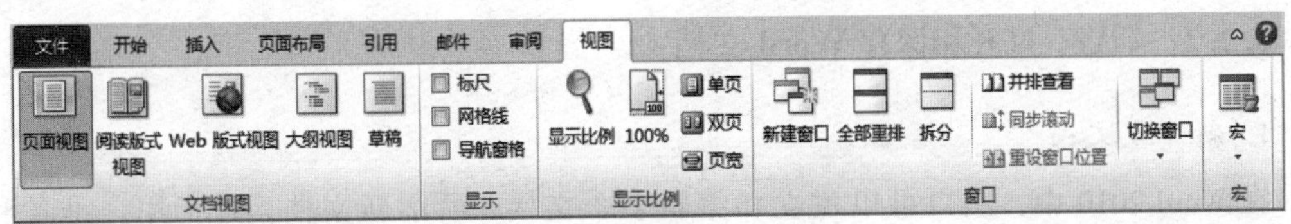

图3－9 “视图”功能区

任务3.2 文档的基本操作

3.2.1 Word 2010中的“文件”选项卡

“文件”选项卡是一个类似于菜单的按钮，位于Word 2010窗口左上角。单击“文件”选项卡可以打开“文件”面板，其中包含“信息”“最近所有文件”“新建”“打印”“共享”“打开”“关闭”“保存”等常用命令。

1. “信息”命令面板

在默认打开的“信息”命令面板中，用户可以进行旧版本格式转换、保护文档（包含设置Word文档密码）、检查问题和管理自动保存的版本。

2. “最近所有文件”命令面板

打开“最近所有文件”命令面板，在面板右侧可以查看最近使用的Word文档列表，用户可以通过该面板快速打开使用的Word文档。在每个历史Word文档名称的右侧含有一个固定按钮，单击该按钮可以将该记录固定在当前位置，而不会被后续历史Word文档名称替换。

3. “新建”命令面板

打开“新建”命令面板，用户可以看到丰富的Word 2010文档类型，包括“空白文档”“博客文章”“书法字帖”等Word 2010内置的文档类型。用户还可以通过Office.com提供的模板新建诸如“会议日程”“证书”“奖状”“小册子”等实用Word文档。

4. “打印”命令面板

打开“打印”命令面板，在该面板中可以详细设置多种打印参数，例如双面打印、指定打印页等参数，从而有效控制 Word 2010 文档的打印结果。

5. “共享”命令面板

打开“共享”命令面板，用户可以在面板中将 Word 2010 文档发送到博客文章、发送电子邮件或创建 PDF 文档。

6. “选项”命令

选择“文件”面板中的“选项”命令，可以打开“Word 选项”对话框。在“Word 选项”对话框中可以开启或关闭 Word 2010 中的许多功能或设置参数。

3.2.2 新建、打开和保存 Word 文档

1. 新建空文档

在 Word 2010 中，用户可以建立和编辑多个文档。所谓新文档，是指用户准备利用 Word 来建立一个新的文件，开始一份新材料的录入与编辑等工作。用户可以新建各种 Word 文档类型。新建方法有如下几种：

①单击“文件”选项卡，打开“新建”命令面板，选择文档类型，单击“创建”按钮建立空白文档。

②在 Word 中按快捷键 Ctrl + N，可以直接建立空白文档。

③在“我的电脑”中的空白位置单击右键，在弹出菜单中选择“新建”子菜单中的“Microsoft Word 文档”，在当前位置建立一个缺省模板的空白 Word 文档。

2. 打开文档

所谓打开文档，就是将已经编辑并且存放在磁盘上的文档调入 Word 编辑器的过程。利用打开文档操作可以浏览和编辑已存盘的文档内容，打开文档的方法有如下几种。

（1）启动 Word 2010 后打开文档

启动 Word 2010 后，单击“文件”→“打开”命令，弹出如图 3 – 10 所示的“打开”对话框，选择要打开的文档即可。

（2）不启动 Word 2010，双击文件名直接打开文档

对所有已保存在磁盘上的 Word 2010 文档（存盘时文件后缀名为 . docx 的文件），用户可以直接找到所需要的文档，然后用鼠标双击该文档，便可以启动 Word 2010，并将该文件调入 Word 2010 编辑器中。

（3）快速打开最近使用过的文档

在 Word 2010 中默认会显示 20 个最近打开或编辑过的 Word 文档，用户可以通过打开“开始”选项卡中的“最近所有文件”面板，在面板右侧的“最近使用的文档”列表中单击准备打开的 Word 文档即可。

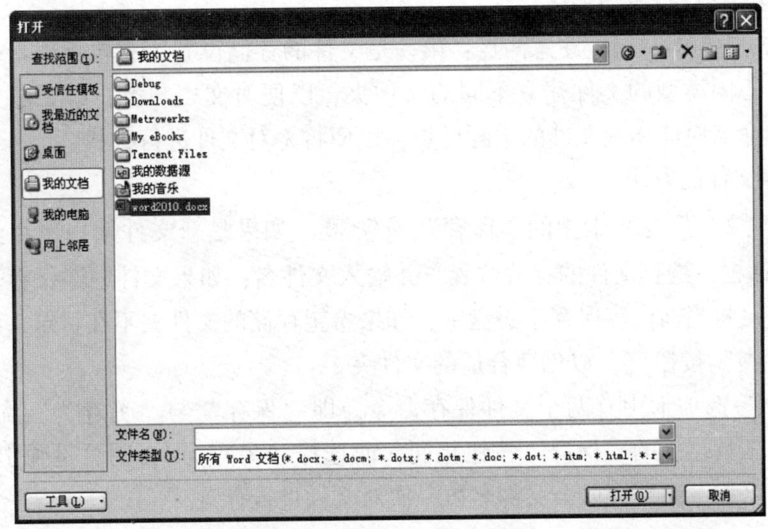

图3-10　“打开”对话框

3. 保存文档

(1) 保存文档的作用

保存文档的作用是将用 Word 编辑的文档以磁盘文件的形式存放到磁盘中，以便将来能够再次对文件进行编辑、打印等操作。如果文档不存盘，则本次对文档所进行的各种操作将不会被保留。如果要将文字或格式再次用于创建的其他文档，则可将文档保存为 Word 模板。

“保存”和“另存为”命令都可以保存正在编辑的文档或者模板。区别是“保存”命令不进行询问，直接将文档保存在它已经存在的位置；“另存为”提问要把文档保存在何处。如果新建的文档还没有保存过，那么单击“保存”命令，会显示“另存为”对话框，如图3-11所示。

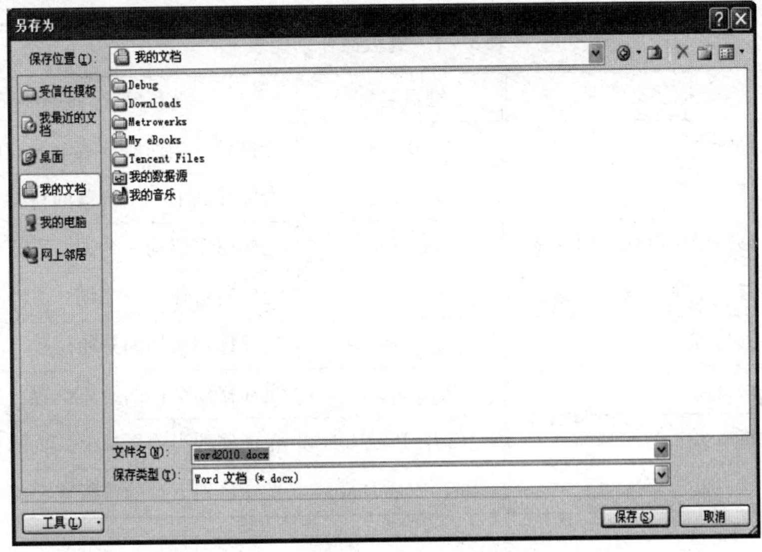

图3-11　“另存为”对话框

（2）文档的保存位置与命名

在保存 Word 文档时，应注意两点：第一是文件的存储位置，它包括磁盘名称、文件夹位置，建议对不同类型的文件建立不同的文件夹，以便对文档归类；第二是文件的存储名称，对文件的命名应能体现文件的主题思想，以便将来对文件进行查找。

（3）保存文件的方法

1）单击“文件”选项卡中的“保存”按钮，如果是新文件第一次存盘，则会弹出“另存为”对话框，选择文件的存放位置，并输入文件名；如果文件曾经保存过，则不会弹出对话框，直接将当前内容保存于磁盘中；如果希望存储的文件夹不在目录系统中，可以单击“新建文件夹”按钮，以创建合适的文件夹。

2）“文件”选项卡中有两个文件保存命令，即“保存”与“另存为”命令。“保存”命令的作用与工具栏上的“保存”按钮相同，而选择“另存为”，则总是弹出一个对话框，此时更改文件名称，系统会以新文件名再一次对文件进行存盘。

3.2.3 文档的编辑

使用一个文字处理软件的最基本操作就是输入文本，并对它们进行必要的编辑操作，以保证所输入的文本内容与用户所要求的相一致。本节主要介绍对文本的基本操作，包括文本的输入、修改、删除等。

1. 定位插入点

“插入点”是 Word 屏幕上闪烁的短竖线，它表示当前输入、编辑文本的位置。

①在已经输入文本的区域内，单击所需定位的文字位置处，直接定位插入点。

②对于文档中的空白区域，如需输入文本内容，则可以通过启用“即点即输”功能，在空白区域中双击鼠标左键，立即将“插入点”定位到此位置。

③使用键盘中的编辑键在文本区中定位，光标移动情况见表 3-1。

表 3-1 键盘操作功能表

键盘名称	光标移动情况	键盘名称	光标移动情况
↑	上移一行	Ctrl + ↑	光标到了当前段落或上一段的开始位置
↓	下移一行	Ctrl + ↓	光标移到下一个段落的首行首字前面
←	左移一个字符或一个汉字	Ctrl + ←	光标向左移动一个词
→	右移一个字符或一个汉字	Ctrl + →	光标向右移动一个词
Home	移到行首	Ctrl + Home	光标移到文档的开始位置
End	移到行尾	Ctrl + End	光标移到文档的结束位置
PageUp	上移一页	Ctrl + PageUp	光标移到当前页或上一页的首行首字前面
PageDown	下移一页	Ctrl + PageDown	光标移到下页的首行首字前面

2. 文本的选取

选取文本的目的是将被选择的文本当作一个整体进行操作，包括复制、删除、拖动、设置格式等。被选取的文本在屏幕上表现为“黑底白字”特征，当选取文本以后，单击鼠标，则所选取的区域将被取消。

选取文本的方法较多，根据不同的需求选择不同的方法，以便快速操作。

(1) 用鼠标选取

在要选定文字的开始位置，按住鼠标左键，并移动到要选定文字的结束位置松开，或者按住 Shift 键，在要选定文字的结束位置单击，就选中了这些文字。这种方法对连续的字、句、行、段的选取都适用。

(2) 行的选取

①把光标移动到行的左边，光标就变成了一个斜向右上方的箭头，单击鼠标就可以选中这一行。

②把光标定位在要选定文字的开始位置，按 Shift + End 组合键（或 Home 键）可以选中光标所在位置到行尾（行首）的文字。

③确定插入点，按 Shift + 光标移动键，可选取从当前插入点到光标移动所经过的行或文本部分。

④在文档中单击鼠标并拖动，可以选定多行文字；在开始行的左边单击选中该行，按住 Shift 键，在结束行的右边单击，同样可以选中多行。

(3) 句的选取

选中单句：按住 Ctrl 键，单击文档中的一个地方，鼠标单击处的整个句子就被选取。

选中多句：按住 Ctrl 键，在第一个要选中句子的任意位置按下左键，松开 Ctrl 键，拖动鼠标到最后一个句子的任意位置松开左键，就可以选中多句。配合 Shift 键的用法就是按住 Ctrl 键，在第一个要选中句子的任意位置单击，松开 Ctrl 键，按下 Shift 键，单击最后一个句子的任意位置，也可选中多句。

(4) 段的选取

①单段选取：在一段中的任意位置三击鼠标左键，选定整个段落。或将光标移到某段的左部位置，使光标变成斜向右上方的箭头，双击左键，选取整个段落。

②多段选取：在段落左边的选定区双击选中第一个段落，然后按住 Shift 键，在最后一个段落中的任意位置单击，可以选中多个段落。

(5) 矩形选取

按住 Alt 键，在要选取的开始位置按下左键，拖动鼠标可以拉出一个矩形的选择区域。或先把光标定位在要选定区域的开始位置，同时按住 Shift 键和 Alt 键，鼠标单击要选定区域的结束位置，同样可以选择一个矩形区域。

(6) 全文选取

全文选取的方法有下列几种。

①使用 Ctrl + A 组合键选取全文。

②先将光标定位到文档的开始位置，再按 Shift + Ctrl + End 组合键选取全文。

③切换到“开始”功能区，在“编辑”分组中单击“选择”按钮，单击“全选”按钮即可选取全文。

3. 文本的插入、改写与删除

(1) 文字的插入与改写

Word 2010 对文本的录入有“插入”与“改写”两种状态，它们的状态显示在状态栏中。打开 Word 2010 文档窗口后，默认的文本输入状态为“插入”，即在原有文本的左边输入文本时，原有文本将右移。另外一种文本输入状态为“改写”，即在原有文本的左边输入文本时，原有文本将被替换。通过按 Insert 键或直接用鼠标双击状态栏中的“改写”或“插入”文字，可以改变输入状态。

此外，不管在哪一种输入状态下，如果在选定文字的状态下输入文字，那么输入的文字就替代选定的文字。当输入一个字或词组后，按 F4 键可以重复输入最后输入的字或词组。如输入“计算机”，按一下 F4 键，在文档中又会出现“计算机”一词。

(2) 符号或特殊符号的插入

在 Word 2010 文档窗口中，用户可以通过图 3－12 所示的“符号”对话框插入任意字体的任意字符和特殊符号，操作步骤如下。

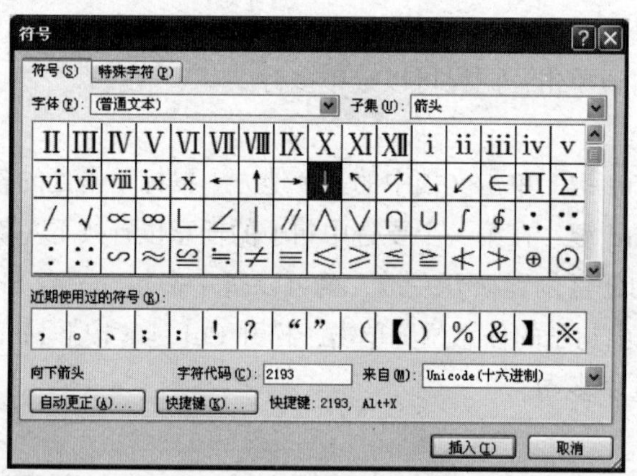

图 3－12 “符号”对话框

第 1 步：确定插入位置，切换到“插入”功能区，在“符号”分组中单击“符号”按钮。

第 2 步：在打开的“符号”面板中可以看到一些最常用的符号，单击所需要的符号即可将其插入。若需插入其他符号，单击“其他符号”按钮。

第 3 步：在“符号”选项卡中单击“子集”右侧的下拉三角按钮，在打开的下拉列表中选中合适的子集（如“箭头”），然后在符号表格中单击选中需要的符号，单击“插入”按钮即可。若需插入特殊符号，在“符号”对话框中选择“特殊字符”选项卡即可。

（3）换行符与分段符的插入

换行：Word 2010 在进行文字输入时，如果达到页面边界，会自动换行；如果需要提前换行，可以使用 Shift + Enter 组合键，但此时上行内容与下行内容仍然属于同一段文字，沿用相同的格式。

分段：分段与换行不一样，它是通过按 Enter 键实现的，表示开始新的一段。

分段符和换行符的标记是不同的，下箭头标记为换行符，左箭头标记为分段符。使用分段符和换行符的效果如图 3 – 13 所示。

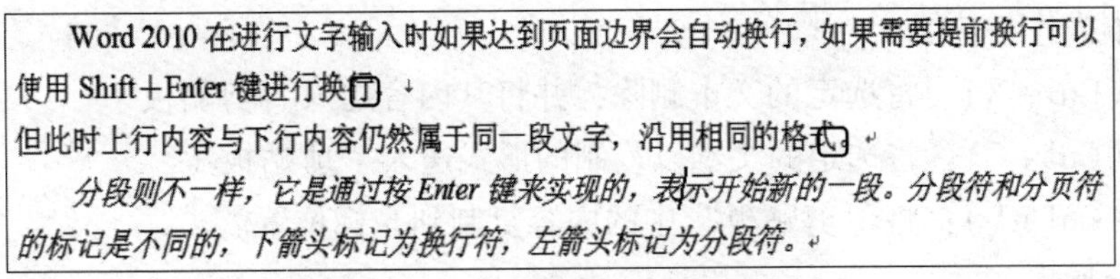

Word 2010 在进行文字输入时如果达到页面边界会自动换行，如果需要提前换行可以使用 Shift+Enter 键进行换行↓
但此时上行内容与下行内容仍然属于同一段文字，沿用相同的格式↵

分段则不一样，它是通过按 Enter 键来实现的，表示开始新的一段。分段符和分页符的标记是不同的，下箭头标记为换行符，左箭头标记为分段符。↵

图 3 – 13　分段符与换行符效果图

另外，段落标记符可以显示，也可以隐藏，操作步骤如下。

第 1 步：单击“文件”选项中的“选项”按钮，打开如图 3 – 14 所示的“Word 选项”对话框。

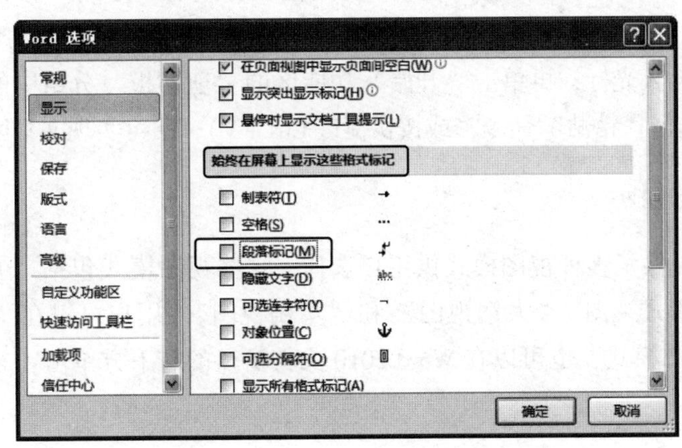

图 3 – 14　“Word 选项”对话框

第 2 步：在对话框中切换到“显示”选项卡，在“始终在屏幕上显示这些格式标记”区域取消“段落标记”复选框。

第 3 步：返回 Word 2010 文档窗口，切换到“开始”功能区，在“编辑”分组中单击“显示/隐藏段落标记”切换按钮，可显示或隐藏文档所有段落标记。

（4）文字的删除

①用 Delete 键删除：按 Delete 键的作用是删除插入点后面的字符。它通常只是在要删除的文字不多时使用。如果要删除的文字很多，可以先选定文本，再按删除键进行删除。

②用 Backspace 键删除：按 Backspace 键的作用是删除插入点前面的字符。它删除当前输入的错误的文字非常方便。

③快速删除：选定要删除的文本区域，按 Delete 键或 Backspace 键即可删除所选择的文

本区域。

4. 移动和复制文本

(1) 使用鼠标操作

①移动操作：选定文本，将鼠标定位于选定的文本区域，再按住鼠标左键直接拖动文本到指定位置，即实现了文本的移动操作。

②复制操作：选定文本，将鼠标定位于选定的文本区域，按住 Ctrl 键的同时按住鼠标左键直接拖动文本到指定位置，即实现了文本的复制操作。

(2) 基本操作与功能

①剪切（Ctrl + X）：将选定的文本删除，并将其内容送入“剪贴板”。

②复制（Ctrl + C）：将选定的文本以复制的形式送入“剪贴板”。

③粘贴（Ctrl + V）：将“剪贴板”中的内容复制到光标位置。

(3) 组合操作

①剪切 + 粘贴：实现文本块的移动。

②复制 + 粘贴：实现文本块的复制。

例如，对重复输入的文字，可利用“复制 + 粘贴”功能实现。其方法是先选定要重复输入的文字，再单击“开始”功能区中的“剪贴板”分组的“复制”按钮（或在右键菜单中选择“复制”命令，或按快捷键 Ctrl + C）将文本区域复制到内存“剪贴板”上，然后在要输入文字的地方插入光标，再单击“开始”功能区的“剪贴板”分组中的“粘贴”按钮（或在右键菜单中选择“粘贴”命令，或按快捷键 Ctrl + V），便可实现文本区域的重复输入。

3.2.4 文档的显示

Word 2010 中提供了多种视图模式供用户选择，这些视图模式包括“页面视图”“阅读版式视图”“Web 版式视图”“大纲视图”和“草稿视图”。用户可以在“视图”功能区中选择需要的文档视图模式，也可以在 Word 2010 文档窗口的右下方单击“视图”按钮选择视图。

1. 页面视图

页面视图可以显示 Word 2010 文档的打印结果外观，主要包括页眉、页脚、图形对象、分栏设置、页面边距等元素，是最接近打印结果的页面视图。

2. Web 版式视图

Web 版式视图以网页的形式显示 Word 2010 文档。Web 版式视图适用于发送电子邮件和创建网页。

3. 大纲视图

大纲视图主要用于设置 Word 2010 文档和显示标题的层级结构，并可以方便地折叠和展开各种层级的文档。大纲视图广泛用于 Word 2010 长文档的快速浏览和设置。大纲视图界面如图 3 – 15 所示。

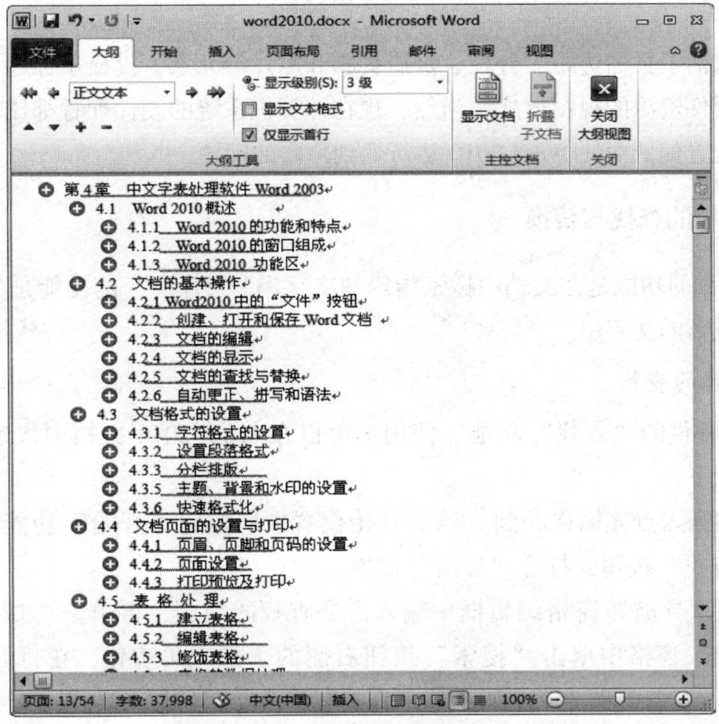

图 3－15　大纲视图

4. 阅读版式视图

阅读版式视图以图书的分栏样式显示 Word 2010 文档，"文件"按钮、功能区等窗口元素被隐藏起来。在阅读版式视图中，用户还可以单击"工具"按钮选择各种阅读工具。阅读版式视图界面如图 3－16 所示。

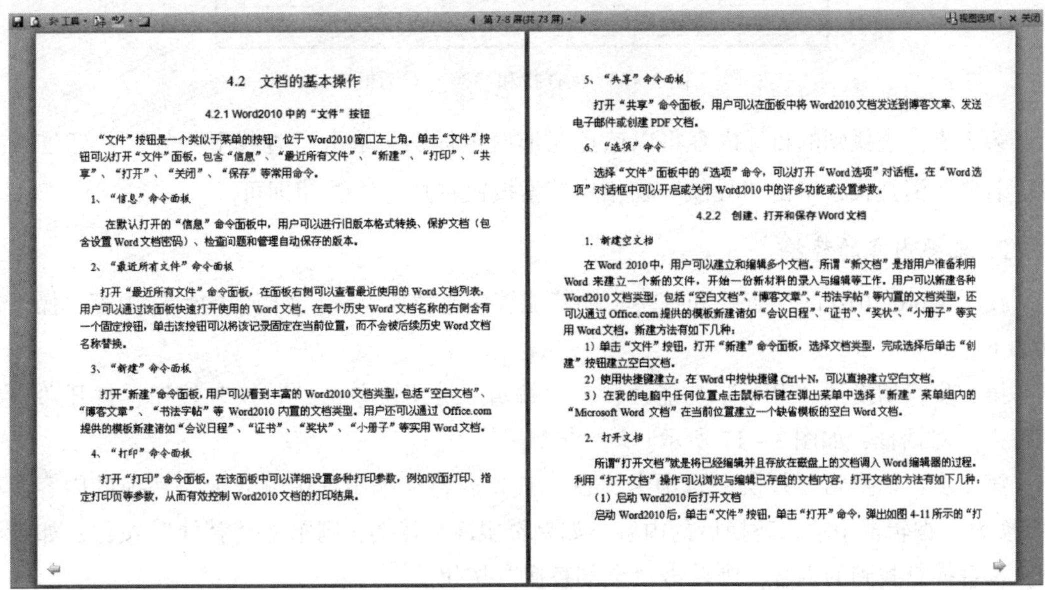

4.2　文档的基本操作

4.2.1 Word2010 中的"文件"按钮

"文件"按钮是一个类似于菜单的按钮，位于 Word2010 窗口左上角。单击"文件"按钮可以打开"文件"面板，包含"信息"、"最近所有文件"、"新建"、"打印"、"共享"、"打开"、"关闭"、"保存"等常用命令。

1、"信息"命令面板

在默认打开的"信息"命令面板中，用户可以进行旧版本格式转换、保护文档（包含设置 Word 文档密码）、检查问题和管理自动保存的版本。

2、"最近所有文件"命令面板

打开"最近所有文件"命令面板，在面板右侧可以查看最近使用的 Word 文档列表，用户可以通过该面板快速打开使用的 Word 文档。在每个历史 Word 文档名称的右侧含有一个固定按钮，单击该按钮可以将该记录固定在当前位置，而不会被后续历史 Word 文档名称替换。

3、"新建"命令面板

打开"新建"命令面板，用户可以看到丰富的 Word2010 文档类型，包括"空白文档"、"博客文章"、"书法字帖"等 Word2010 内置的文档类型。用户还可以通过 Office.com 提供的模板新建诸如"会议日程"、"证书"、"奖状"、"小册子"等实用 Word 文档。

4、"打印"命令面板

打开"打印"命令面板，在该面板中可以详细设置多种打印参数，例如双面打印、指定打印页等参数，从而有效控制 Word2010 文档的打印结果。

5、"共享"命令面板

打开"共享"命令面板，用户可以在面板中将 Word2010 文档发送到博客文章、发送电子邮件或创建 PDF 文档。

6、"选项"命令

选择"文件"面板中的"选项"命令，可以打开"Word 选项"对话框。在"Word 选项"对话框中可以开启或关闭 Word2010 中的许多功能或设置参数。

4.2.2　创建、打开和保存 Word 文档

1. 新建空文档

在 Word 2010 中，用户可以建立和编辑多个文档。所谓"新文档"是指用户准备利用 Word 来建立一个新的文件，开始一份新材料的录入与编辑等工作。用户可以新建各种 Word2010 文档类型，包括"空白文档"、"博客文章"、"书法字帖"等内置的文档类型，还可以通过 Office.com 提供的模板新建诸如"会议日程"、"证书"、"奖状"、"小册子"等实用 Word 文档。新建方法有如下几种：

1）单击"文件"按钮，打开"新建"命令面板，选择文档类型，完成选择后单击"创建"按钮建立空白文档。

2）使用快捷键建立：在 Word 中按快捷键 Ctrl＋N，可以直接建立空白文档。

3）在我的电脑中任何位置点击鼠标右键在弹出菜单中选择"新建"菜单组内的"Microsoft Word 文档"在当前位置建立一个缺省模板的空白 Word 文档。

2. 打开文档

所谓"打开文档"就是将已经编辑并且存放在磁盘上的文档调入 Word 编辑器的过程。利用"打开文档"操作可以浏览与编辑已存盘的文档内容，打开文档的方法有如下几种：

（1）启动 Word2010 后打开文档

启动 Word2010 后，单击"文件"按钮，单击"打开"命令，弹出如图 4-11 所示的"打

图 3－16　阅读版式视图

5. 草稿视图

草稿视图取消了页面边距、分栏、页眉页脚和图片等元素，仅显示标题和正文，是最节省计算机系统硬件资源的视图方式。当然，现在计算机系统的硬件配置都比较高，基本上不存在由于硬件配置偏低而使 Word 2010 运行遇到障碍的问题。

3.2.5 文档的查找与替换

“查找”命令的功能是在文档中搜索指定的文字串。“替换”的功能是先查找指定的文字串，再替换成新的文字串。

1. 文档内容的查找

Word 2010 提供的“查找”功能，使用户可以在 Word 2010 文档中快速查找特定的字符，操作步骤如下。

第 1 步：将插入点光标移动到文档的开始位置。切换到“开始”功能区，在“编辑”分组中单击“查找”按钮，打开“导航”窗格。

第 2 步：在“导航”窗格编辑框中输入需要查找的内容，再单击“搜索”按钮即可。也可以在“导航”窗格中单击“搜索”按钮右侧的下拉三角按钮，在打开的菜单中选择“高级查找”命令，打开图 3－17 所示的“查找和替换”对话框，单击“查找”选项卡，在“查找内容”编辑框中输入要查找的字符。

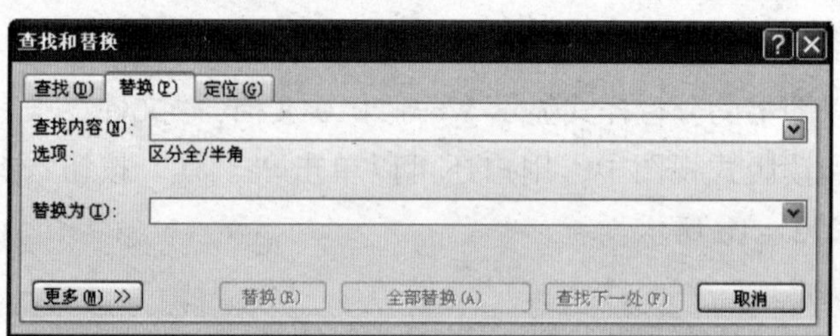

图 3－17 “查找和替换”对话框

第 3 步：查找到的目标内容将以蓝色矩形底色标识，单击“查找下一处”按钮继续查找。若要取消查找，单击“导航”窗格中搜索按钮右侧的 × 按钮即可。

2. 文档内容的替换

使用 Word 2010 的“查找和替换”功能能够快速替换 Word 文档中的目标内容，操作步骤如下。

第 1 步：切换到“开始”功能区，在“编辑”分组中单击“替换”按钮，打开“查找和替换”对话框，如图 3－17 所示。

第 2 步：切换到“替换”选项卡，在“查找内容”编辑框中输入准备替换的内容，在“替换为”编辑框中输入替换后的内容。如果希望逐个替换，则单击“替换”按钮；如果希望全部替换查找到的内容，则单击“全部替换”按钮。

第 3 步：完成替换后，单击“关闭”按钮关闭“查找和替换”对话框。用户还可以单

击“更多”按钮进行更高级的自定义替换操作。

3.2.6　自动更正、拼写和语法

1. 自动更正功能

自动更正功能即自动检测并更正键入错误或误拼的单词、语法错误和大小写错误。例如，如果键入“teh”及空格，则自动更正功能会将键入的内容替换为“the”。还可以使用自动更正功能快速插入文字、图形或符号，例如，可以通过键入“（c）”来插入“ ”，或通过键入“ac”来插入“Acme Corporation”。

若要使用自动更正功能，则先添加“自动更正”条目，步骤如下。

第1步：切换到“插入”功能区，在“符号”分组中单击“符号”按钮，选择“其他符号”按钮，打开“符号”对话框。

第2步：单击“自动更正”按钮，打开“自动更正”对话框，如图3－18所示。

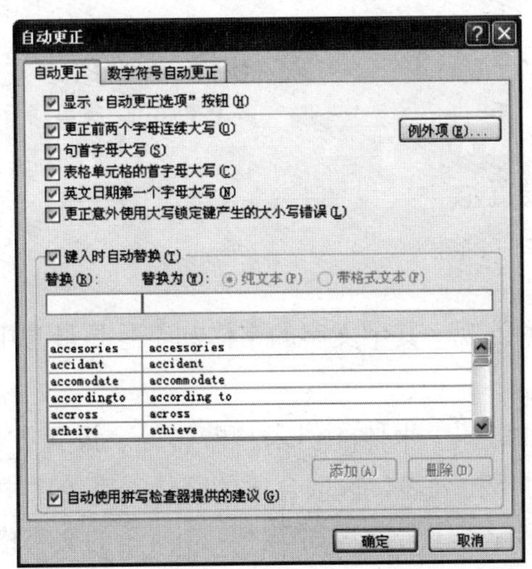

图3－18　“自动更正”对话框

第3步：添加“自动更正”条目的符号（例如“ac”），在“替换”编辑框中输入准备使用的替换键（例如“Acme Corporation”），并依次单击“添加”和“确定”按钮。

第4步：返回Word 2010文档，在文档中输入“ac”后，将替换为“Acme Corporation”。

2. 拼写和语法检查

Word 2010可以自动监测所输入的文字类型，并根据相应的词典自动进行拼写和语法检查，在系统认为错误的字词下面出现彩色的波浪线，红色波浪线代表拼写错误，蓝色波浪线代表语法错误。此功能能够对输入的英文、中文词句进行语法检查，从而提醒用户进行更改，降低输入文档的错误率。拼写和语法检查的方法有：

①按F7键，Word开始自动检查文档，如图3－19所示。

②切换到“审阅”功能区，在“校对”分组中单击“拼写和语法”按钮，Word就开始

进行检查。

Word 只能查出文档中一些比较简单或者低级的错误，一些逻辑和语法上的错误还要用户自己去检查。

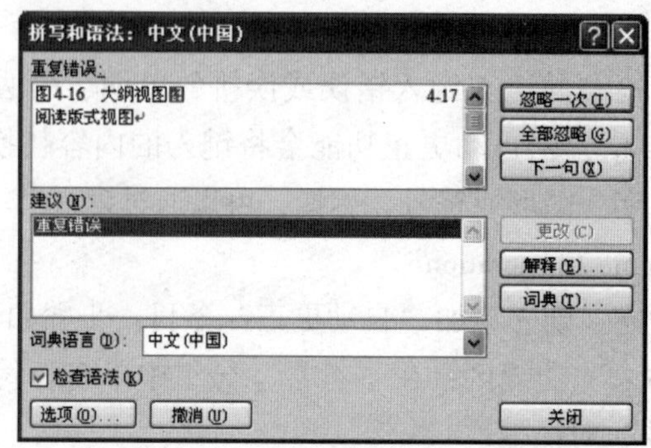

图 3－19 “拼写和语法”对话框

任务 3.3　文档格式的设置

3.3.1　字符格式的设置

1. 常用文字的格式

文字的格式就是文字的外观，其中文字的字体和字号是最常用的文字格式。

(1) 字体

字体即文字的形体，如黑体、宋体、仿宋、楷体等。设置方法是单击“开始”功能区“字体”分组中的“字体”下拉列表，选取合适的字体。系统中中文字体的多少取决于所安装字库的多少。例如使用字体、字号实现如图 3－20 所示的文字格式效果。

宋体一号字、**黑体二号字**、楷体三号字、隶书五号字、仿宋6号字、16 磅字、24 磅字

图 3－20　文字格式效果

(2) 字号

字号即文字的大小，有两种表示方法：一种表示类似于铅字中的“字号”概念，根据铅字排版中的习惯，初号字最大，其次是一号、二号、……，最小为八号字；另一种表示则直接用“磅”表示，磅值越大，则所表示的字越大。设置方法是单击“开始”功能区中的“字体”分组中“字号”下拉列表，选取合适的字号。

(3) 字体的变形

除了最常用的“字体”“字号”格式外，还可以设置“加粗”“倾斜”“下划线”“字符边框”“字符底纹”“上/下标”“删除线”“字符颜色”等格式对字体进行变形处理。其设

置办法是切换到“开始”功能区，单击如图 3－21 所示“字体”分组中相应的功能按钮，则所选择的文字就会变成相应的格式。

2. 特殊格式的设定

除了为文本设置常用格式外，还可以设置特殊格式。设置方法为：切换到“开始”功能区，在“字体”分组中单击“对话框启动器”按钮，打开“字体”对话框，如图 3－22 所示。在此可以选择字体、字号、字形、颜色及效果等，还可以单击“文字效果”按钮来设置特殊格式的文字效果。

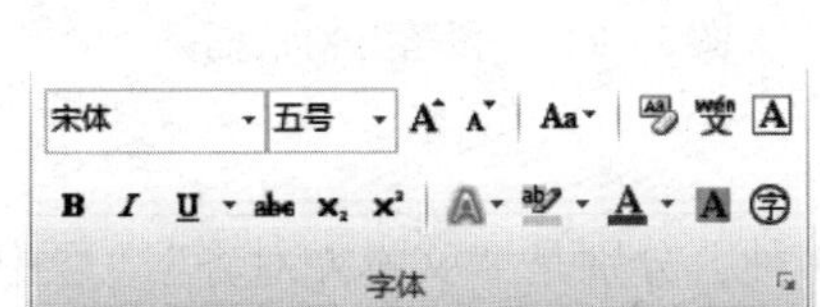

图 3－21 “字体”分组功能区

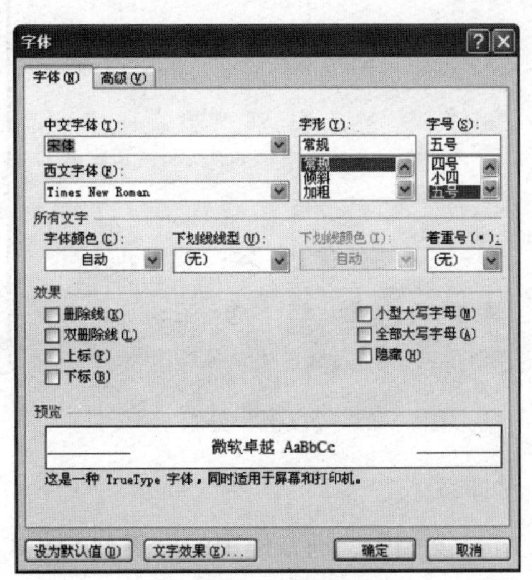

图 3－22 “字体”对话框

3. 设置字符间距

字符间距是指两个字符之间的间隔距离。通常为标准间距，用户可以在图 3－22 所示的“字体”对话框中选择“高级”选项卡，然后进行加宽或紧缩的相关设置。

3.3.2 段落格式的设置

1. 段落间距

段落间距是指段落与段落的间隔距离。在 Word 2010 中，选中要设置的段落，用户可以根据需要通过多种渠道来设置段落间距，操作方法如下。

①切换到“开始”功能区，在如图 3－23 所示的“段落”分组中单击“行和段落间距”功能按钮。在打开的面板中选择“增加段前距离”“增加段后距离”命令设置段落间距。

②在“段落”分组中单击“对话框启动器”按钮，打开“段落”对话框，如图 3－24 所示。在“缩进和间距”选项卡中设置“段前”和“段后”的数值，设置段落具体间距。

③切换到“页面布局”功能区的“段落”分组，在“段落”分组中调整“段前”和“段后”间距数值，以设置段落具体间距。

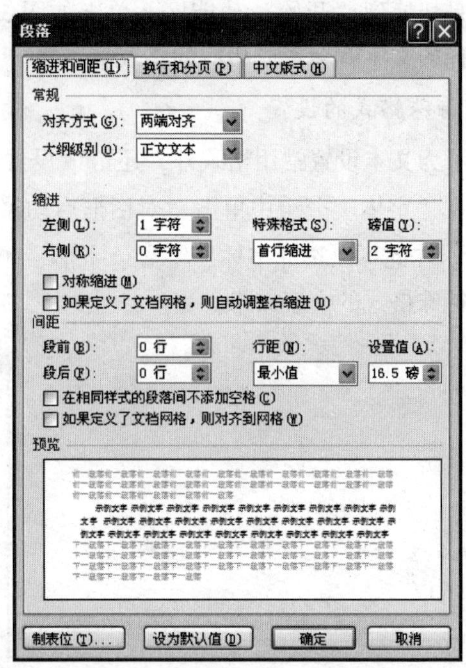

图 3－23 “段落”分组

图 3－24 “段落”对话框

2. 对齐方式

在 Word 文档中，通常使用的段落对齐方式有 4 种，分别是“文本左对齐”“居中”“文本右对齐”和“两端对齐”。可以在图 3－23 所示的“段落”分组中，单击相应按钮来设置段落的各种对齐方式，也可以在图 3－24 所示的“段落”对话框中进行设置。

3. 段落行距

行距就是行和行之间的间隔距离，用户可以将选中内容的行距设置为固定的某个值（如 15 磅），也可以是当前行高的倍数。默认情况下，Word 文档的行距使用“单倍行距”，用户可以根据需要设置行距。操作方法如下。

①选中需要设置的文档内容，在图 3－23 所示的“段落”分组中单击“行和段落间距”按钮，在打开的“行距”面板中选择合适的行距。

②选中需要设置的文档内容，在图 3－24 所示的“段落”对话框中选择“缩进和间距”选项卡，单击“行距”下拉三角按钮选择行距类型，并设置间距值，以设置行具体间距。

4. 段落的缩进

段落的缩进有首行缩进、左缩进、右缩进和悬挂缩进 4 种形式，如图 3－25 所示，可以用来设置调整文档正文内容与页边距之间的距离。标尺上有这几种缩进所对应的标记。

“首行缩进”就是一段文字的行首与该段其他各行行首之间的缩进距离。它由标尺栏中的“首行缩进标记”控制，用鼠标拖动其左右移动，则可以控制段落第一行开始的位置。

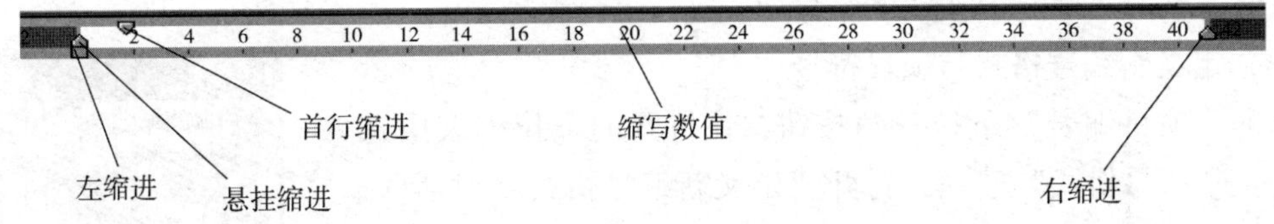

图 3-25 标尺栏

标尺中“左缩进”和“悬挂缩进”两个标记是不能分开的，但是拖动不同的标记会有不同的效果：拖动“左缩进”标记，可以看到首行缩进标记也在跟着移动；拖动“悬挂缩进”标记，可以看到左缩进标记也跟着移动，但首行缩进标记不会移动。

“右缩进”标记表示段落右边的位置，拖动这个标记，段落右边的边界位置会变化。

如果需要比较精确地定位各种缩进的位置，可以按住 Alt 键后再拖动标记，这样就可以平滑地拖动各标记位置。

选中需要设置的文档段落内容，以上各种缩进位置还可以使用如下方法来设置：

1）在图 3-24 所示的“段落”对话框中选择“缩进和间距”选项卡。

①在“缩进”区域调整“左侧”或“右侧”编辑框来设置左、右缩进值。

②单击“特殊格式”下拉三角按钮，在下拉列表中选中“首行缩进”或“悬挂缩进”选项，设置缩进值。

2）在“页面布局”功能区的“段落”分组中，调整“左侧”或“右侧”编辑框来设置左、右缩进值。

3）在图 3-23 所示“段落”分组中单击“减少缩进量”或“增加缩进量”按钮来设置段落缩进。

5. 项目符号与编号

项目符号与编号都以段落为单位，项目符号使用圆点、星号等进行标识，放在段的前面来强调和突出不同类别的段落内容；项目编号使用数字或字母对相同类别不同内容的段落内容进行标识，一般具有顺序性。

（1）添加项目符号与编号

①选择要添加项目符号与编号的段落，在图 3-23 所示“段落”分组中，单击“项目符号”下拉三角按钮，在列表中选择项目符号，为段落添加项目符号；单击“项目编号”下拉三角按钮，在列表中选择项目编号，为段落添加项目编号。

②自动生成项目符号与编号，键入“1”或“(1)”开始一个编号列表，或键入“*”开始一个项目符号列表，按空格键或 Tab 键后键入所需的任意文本，再按 Enter 键添加下一个列表项，Word 会自动插入下一个编号或项目符号。若要结束列表，按 Enter 键两次，或按 Backspace 键删除列表中的最后一个编号或项目符号。

（2）在编号列表中重新开始编号

将插入点光标移动到需要重新编号的段落，单击“项目编号”下拉三角按钮，选择“设置编号值”选项，打开“起始编号”对话框，如图 3-26 所示。调整“值设置为”编辑

框的数值，单击“确定”按钮，编号列表进行重新编号。

(3) 定义新编号格式与项目符号

单击“项目编号”下拉三角按钮，在打开的下拉列表中选择“定义新编号格式”选项，打开“定义新编号格式”对话框，如图3－27所示，可以完成新编号的定义；单击“项目符号”下拉三角按钮，在打开的下拉列表中选择“定义新项目符号”选项，打开“定义新项目格式”对话框，可以完成新项目符号的定义。

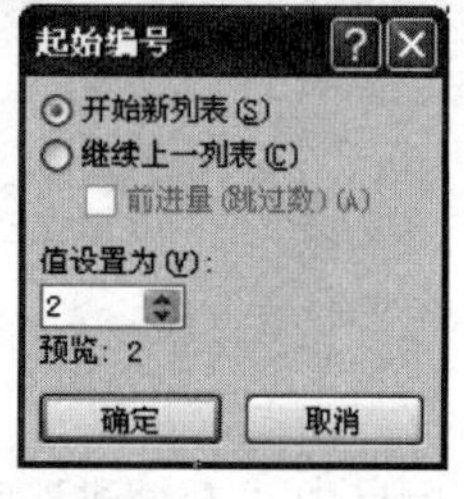

图3－26 “起始编号”对话框

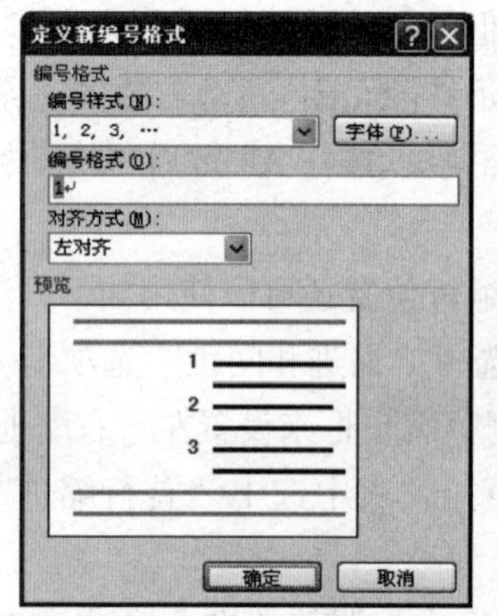

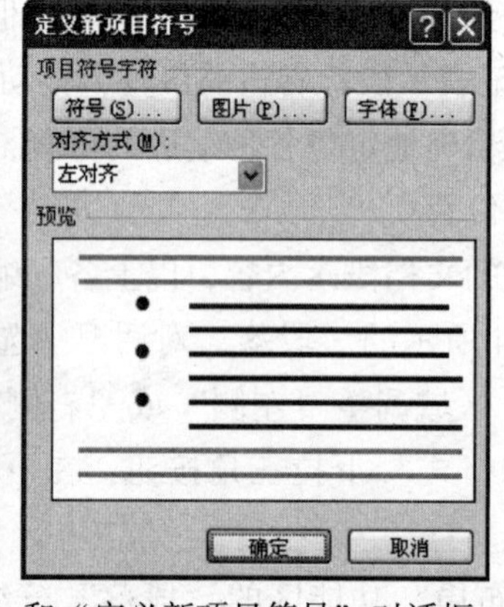

图3－27 “定义新编号格式”和“定义新项目符号”对话框

(4) 删除项目符号或编号

选定要删除项目符号或编号的段落，再次单击“项目符号”按钮或“项目编号”按钮，自动将删除项目符号或编号；或单击该项目符号或编号，然后按BackSpace键即可。

3.3.3 分栏排版

1. 新闻稿样式分栏

所谓新闻稿样式分栏，就是在给定的纸张页面内以两栏或多栏的方式重新对文章或给定的一些段落进行排版，使分栏中的文字从一个分栏的底部排列至下一个分栏的顶部的排版方式。在“分栏”对话框中可以指定所需的分栏数量，调整这些分栏的宽度，并在分栏间添加竖线，也可以添加具有页面宽度的通栏标题。

2. 分栏设定

设定分栏的方法是在页面视图模式下，选定要设置为分栏格式的文本，切换到“页面布局”功能区，在“页面设置”分组中单击“分栏”按钮；在打开的下拉列表中选择“更多分栏”选项，出现图3－28所示的“分栏”对话框；设置所需的栏

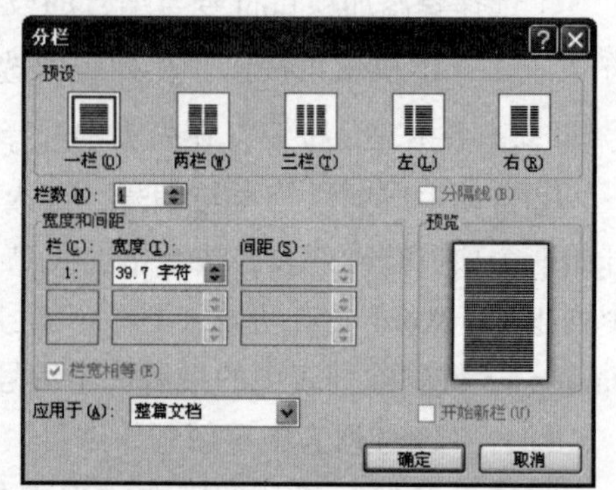

图3－28 “分栏”对话框

数、栏宽和栏间距等内容，单击“确定”按钮，则对选定的文本区域完成分栏。

3. 调整栏宽和栏间距

调整栏宽和栏间距的方法是选定已分栏的文本，拖动水平标尺上的分栏标记，或者在图3－28所示的“分栏”对话框中修改“宽度”和“间距”的值来调整栏宽和栏间距。

4. 删除分栏

删除分栏的方法是重复执行分栏设定中的操作方法，在图3－28所示的对话框中，选取“一栏”后单击“确定”按钮，即可取消分栏。

3.3.5 主题、背景和水印的设置

1. 主题设置

主题是一套统一的设计元素和颜色方案。通过设置主题，可以非常容易地创建具有专业水准、设计精美的文档。设置方法是选择“页面布局”功能区，在“主题”分组中单击“主题”按钮，在出现的面板中选择内置的“主题样式”列表中所需主题即可。若要清除文档中应用的主题，在出现的面板中选择“重设为模板中的主题”按钮。

2. 背景设置

新建的Word文档背景都是单调的白色，通过“页面布局”功能区“页面背景”分组中的按钮，如图3－29所示，可以对文档进行水印、页面颜色和页面边框背景设置。

（1）页面背景的设置

选择“页面布局”功能区，在“页面背景”分组中单击“页面颜色”按钮，在出现的面板中设置页面背景。设置单色页面颜色：选择所需页面颜色，如果上面的颜色不符合要求，可单击“其他颜色”来选取其他颜色；设置填充效果：单击“填充效果”按钮，将弹出图3－30所示的“填充效果”对话框，在这里可以添加渐变、纹理、图案或图片作为页面背景；删除设置：在“页面颜色”下拉列表中选择“无颜色”命令即可删除页面颜色。

图3－29 “页面背景”分组

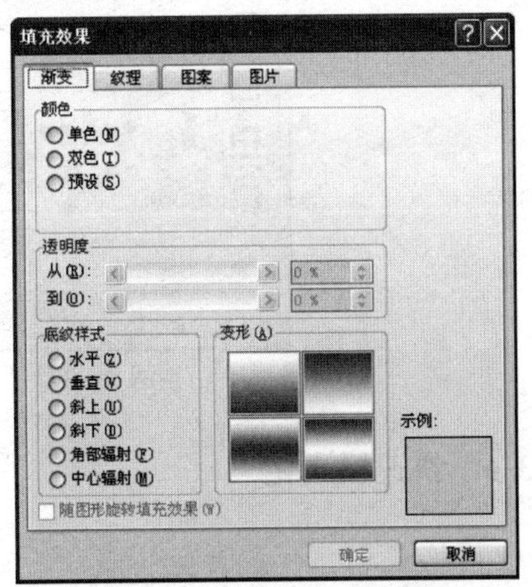

图3－30 “填充效果”对话框

（2）使用水印

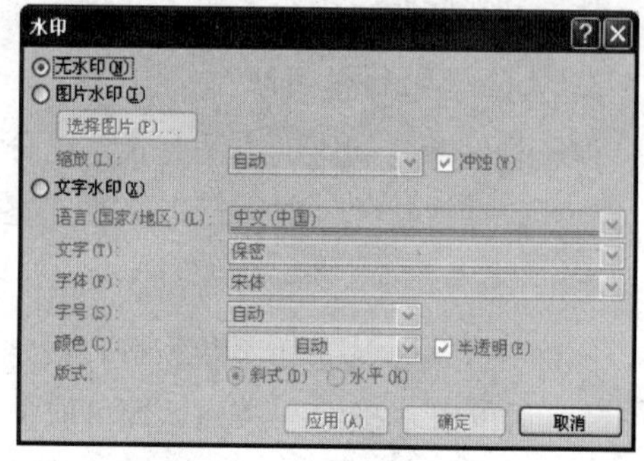

图 3－31 “水印”对话框

水印用来在文档文本的后面打印文字或图形。水印是透明的，因此，任何打印在水印上的文字或插入对象都是清晰可见的。

1）添加文字水印。

在图 3－29 所示的“页面背景”分组中单击“水印”按钮，在出现的面板中选择“自定义水印”命令，将弹出如图 3－31 所示的“水印”对话框，选择“文字水印”单选按钮，然后在对应的选项中完成相关信息输入，单击“确定”按钮，则文档页上显示出创建的文字水印。

2）添加图片水印。

在图 3－31 所示的“水印”对话框中，选中“图片水印”单选按钮，然后单击“选择图片”按钮，浏览并选择所需的图片，单击“应用”命令，再在“缩放”框中选择“自动”选项，选中“冲蚀”复选框，单击“确定”按钮。这样文档页上显示出创建的图片水印。

3）删除水印。

在图 3－31 所示的“水印”对话框中，选择“无水印”单选按钮，单击“确定”按钮，或在“水印”下拉列表中选择“删除水印”命令，即会删除文档页上创建的水印。

（3）页面边框的设置

在图 3－29 所示“页面背景”分组中，单击“页面边框”按钮，将弹出如图 3－32 所示的“边框和底纹”对话框。选择“页面边框”选项卡，选择合适的边框类型，线的样式、颜色和大小，单击“确定”按钮即可。若要删除页面边框，在图 3－32 所示的“边框和底纹”对话框“设置”选项中选择“无”，单击“确定”按钮即可。

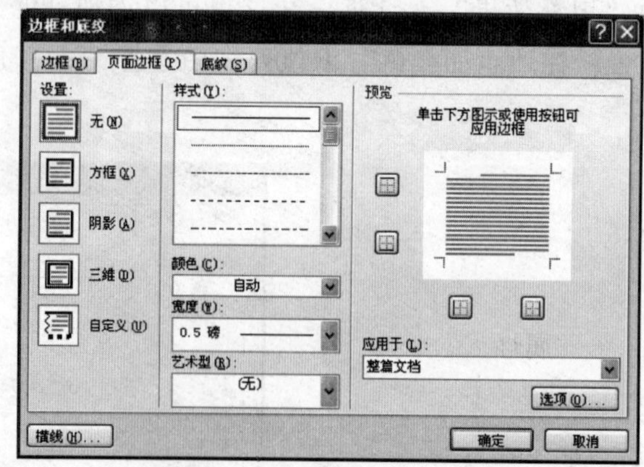

图 3－32 “边框和底纹”对话框

3.3.6 快速格式化

1. 使用格式刷

格式刷就是“刷”格式用的，也就是复制格式用的。

(1) 复制文字格式

选中文字，选择“开始”功能区，在“剪贴板”分组中单击“格式刷”按钮，光标就变成了一个小刷子的形状。用这把刷子“刷”过的文字就具有和选中的文字同样的格式了。

(2) 直接复制整个段落和文字的所有格式

把光标定位在段落中，单击“格式刷”按钮，然后选中另一段，该段的格式就和前一段的格式一样了。如果有几段要设置同一格式，可先设置好一个段落的格式，然后双击“格式刷”按钮，这样就可以连续给其他段落复制格式，单击“格式刷”按钮即可恢复正常的编辑状态。

2. 使用样式

(1) 样式的基本概念

样式是应用于文本的一系列格式特征，利用它可以快速地改变文本的外观。当应用样式时，只需执行一步操作就可以应用一系列的格式。

选择“开始”功能区，在“样式”分组中单击“样式”按钮，将弹出图3－33所示的“样式”任务框。利用此任务框可以浏览、应用、编辑、定义和管理样式。

(2) 样式的分类

样式分为“段落样式”和“字符样式”。

1) 段落样式：以集合形式命名并保存的具有字符和段落格式特征的组合。段落样式控制段落外观的所有方面，如文本对齐、制表位、行间距、边框等，也包括字符格式。

2) 字符样式：影响段落内选定文字的外观，例如文字的字体、字号、加粗及倾斜的格式设置等。即使某段落已整体应用了某种段落样式，该段中的字符仍可以有自己的样式。

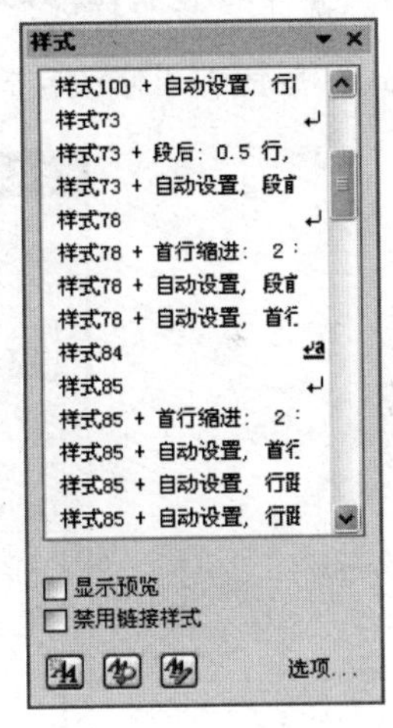

图3－33 “样式”任务框

(3) 样式应用

选定段落，在图3－33所示的“样式”任务框中单击样式名，或者单击“开始”功能区“样式”分组中的“样式”按钮，即可将该样式的格式一次应用到选定段落上。

(4) 样式管理

若需要段落包括一组特殊属性，而现有样式中又不包括这些属性，用户可以新建段落样式或修改现有样式。

1) 创建新样式。

在图3－33所示“样式”任务框中，单击“新建样式”按钮，弹出如图3－34所示的“根据格式设置创建新样式”对话框，然后在“名称”框中输入新样式名，在“样式类型”框中的“字符”或“段落”选项中选择所需选项，单击“格式”按钮设置样式属性，最后单击“确定”按钮即可创建一个新的样式。

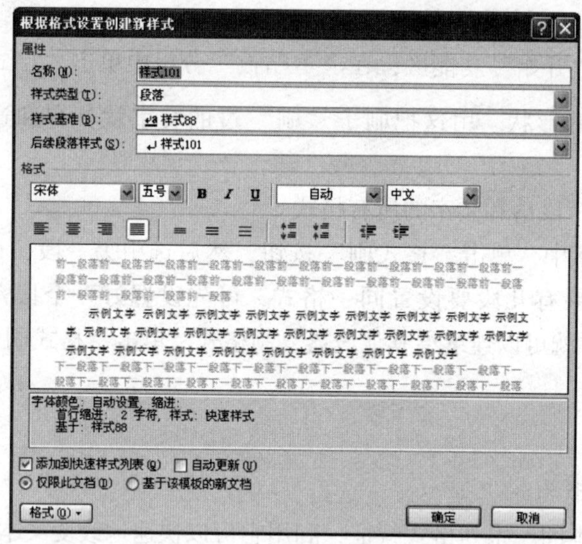

图 3－34 “根据格式设置创建新样式”对话框

2）修改样式。

在图 3－33 所示的“样式”任务框中，右击样式列表中显示的样式，在弹出的快捷菜单中，选择“修改样式”按钮，将弹出图 3－35 所示的“修改样式”对话框，然后单击“格式”按钮即可修改样式格式。

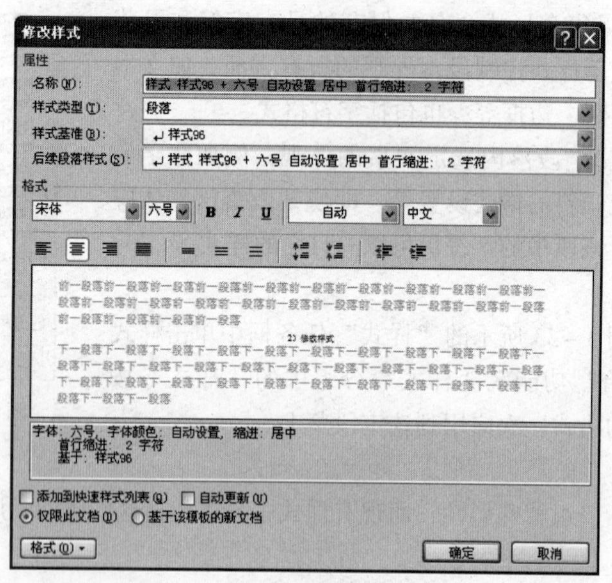

图 3－35 “修改样式”对话框

3）删除样式。

在图 3－33 所示的“样式”任务框中，右击样式列表中显示的样式，在弹出的快捷菜单中，单击“删除”命令即可将选定的样式删除。

注意：“正文”样式和“默认段落”样式不能删除，例如“开始”功能区的“样式”分组中的“样式”按钮不能删除。

3. 创建文档模板

(1) 模板概述

任何 Microsoft Word 文档都是以模板为基础的。模板决定文档的基本结构和文档设置，例如自动图文集词条、字体、快捷键指定方案、宏、菜单、页面布局、特殊格式和样式等。

模板有两种基本类型：共用模板和文档模板。共用模板包括 Normal 模板，所含设置适用于所有文档；文档模板（如“新建”对话框中的备忘录和传真模板）所含设置仅适用于以该模板为基础的文档。Word 提供了许多文档模板，也可以创建自己的文档模板。

(2) 创建文档模板

除了通用型的空白文档模板之外，Word 2010 中还内置了多种文档模板，如“博客文章”模板、“书法字帖”模板等。另外，Office. com 网站还提供了“证书”“奖状”“名片”“简历”等特定功能模板。借助这些模板，用户可以创建比较专业的 Word 2010 文档。在 Word 2010 中使用模板创建文档的步骤如下。

第 1 步：打开 Word 2010 文档窗口，单击“文件”选项上的“新建”按钮。

第 2 步：在打开的“新建”面板中，用户可以单击“博客文章”“书法字帖”等 Word 2010 自带的模板创建文档，还可以单击 Office. com 提供的“名片”“日历”等在线模板。例如单击“样本模板”选项。

第 3 步：打开样本模板列表页，单击合适的模板后，在“新建”面板右侧选中“文档”或“模板”单选框（本例选中“文档”选项），然后单击“创建”按钮。

第 4 步：打开使用选中的模板创建的文档，用户可以在该文档中进行编辑。

任务 3.4 文档页面的设置与打印

3.4.1 页眉、页脚和页码的设置

页眉和页脚通常用于打印文档。在页眉和页脚中可以包括页码、日期、公司徽标、文档标题、文件名或作者名等文字或图形，这些信息通常打印在文档每页的顶部或底部。页眉打印在上页边距中，页脚打印在下页边距中。

在文档中可以自始至终用同一个页眉或页脚，也可以在文档的不同部分用不同的页眉和页脚。例如，可以在首页使用与众不同的页眉和页脚或者不使用页眉和页脚，还可以在奇数页和偶数页上使用不同的页眉和页脚，并且文档不同部分的页眉和页脚也可以不同。

1. 添加页码

页码是页眉和页脚中的一部分，可以放在页眉或页脚中。对于一个长文档，页码是必不可少的，因此，为了方便，Word 单独设立了“插入页码”功能。

如果用户希望每个页面都显示页码，并且不希望包含任何其他信息（例如，文档标题或文件位置)，用户可以快速添加库中的页码，也可以创建自定义页码。

1）从库中添加页码。

切换到“插入”功能区，在图3－36所示的“页眉和页脚”分组中，单击“页码”按钮，选择所需的页码位置，然后滚动浏览库中的选项，单击所需的页码格式即可。若要返回文档正文，只要单击“设计”选项卡的“关闭页眉和页脚”按钮即可。

2）添加自定义页码。

双击页眉区域或页脚区域，出现“页眉和页脚工具/设计”选项卡，在图3－37所示的“位置”分组中，单击“插入‘对齐方式’选项卡”设置对齐方式。若要更改编号格式，单击“页眉和页脚”组中的“页码”按钮，在“页码”面板中单击“页码格式”命令设置格式。

图3－36 “页眉或页脚”分组

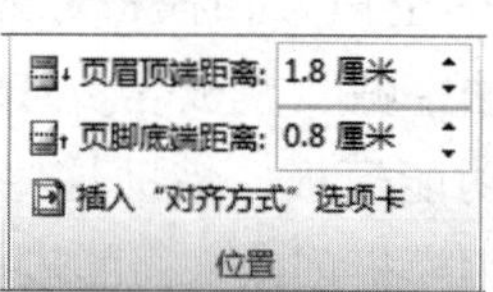

图3－37 “位置”分组

2. 添加页眉或页脚

在图3－36所示的“页眉和页脚”分组中，单击“页眉”或“页脚”按钮，在打开的面板中选择“编辑页眉”或“编辑页脚”按钮，定位到文档中的位置，接下来有两种方法可以完成页眉或页脚内容的设置：一种是从库中添加页眉或页脚内容，另一种是自定义添加页眉或页脚内容。

3. 在文档的不同部分添加不同的页眉、页脚或页码

可以只为文档的某一部分添加页码，也可以在文档的不同部分使用不同的编号格式。例如，用户可能希望对目录和简介使用 i、ii、iii 的方式编号，对文档的其余部分使用 1、2、3 的方式编号，而不会对索引使用任何页码。此外，还可以在奇数页和偶数页上使用不同的页眉或页脚。

1）在不同部分中添加不同的页眉、页脚或页码。

第1步：单击要在其中开始设置、停止设置或更改页眉、页脚或页码编号的页面开头。

第2步：切换到“页面布局”功能区，单击“页面设置”组中的“分隔符”，选择“下一页”。

第3步：双击页眉区域或页脚区域，打开“页眉和页脚工具/设计”选项卡，在“设计”的“导航”组中，单击“链接到前一节”来禁用它。

第4步：选择页眉或页脚，然后按 Delete 键。

第5步：若要选择编号格式或起始编号，单击“页眉和页脚”组中的“页码”，单击“设置页码格式”，再单击所需格式和要使用的“起始编号”，然后单击“确定”按钮。

第6步：若要返回文档正文，单击“设计”选项卡上的“关闭页眉和页脚”按钮。

2）在奇数页和偶数页上添加不同的页眉、页脚或页码。

第1步：双击页眉区域或页脚区域，将打开“页眉和页脚工具”选项卡，在“选项”

组中选中“奇偶页不同”复选框。

第2步：在其中一个奇数页上，添加要在奇数页上显示的页眉、页脚或页码编号。

第3步：在其中一个偶数页上，添加要在偶数页上显示的页眉、页脚或页码编号。

第4步：若要返回文档正文，单击“设计”选项卡上的“关闭页眉和页脚”按钮。

4. 删除页码、页眉和页脚

双击页眉、页脚或页码，然后选择页眉、页脚或页码，再按 Delete 键即可。

3.4.2 页面设置

Word 默认的页面设置是 A4（21 厘米×29.4 厘米）页面，按纵向格式编排与打印文档。如果不适合，可以通过页面设置进行改变。

1. 设置纸型

纸型是指用什么样的纸张大小来编辑、打印文档，这一点很关键，因为编辑的文档最终要打印到纸上，只有根据用户对纸张大小的要求来排版和打印，才能满足用户的要求。设置纸张大小的方法是：切换到“页面布局”功能区，在图3－38所示的“页面设置”分组中，单击“纸张大小”按钮，在列表中选择合适的纸张类型。或者在图3－38所示的“页面设置”分组中，单击显示“页面设置”的“对话框启动器”按钮，出现图3－39所示的“页面设置”对话框，单击“纸张”选项卡，选择合适的纸张类型。

图3－38 “页面设置”分组

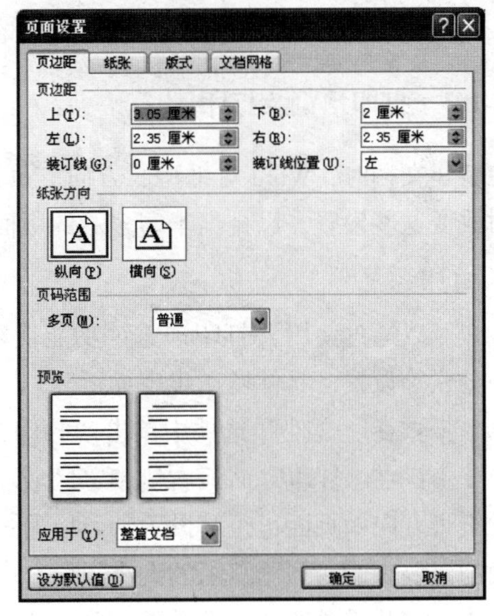

图3－39 “页面设置”对话框

2. 设置页边距

页边距是指对于一张给定大小的纸张，相对于上、下、左、右四个边界分别留出的边界尺寸。通过设置页边距，可以使 Word 2010 文档的正文部分与页面边缘保持比较合适的距离。在 Word 2010 文档中设置页面边距有两种方式：

1）在图 3－38 所示的“页面设置”分组中，单击“页边距”按钮，并在打开的常用页边距列表中选择合适的页边距。

2）在图 3－39 所示的“页面设置”对话框中，切换到“页边距”选项卡，在“页边距”区域分别设置上、下、左、右的数值。

3. 使用分隔符

分隔符是指表示节的结尾插入的标记。通过在 Word 2010 文档中插入分隔符，可以将 Word 文档分成多个部分，每个部分可以有不同的页边距、页眉页脚、纸张大小等页面设置。如果不再需要分隔符，可以将其删除，删除分隔符后，被删除分隔符前面的页面将自动应用分隔符后面的页面设置。分隔符分为“分节符”和“分页符”两种。

（1）插入分隔符

将光标定位到准备插入分隔符的位置。在图 3－38 所示的“页面设置”分组中单击“分隔符”按钮 分隔符，在打开的分隔符列表中，选择合适的分隔符即可。

（2）删除分隔符

第 1 步：打开已经插入分隔符的 Word 2010 文档，在“文件”选项中，单击“选项”按钮，打开“Word 选项”对话框。

第 2 步：切换到“显示”选项卡，在“始终在屏幕上显示这些格式标记”区域选中“显示所有格式标记”复选框，并单击“确定”按钮。

第 3 步：返回 Word 2010 文档窗口，在“开始”功能区中，单击“段落”分组中的“显示/隐藏编辑标记”按钮以显示分隔符，在键盘上按 Delete 键删除分隔符即可。

3.4.3 打印预览及打印

在新建文档时，Word 对纸型、方向、页边距及其他选项应用默认的设置，但用户还可以随时改变这些设置，以排出丰富多彩的版面格式。

1. 打印预览

用户可以通过使用“打印预览”功能查看 Word 2010 文档打印出的效果，以及时调整页边距、分栏等设置，具体操作步骤如下。

第 1 步：在“文件”选项中单击“打印”按钮，打开“打印”面板，如图 3－40 所示。

第 2 步：在“打印”面板右侧预览区域可以查看 Word 2010 文档的打印预览效果，用户所做的纸张方向、页面边距等设置都可以通过预览区域查看效果。用户还可以通过调整预览区下面的滑块来改变预览视图的大小。

第 3 步：若需要调整页面设置，可以单击“页面设置”按钮调整到合适的打印效果。

2. 打印文档

打印文档之前，要确定打印机的电源已经接通，并且处于联机状态。为了稳妥起见，最好先打印文档的一页看看实际效果。确定没有问题时，再将文档的其余部分打印出来。打印操作的步骤如下。

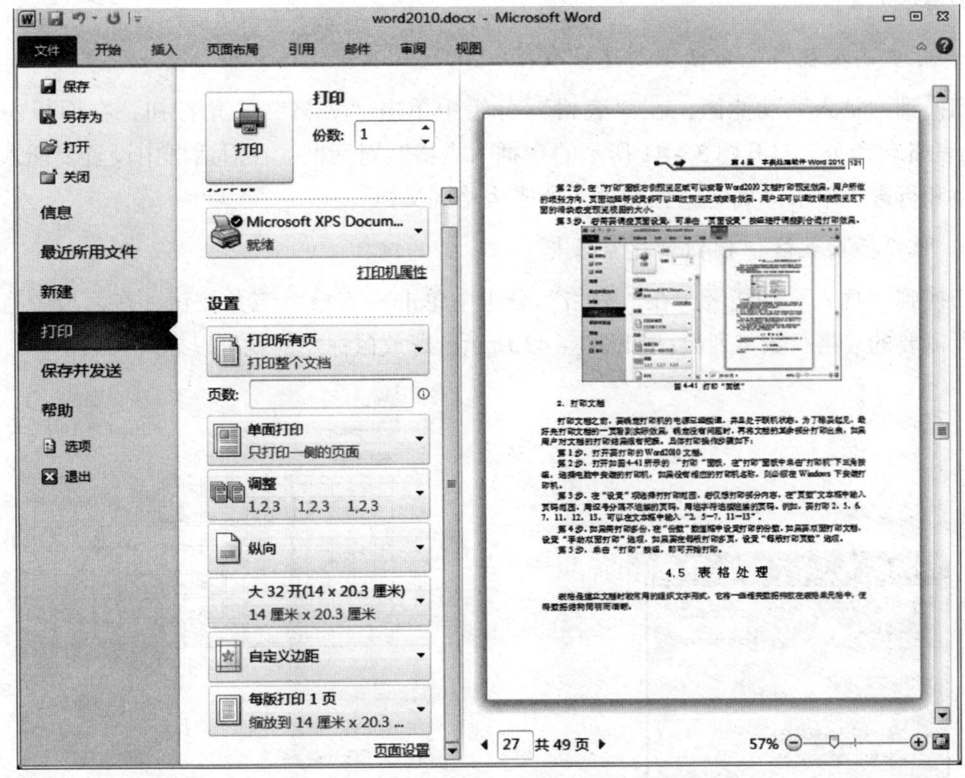

图 3－40 “打印”面板

第 1 步：打开要打印的 Word 2010 文档。

第 2 步：打开图 3－40 所示的“打印”面板，在“打印”面板中单击“打印机”下三角按钮，选择电脑中安装的打印机。

第 3 步：若仅打印部分内容，在“设置”中选择打印范围，在“页数”文本框中输入页码范围，用逗号分隔不连续的页码，用连字符连接连续的页码。例如，要打印第 2，5，6，7，11，12，13 页，可以在文本框中输入“2,5－7,11－13”。

第 4 步：如果需打印多份，在“份数”数值框中设置打印的份数。

第 5 步：如果要双面打印文档，设置“手动双面打印”选项。

第 6 步：如果要在每版打印多页，设置“每版打印页数”选项。

第 7 步：单击“打印”按钮，即可开始打印。

任务 3.5　表格处理

表格是创建文档时较常用的组织文字形式，它将一些相关数据放在表格单元格中，使数据结构简明而清晰。

3.5.1　创建表格

在 Word 中可以创建一个空表，然后将文字或数据填入表格单元格中，或将现有的文本转换为表格。

1. 用“插入表格”对话框创建空表格

切换到“插入”功能区，在“表格”分组中单击“表格”三角按钮，在面板中单击“插入表格”命令，打开图 3－41 所示的“插入表格”对话框，在对话框中设置要插入表格的列数和行数，单击“确定”按钮插入所需表格到文档。

2. 用“插入表格”按钮创建空表格

切换到“插入”功能区，在“表格”分组中单击“表格”三角按钮，在面板中拖动光标到所需要的表格行数与列数，如图 3－42 所示，释放鼠标左键就可以插入表格了。

图 3－41 “插入表格”对话框

图 3－42 “插入表格”面板

Word 2010 允许在表格中插入另外的表格：把光标定位在表格的单元格中，执行相应的插入表格的操作，就将表格插入相应的单元格中了。也可以在单元格中单击右键，选择“插入表格”命令，在单元格中插入一个表格。

3. 将文本转换为表格

Word 2010 可以将已经存在的文本转换为表格。要进行转换的文本应该是格式化的文本，即文本中的每一行用段落标记符分开，每一列用分隔符（如空格、逗号或制表符等）分开。其操作方法是：

第 1 步：选定已添加段落标记和分隔符的文本。

第 2 步：在图 3－42 所示的“插入表格”面板中，单击“文本转换成表格”按钮，弹出“将文本转换为表格”对话框，单击“确定”按钮，Word 能自动识别出文本的分隔符，并计算表格列数，即可得到所需的表格。

3.5.2 编辑表格

1. 单元格的选取

单元格就是表格中的一个小方格，一个表格由一个或多个单元格组成。单元格就像文档

中的文字一样，要对它进行操作，必须首先选取它。

（1）使用“选取”按钮选取

将插入点置于表格任意单元格中，出现图3－43所示的“表格工具/布局”功能区，在“表”分组单击“选择”按钮，在弹出的面板中单击相应按钮完成对行、列、单元格或者整个表格的选取。

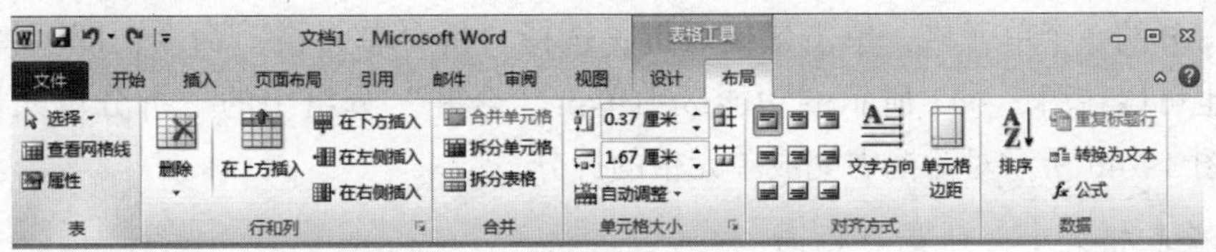

图3－43　“表格工具/布局”功能区

（2）使用“选取”命令选取

将插入点定位到要选择的行、列和表格中的任意单元格，右键单击，弹出快捷菜单，选择“选取”命令，单击相应按钮完成对行、列、单元格或者整个表格的选取。

（3）使用鼠标操作选取

1）选一个单元格：把光标放到单元格的左下角，鼠标变成黑色的箭头，按下左键可选定一个单元格，拖动可选定多个。

2）选一行表格：在左边文档的选定区中单击，可选中表格的一行单元格。

3）选一列表格：将光标移到这一列的上边框，光标变成向下的箭头时，单击鼠标即可选取一列。

4）选整个表格：将插入点置于表格任意单元格中，待表格的左上方出现一个带方框的十字架标记时，将鼠标指针移到该标记上，单击鼠标即可选取整个表格。

2. 插入单元格、行或列

创建一个表格后，要增加单元格、行或列，无须重新创建，只要在原有的表格上进行插入操作即可。插入的方法是选定单元格、行或列，右键单击，在快捷菜单中选择“插入”菜单，选择插入的项目（表格、列、行、单元格）。同样地，也可以在图3－43所示的“表格工具/布局”功能区中单击“行和列”分组中相应的按钮实现。

3. 删除单元格、行或列

选定了表格或某一部分后，右键单击，在快捷菜单中选择要删除的项目（表格、列、行、单元格）即可，也可以在图3－44所示的“行和列”分组中单击“删除”按钮，在出现的图3－45所示的面板中单击相应按钮来完成。

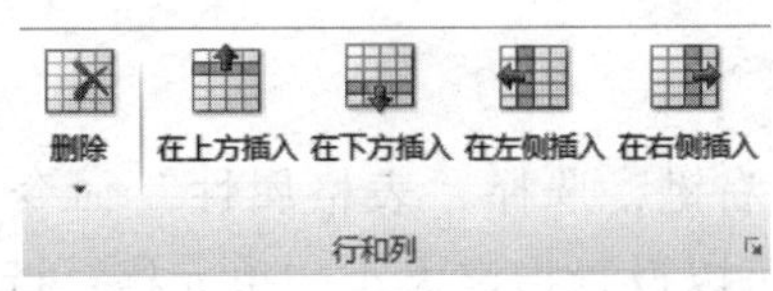

图3－44　“行列”功能区图

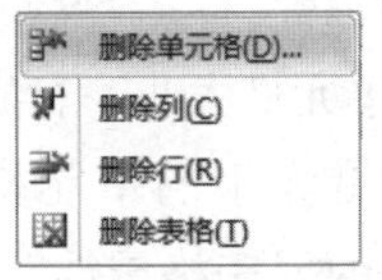

图3－45　“删除”面板

4. 合并与拆分单元格

①合并单元格是指选中两个或多个单元格，将它们合成一个单元格。其操作方法为：选择要合并的单元格，单击鼠标右键，选择“合并单元格”命令，即可将单元格进行合并。也可以在图 3－43 所示的功能区中单击“合并”分组中的“合并单元格”按钮完成。

②拆分单元格是合并单元格的逆过程，是指将单元格分解为多个单元格。其操作为：选择要进行拆分的一个单元格，单击鼠标右键，选择“拆分单元格”命令，即可将单元格进行拆分。也可以在图 3－43 所示的功能区中单击“合并”分组中的“拆分单元格”按钮，在弹出的图 3－46 所示对话框中完成单元格的拆分。

5. 调整表格大小、列宽与行高

（1）自动调整表格

1）在表格中单击右键，选择“自动调整”命令，弹出如图 3－47 所示的“自动调整”子菜单，选择“根据内容调整表格”命令，可以看到表格中单元格的大小都发生了变化，仅仅能容下单元格中的内容了。

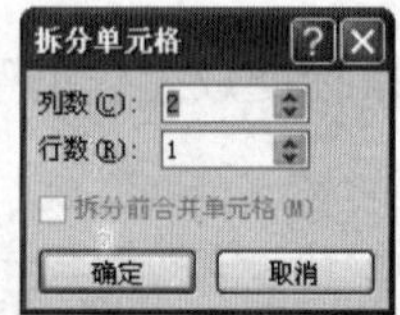

图 3－46 “拆分单元格”对话框

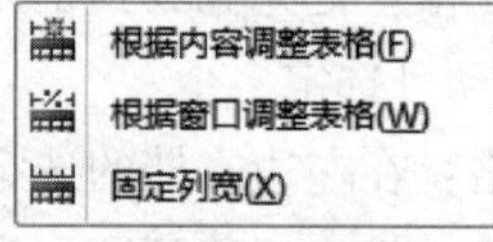

图 3－47 “自动调整”子菜单

2）选择表格的自动调整为“固定列宽”，此时往单元格中填入文字，当文字长度超过表格宽度时，会自动加宽表格行，而表格列不变。

3）选择“根据窗口调整表格”，表格将自动充满 Word 的整个窗口。

4）如果希望表格中的多列具有相同的宽度或高度，选定这些列或行，右键单击，选择“平均分布各列”或“平均分布各行”命令，列或行就自动调整为相同的宽度或高度。

（2）调整表格大小

1）缩放表格：把鼠标指针放在表格右下角的一个小正方形上，鼠标指针就变成了一个拖动标记，按下左键，拖动鼠标，就可以改变整个表格的大小了。

2）调整行宽或列宽：把鼠标指针放到表格的框线上，鼠标指针会变成一个两边有箭头的双线标记，这时按下左键拖动鼠标，就可以改变当前框线的位置，按住 Alt 键，还可以平滑地拖动框线。

3）调整单元格的大小：选中要改变大小的单元格，用鼠标拖动它的框线，改变的只是拖动的框线的位置。

4）指定单元格大小、行宽或列宽的具体值。

选中要改变大小的单元格、行或列，单击右键，选择“表格属性”命令，将弹出如图 3－48 所示的“表格属性”对话框，在这里可以设置指定大小的单元格、行宽、列高和表格。

3.5.3　修饰表格

1. 调整表格位置

选中整个表格，切换到“开始”功能区，通过单击“段落”分组中的“居中”“左对齐”“右对齐”等按钮即可调整表格的位置。

2. 表格中单元格文字对齐方法

选择单元格（行、列或整个表格）内容，单击右键，选择“单元格对齐方式”命令，在出现的子菜单中选择对应的对齐方式即可，或切换到“开始”功能区，通过单击“段落”分组中的“居中”“左对齐”“右对齐”等按钮完成设置。

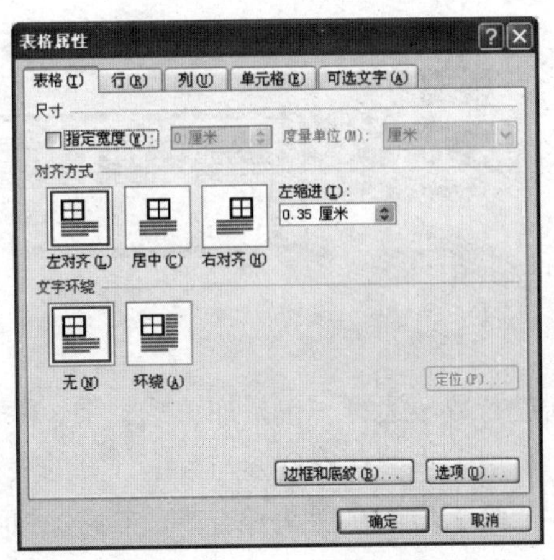

图3-48　“表格属性”对话框

3. 表格添加边框和底纹

选择单元格（行、列或整个表格），单击右键，选择“边框和底纹”命令，弹出“边框和底纹”对话框，如图3-49所示。若要修饰边框，打开“边框”选项卡，按要求设置表格的每条边线的样式，再单击“确定”按钮即可（使用该方法可以制作斜线表头）；若要添加底纹，打开“底纹”选项卡，按要求设置颜色和应用范围，单击“确定”按钮即可。

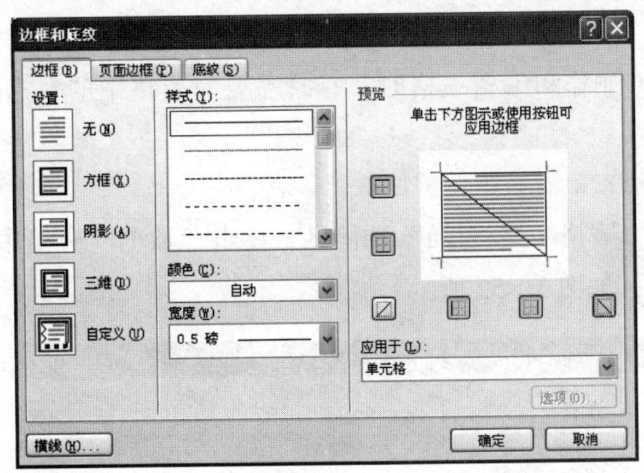

图3-49　“边框和底纹”对话框

4. 表格自动应用样式

将插入点定位到表格中的任意单元格，切换到“表格工具/设计”功能区，如图3-50所示。在“表格样式”分组中，单击选择合适的表格样式，表格将自动套用所选的样式。

3.5.4　表格的数据处理

1. 表格的计算

在Word 2010文档中，用户可以借助Word 2010提供的数学公式运算功能对表格中的数

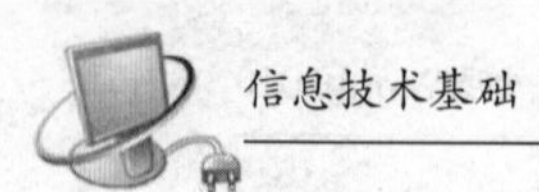

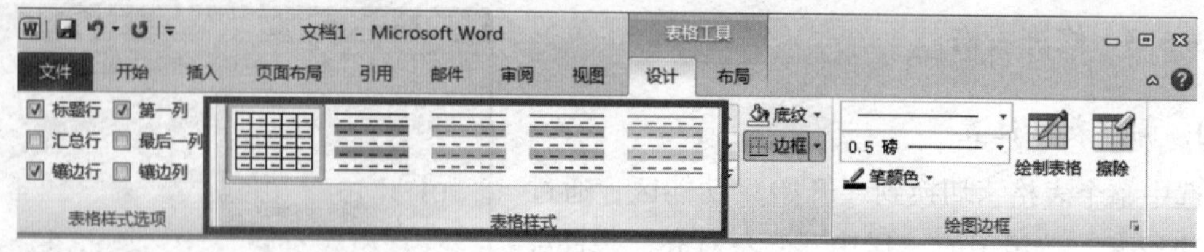

图 3－50 “设计”选项卡

据进行数学运算，包括加、减、乘、除及求和、求平均值等常见运算。操作步骤如下。

第 1 步：在准备参与数据计算的表格中单击计算结果单元格。

第 2 步：在“表格工具/布局”功能区，单击“数据”分组中的“公式”按钮 公式，打开“公式”对话框，如图 3－51 所示。

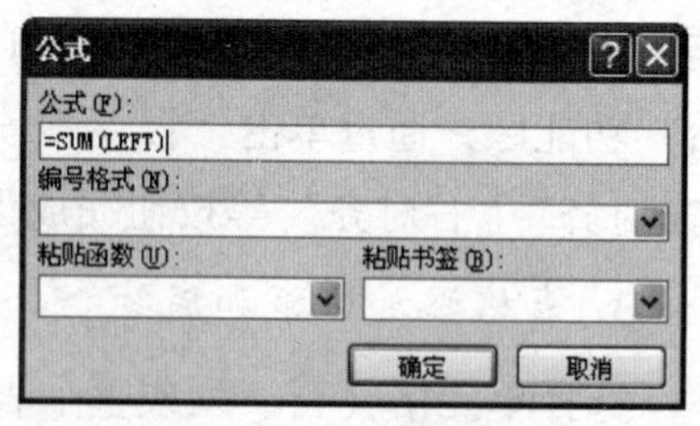

图 3－51 “公式”对话框

第 3 步：在“公式”编辑框中，系统会根据表格中的数据和当前单元格所在位置自动推荐一个公式。例如，“＝SUM(LEFT)”是指计算当前单元格左侧单元格的数据之和。用户可以单击“粘贴函数”下拉三角按钮选择合适的函数，例如平均数函数 AVERAGE。

第 4 步：完成公式的编辑后，单击“确定”按钮即可得到计算结果。

2. 表格排序

在使用 Word 2010 制作和编辑表格时，有时需要对表格中的数据进行排序。操作步骤如下。

第 1 步：将插入点置于表格中任意位置。

第 2 步：切换到“表格工具/布局”功能区，单击“数据”分组中的“排序”按钮，弹出“排序”对话框，如图 3－52 所示。

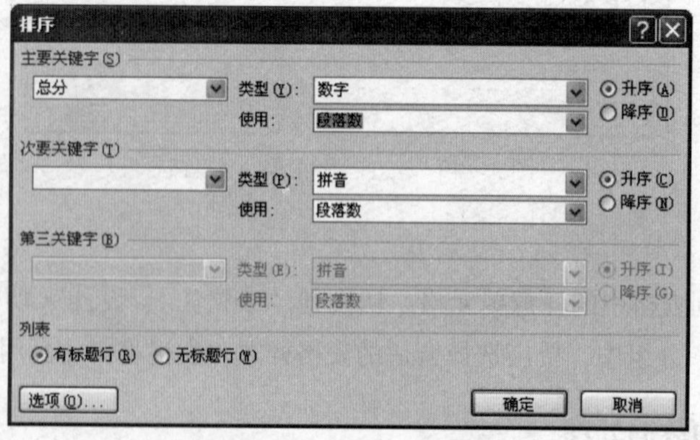

图 3－52 “排序”对话框

第 3 步：在对话框中选择“列表”区的“有标题行”选项，如果选中“无标题行”选项，则标题行也将参与排序。

第4步：单击“主要关键字”区域的关键字下三角按钮，选择排序依据的主要关键字，然后选择“升序”或“降序”选项，以确定排序的顺序。

第5步：若需要次要关键字和第三关键字，则在“次要关键字”和“第三关键字”区分别设置排序关键字，也可以不设置。单击“确定”按钮完成数据排序。

任务3.6　图形图像对象的操作

Word 2010中能针对图像、图形、图表、曲线、线条和艺术字等对象进行插入和样式设置操作。样式包括了渐变、颜色、边框、形状和底纹等多种效果，可以帮助用户快速设置上述对象的格式。

3.6.1　绘制图形

图形对象包括形状、图表和艺术字等，这些对象都是Word文档的一部分。通过“插入”功能区的“插图”分组中的按钮完成插入操作，通过“图片格式”功能区更改和增强这些图形的颜色、图案、边框和其他效果。

1. 插入形状

切换到“插入”功能区，在“插图”分组中单击“形状”按钮，出现“形状”面板，如图3－53所示。在面板中选择线条、基本形状、流程图、箭头总汇、星形与旗帜、标注等图形，然后在绘图起始位置按住鼠标左键，拖动至结束位置就能完成所选图形的绘制。

另外，有关绘图的注意事项如下。

①拖动鼠标的同时按住Shift键，可以绘制等比例图形，如圆、正方形等。

②拖动鼠标的同时按住Alt键，可平滑地绘制和所选图形的尺寸一样的图形。

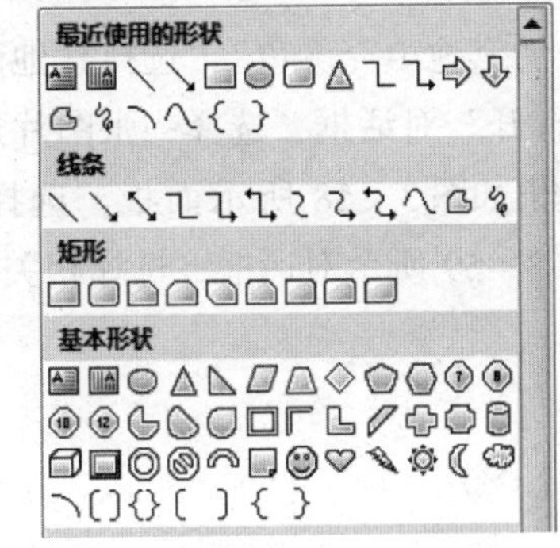

图3－53　“形状”面板

2. 编辑图形

图形编辑主要包括更改图形位置和图形大小、向图形中添加文字，以及形状填充、形状轮廓、颜色设置、阴影效果、三维效果、旋转和排列等基本操作。

①设置图形大小和位置的操作方法：选定要编辑的图形对象，在非“嵌入型”版式下，直接拖动图形对象，即可改变图形的位置；将鼠标指针置于所选图形的四周的编辑点上，如图3－54所示，拖动鼠标可缩放图形。

②向图形对象中添加文字的操作方法：右键单击图片，从弹出的快捷菜单中选择“添加文字”命令，然后输入文字。效果如图3－54所示。

③组合图形的方法：选择要组合的多张图形，单击鼠标右键，从弹出的快捷菜单中选择“组合”菜单下的“组合”命令。效果如图3－55所示。

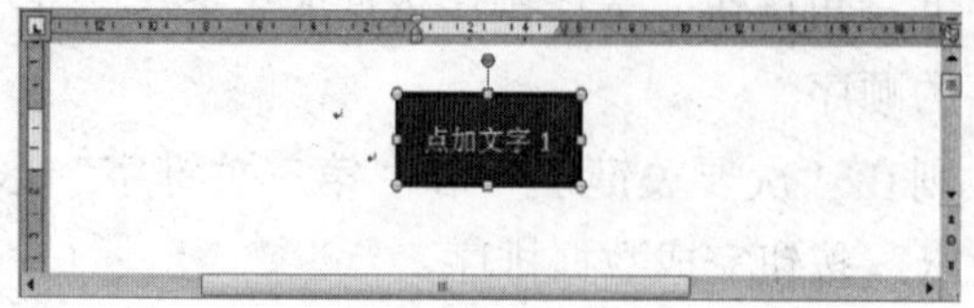

图 3－54　添加文字效果图

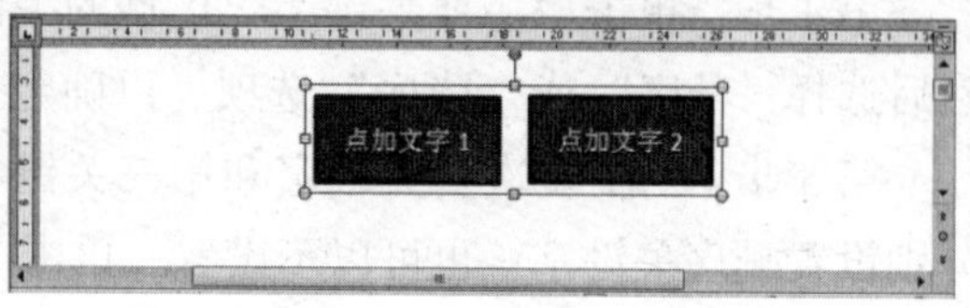

图 3－55　组合图形效果图

3. 修饰图形

如果需要进行形状填充、形状轮廓、颜色设置、阴影效果、三维效果、旋转和排列等基本操作，均可先选定要编辑的图形对象，出现如图 3－56 所示的“绘图工具/格式”选项卡，选择相应的功能按钮来实现即可。

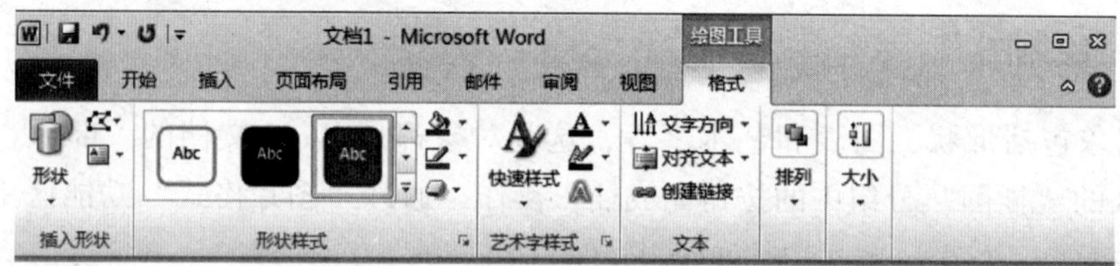

图 3－56　“绘图工具/格式”功能区

(1) 形状填充

选择要进行形状填充的图片，选择“绘图工具/格式”功能区的“形状填充”按钮 ，出现如图 3－57 所示的面板。如果选择设置单色填充，可选择面板已有的颜色，或单击“其他填充颜色”，选择其他颜色；如果选择设置图片填充，单击“图片”选项，出现“打开”对话框，选择一张图片进行填充；如果选择设置渐变填充，则单击“渐变”选项，弹出如图 3－58 所示面板，选择一种渐变样式即可，也可单击“其他渐变”选项，出现图 3－59 所示对话框，选择相关参数设置其他渐变效果。

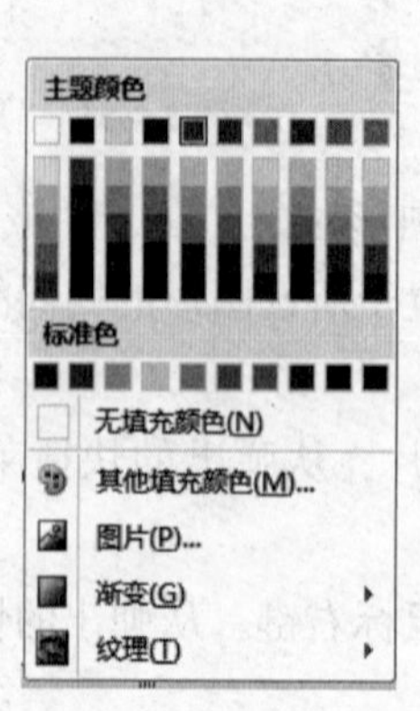

图 3－57　“形状填充”面板

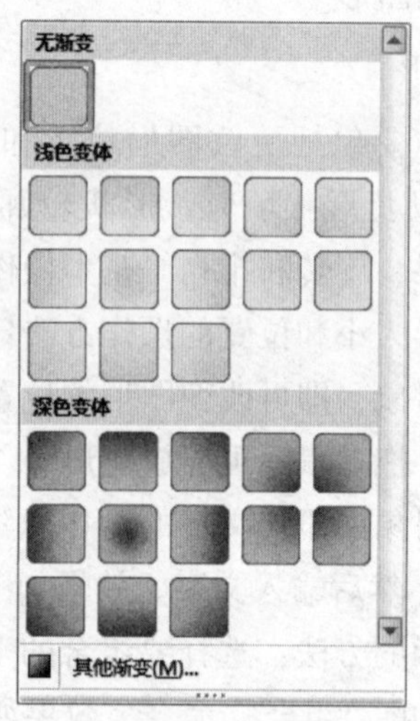

图 3－58　“形状填充样式”面板

(2) 形状轮廓

选择要进行形状填充的图片，选择“绘图工具/格式”功能区的“形状效果”按钮，在弹出的面板中可以设置轮廓线的线型、大小和颜色。

(3) 形状效果

选择要进行形状填充的图片，选择“绘图工具/格式”功能区的“形状效果”按钮，选择一种形状效果，比如选择“预设”，如图3-60所示，选择一种预设样式即可。

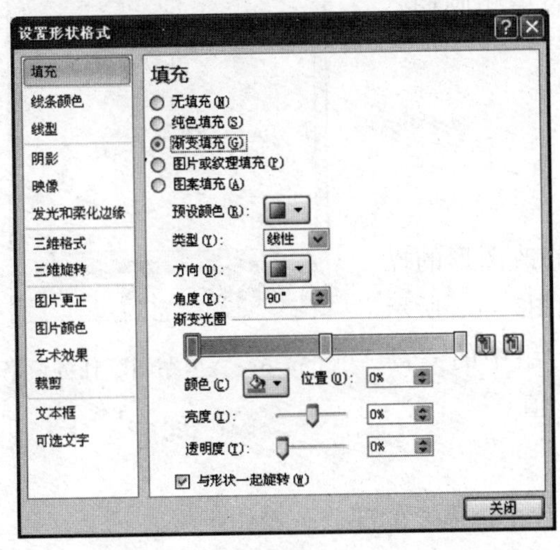

图3-59　“设置形状格式”对话框

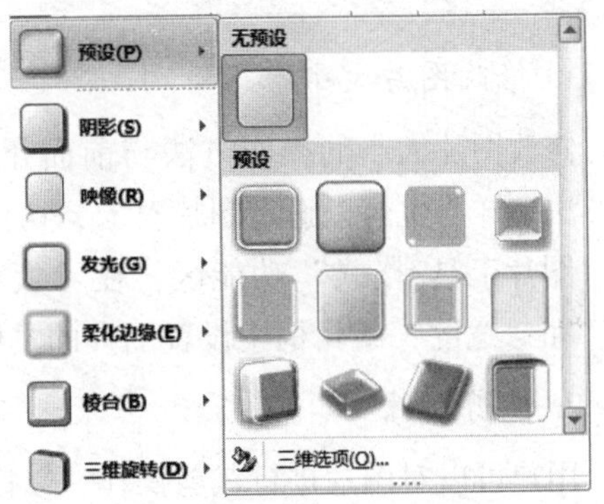

图3-60　“形状效果”面板

(4) 应用内置样式

选择要进行形状填充的图片，切换到“绘图工具/格式”功能区，在“形状样式”分组中选择一种内置样式即可应用到图片上。

3.6.2　插入图像

文档中插入图片的方法通常有两种：一种是插入来自其他文件的图片，另一种是从Word自带的剪辑库中插入剪贴画。本节分别介绍这两种插入图片的方法。

1. 插入图像文件

用户可以将多种格式的图片插入Word 2010文档中，从而创建图文并茂的Word文档。操作方法是：将插入点置于要插入图像的位置，在“插入”功能区的“插图”分组中单击“图片”按钮，打开“插入图片”对话框，找到并选中需要插入Word 2010文档中的图片，然后单击“插入”按钮即可。

2. 从剪辑库插入图片（剪贴画）

可以将剪辑库的图片插入Word 2010文档中，操作方法如下。

第1步：单击文档中要插入剪贴画的位置。

第2步：在“插入”功能区的“插图”分组中单击“剪贴画”按钮，窗口右侧将打开“剪贴画”任务窗格，如图3-61所示。

第 3 步：在“剪贴画”任务窗格的“搜索文字”文本框中输入描述要搜索的剪贴画类型的单词或短语，或输入剪贴画的完整或部分文件名，如输入“人物”。

第 4 步：在“结果类型”下拉列表中选择查找的文件类型。

第 5 步：单击“搜索”按钮进行搜索。

第 6 步：单击要插入的剪贴画，就可以将剪贴画插入光标所在位置。

图 3－61 “剪贴画”任务窗格

3.6.3 编辑和设置图片格式

1. 修改图片大小

修改图片大小的操作方法与前面介绍的修改图形的操作方法一样。也可以选定图片对象，切换到如图3－62 所示的“图片工具/格式”功能区，在“大小”分组中的“高度”和“宽度”编辑框中设置图片的具体大小值。

2. 裁剪图片

用户可以对图片进行裁剪操作，以截取图片中最需要的部分。操作步骤如下。

第 1 步：将图片的环绕方式设置为非嵌入型。选中需要进行裁剪的图片，在图 3－62 所示的“图片工具/格式”功能区中，单击“大小”分组中的“裁剪”按钮。

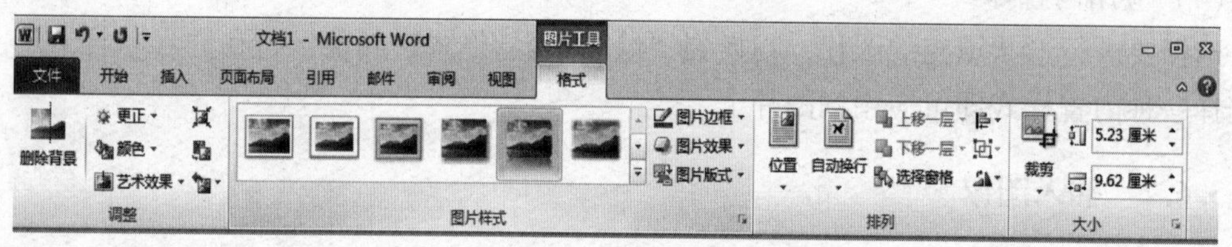

图 3－62 “图片工具/格式”功能区

第 2 步：图片周围出现 8 个方向的裁剪控制柄，如图 3－63 所示。用鼠标拖动控制柄，将对图片进行相应方向的裁剪，同时，拖动控制柄将图片复原，直至调整合适为止。

第 3 步：将鼠标光标移出图片，单击鼠标左键确认裁剪。

3. 设置正文环绕图片方式

图 3－63 裁剪图片效果

正文环绕图片方式是指在图文混排时，正文与图片之间的排版关系。文字环绕方式包括“顶端居左，四周型文字环绕”等 9 种。默认情况下，图片作为字符插入 Word 2010 文档中，用户不能自由移动图片。通过为图片设置文字环绕方式，可以自由移动图片的位置。操作步骤如下。

第 1 步：选中需要设置文字环绕的图片。

第 2 步：在“图片工具/格式”选项卡中，单击“排列”分组中的“位置”按钮，在打

开的预设位置列表中选择合适的文字环绕方式。

如果用户希望在 Word 2010 文档中设置更丰富的文字环绕方式，可以在“排列”分组中单击“自动换行”按钮，在打开的如图 3－64 所示的面板中选择合适的文字环绕方式即可。

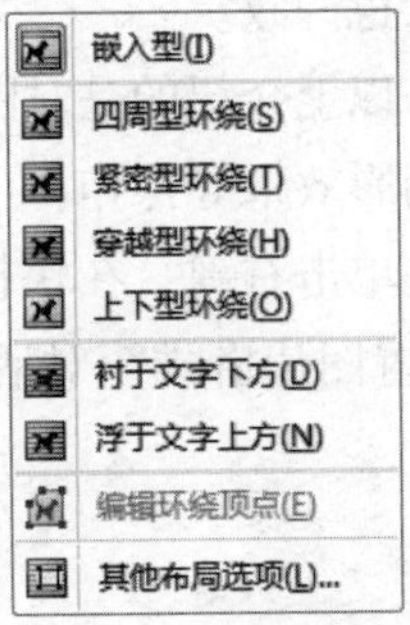

嵌入型(I)
四周型环绕(S)
紧密型环绕(T)
穿越型环绕(H)
上下型环绕(O)
衬于文字下方(D)
浮于文字上方(N)
编辑环绕顶点(E)
其他布局选项(L)...

图 3－64 “自动换行”面板

Word 2010 的“自动换行”菜单中，每种文字环绕方式的含义如下。

①四周型环绕：文字以矩形方式环绕在图片四周。

②紧密型环绕：文字将紧密环绕在图片四周。

③穿越型环绕：文字穿越图片的空白区域环绕图片。

④上下型环绕：文字环绕在图片上方和下方。

⑤衬于文字下方：图片在下、文字在上分为两层。

⑥浮于文字上方：图片在上、文字在下分为两层。

⑦编辑环绕顶点：用户可以编辑文字环绕区域的顶点，实现更个性化的环绕效果。

4. 在 Word 2010 文档中添加图片题注

如果 Word 2010 文档中含有大量图片，为了能更好地管理这些图片，可以为图片添加题注。添加了题注的图片会获得一个编号，并且在删除或添加图片时，所有的图片编号会自动改变，以保持编号的连续性。在 Word 2010 文档中添加图片题注的步骤如下。

第 1 步：右键单击需要添加题注的图片，在打开的快捷菜单中选择“插入题注”命令。或者单击选中图片，在“引用”功能区的“题注”分组中单击“插入题注”按钮，打开“题注”对话框，如图 3－65 所示。

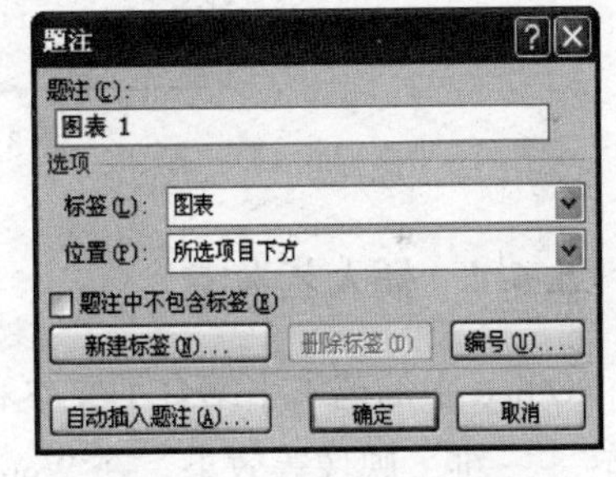

图 3－65 “题注”对话框

第 2 步：在打开的“题注”对话框中，单击“编号”按钮，选择合适的编号格式。

第 3 步：返回“题注”对话框，在“标签”下拉列表中选择“图表”标签。也可以单击“新建标签”按钮，在打开的“新建标签”对话框中创建自定义标签（例如“图”），在“位置”下拉列表中选择题注的位置（例如“所选项目下方”），设置完毕后，单击“确定”按钮。

第 4 步：在 Word 2010 文档中添加图片题注后，可以单击题注右边部分的文字进入编辑状态，并输入图片的描述性内容。

5. 在 Word 2010 文档中设置图片透明色

在 Word 2010 文档中，对于背景色只有一种颜色的图片，用户可以将该图片的纯色背景色设置为透明色，从而使图片更好地融入 Word 文档中。该功能对于设置有背景颜色的 Word 文档尤其适用。在 Word 2010 文档中设置图片透明色的步骤如下。

第 1 步：选中需要设置透明色的图片，切换到图 3－62 所示的“图片工具/格式”选项卡，在“调整”分组中选择“颜色”按钮，在打开的颜色模式列表中选择“设置透明色”命令。

第 2 步：鼠标箭头呈现彩笔形状，将鼠标箭头移动到图片上并单击需要设置为透明色的纯色背景，则被单击的纯色背景将被设置为透明色，从而使图片的背景与 Word 2010 文档的背景色一致。

以上介绍的是对图片格式的部分基本操作，如果需要对图像进行其他如填充、三维效果和阴影效果等操作，可以通过图 3－62 所示的“图片工具/格式”功能区相关按钮来实现。也可单击右键，在快捷菜单中选择“设置图片格式”命令，在弹出的如图 3－66 所示的“设置图片格式”对话框中进行相关设置。

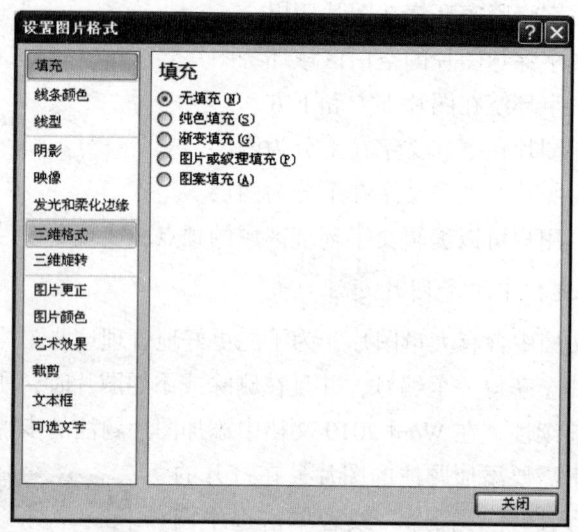

图 3－66 “设置图片格式”对话框

3.6.4 插入艺术字

Office 中的艺术字结合了文本和图形的特点，能够使文本具有图形的某些属性，如设置旋转、三维、映像等效果，在 Word、Excel、PowerPoint 等 Office 组件中都可以使用艺术字功能。用户可以在 Word 2010 文档中插入艺术字，操作步骤如下。

第 1 步：将插入点光标移动到准备插入艺术字的位置。

第 2 步：切换到“插入”功能区，单击“文本”分组中的“艺术字”按钮 A，在打开的艺术字预设样式面板中选择合适的艺术字样式。

第 3 步：在艺术字文字编辑框中，直接输入艺术字文本，用户可以对输入的艺术字分别设置字体和字号等。

第 4 步：在编辑框外单击即可完成。

若需对艺术字的内容、边框效果、填充效果或艺术字效果进行修改或设置，可选中艺术字，在如图 3－67 所示的“绘图工具/格式”功能区中单击相关按钮功能完成相关设置。

3.6.5 文本框

通过使用文本框，用户可以将 Word 文本很方便地放置到 Word 2010 文档页面的指定位

图 3－67　“绘图工具/格式”功能区

置，而不必受到段落格式、页面设置等因素的影响，可以像处理一个新页面一样来处理文字，如设置文字的方向、格式化文字、设置段落格式等。文本框有两种：一种是横排文本框，一种是竖排文本框。Word 2010 内置有多种样式的文本框供用户选择使用。

1. 插入文本框

①用户可以先插入一个空的文本框，再输入文本内容或者插入图片，在“插入”功能区的“文本”分组中单击“文本框”按钮，选择合适的文本框类型，然后返回 Word 2010 文档窗口，在要插入文本框的位置拖动出大小适当的文本框后松开鼠标，即可完成空文本框的插入，然后输入文本内容或者插入图片。

②用户也可以将已有内容设置为文本框。选中需要设置为文本框的内容，在“插入”功能区的“文本”分组中单击“文本框”按钮，在打开的文本框面板中选择“绘制文本框”或“绘制竖排文本框”命令，被选中的内容将被设置为文本框。

2. 设置文本框格式

在文本框中处理文字就像在一般页面中处理文字一样，可以在文本框中设置页边距，同时，也可以设置文本框的文字环绕方式、大小等。

要设置文本框格式时，右键单击文本框边框，选择“设置形状格式”命令，将弹出如图 3－68 所示的“设置形状格式”对话框。在该对话框中主要可以完成如下设置。

①设置文本框的线条颜色。在“线条颜色”区中可以根据需要进行具体的颜色设置。

②设置文本框的内部边距。在“文本框”区中的“内部边距”区输入文本框与文本之间的间距数值即可。

若要设置文本框的“版式”，右键单击文本框边框，选择“其他布局选项”命令，在打开的“布局”对话框的“版式”选项卡中，进行类似于图片“版式”的设置即可。

另外，如果需要设置文本框的大小、文字方向、内置文本样式、三维效果和阴影效

图 3－68　“设置形状格式”对话框

果等其他格式，可单击文本框对象，切换到如图 3－67 所示的“绘图工具/格式”功能区，通过相应的功能按钮来实现。

3. 文本框的链接

在使用 Word 2010 制作手抄报、宣传册等文档时，往往会通过使用多个文本框进行版式设计。通过在多个 Word 2010 文本框之间创建链接，可以在当前文本框中充满文字后自动转入所链接的下一个文本框中继续输入文字。在 Word 2010 中链接多个文本框的步骤如下。

第 1 步：打开 Word 2010 文档窗口，并插入多个文本框。调整文本框的位置和尺寸，并单击选中第 1 个文本框。

第 2 步：在打开的“绘图工具/格式”功能区中，单击“文本”分组中的“创建链接”按钮。

第 3 步：鼠标指针变成水杯形状，将水杯状的鼠标指针移动到准备链接的下一个文本框内部，单击鼠标左键即可创建链接。

第 4 步：重复上述步骤可以将第 2 个文本框链接到第 3 个文本框，依此类推，可以在多个文本框之间创建链接，如图 3－69 所示。

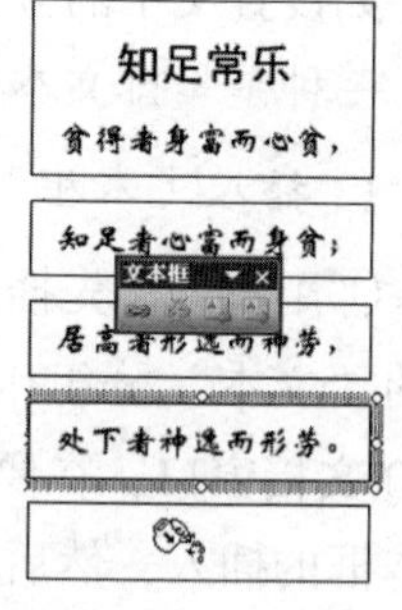

图 3－69　文本框的链接

3.6.6　插入公式

对于一些比较复杂的数学公式的输入问题，如积分公式、求和公式等，Word 2010 中内置了公式编写和公式编辑支持，可以在行文的字里行间非常方便地编辑公式。在文档中插入公式的方法如下。

①将插入点置于要插入公式位置，使用快捷键 Alt + =，系统自动在当前位置插入一个公式编辑框，同时出现如图 3－70 所示的“公式工具/设计”功能区，单击相应按钮在编辑框中编写公式。

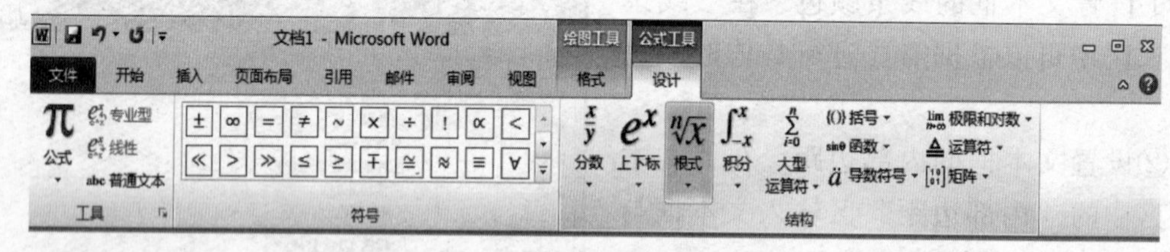

图 3－70　“公式工具/设计”功能区

②切换到“插入”功能区，在“符号”分组中单击“公式”按钮π，插入一个公式编辑框，然后在其中编写公式，或者单击“公式”按钮下方的向下箭头，在内置公式的下拉菜单中选择直接插入一个常用数学结构。

3.6.7　图文混排

1. 图文混排的功能与意义

图文混排就是在文档中插入图形或图片，使文章具有更好的可读性和更佳的艺术效果。

利用图文混排功能可以实现杂志、报纸等复杂文档的编辑与排版。

2. Word 文档的分层

Word 文档分成以下 3 个层次结构。

①文本层：用户在处理文档时所使用的层。

②绘图层：在文本层之上。建立图形对象时，Word 最初是将图形对象放在该层的。

③文本层的下层：可以把图形对象放在该层，与文本层产生叠层效果。

在编辑文稿时，利用这 3 层，可以根据需要将图形对象在文本层的上、下层之间移动，也可以将某个图形对象移到同一层中其他图形对象的前面或后面，实现意想不到的效果。正是因为 Word 文档的这种层次特性，可以方便地生成漂亮的水印图案。

3. 图文混排的操作要点

图文混排操作是文字编排与图形编辑的混合运用，其要点如下。

①规划版面：对版面的结构、布局进行规划。

②准备素材：提供版面所需的文字、图片资料。

③着手编辑：充分运用文本框、图形对象的操作，来实现文字环绕、叠放次序等基本功能。

任务 3.7　Word 高级操作

3.7.1　编制目录和索引

1. 编制目录

（1）目录概述

目录是文档中标题的列表，与书的目录一样，可以在目录页通过在按 Ctrl 键的同时单击左键跳到所指向的章节，也可以打开视图导航窗格，整个文档结构即可列出来，很清晰。Word 2010 提供了目录编制与浏览功能，可使用 Word 中的内置标题样式和大纲级别设置自己的标题格式。

标题样式：应用于标题的格式样式。Word 2010 有 6 个不同的内置标题样式。

大纲级别：应用于段落的格式等级。Word 2010 有 9 级段落等级。

（2）用大纲级别创建标题级别

第 1 步：切换到“视图”功能区，在“文档视图”分组中单击“大纲视图”按钮，将文档显示在大纲视图中。

第 2 步：切换到“大纲”功能区，在“大纲工具”分组中选择目录中要显示的标题级别数，如图 3－71 所示。

第 3 步：选择要设置为标题的各段落，在“大纲工具”分组中分别设置各段落级别。

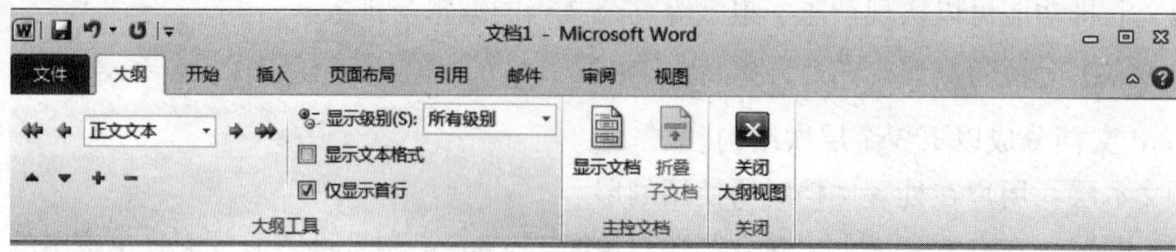

图 3 – 71 “大纲工具”分组

（3）用内置标题样式创建标题级别

第 1 步：选择要设置为标题的段落。

第 2 步：切换到“开始”功能区，在“样式”分组中选择“标题样式”按钮即可。若需修改现有的标题样式，在标题样式上单击右键，选择“修改”命令，在弹出的“修改样式”对话框中进行样式修改。

第 3 步：对希望包含在目录中的其他标题重复进行第 1 步和第 2 步。

第 4 步：设置完成后，单击“关闭大纲视图”按钮，返回到页面视图。

（4）编制目录

通过使用大纲级别或标题样式设置，指定目录要包含的标题之后，可以选择一种设计好的目录格式生成目录，并将目录显示在文档中。操作步骤如下。

第 1 步：确定需要制作几级目录。

第 2 步：使用大纲级别或内置标题样式设置目录要包含的标题级别。

第 3 步：单击插入目录的位置，切换到“引用”功能区，在“目录”分组中单击“目录”按钮，选择“插入目录”命令，出现如图 3 – 72 所示的“目录”对话框。

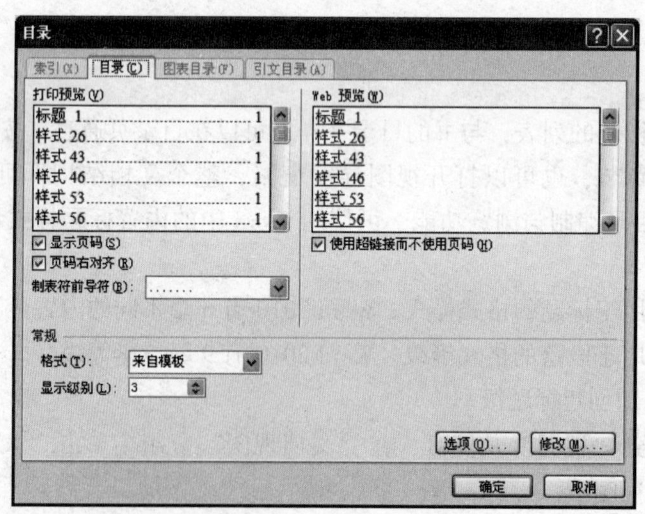

图 3 – 72 “目录”对话框

第 4 步：打开“目录”选项卡，在“格式”下拉列表框中选择目录格式，根据需要设置其他选项。

第 5 步：单击“确定”按钮即可生成目录。

(5) 更新目录

在页面视图中，用鼠标右击目录中的任意位置，从弹出的快捷菜单中选择“更新域”命令，在弹出的“更新目录”对话框中选择更新类型，单击“确定”按钮，目录即被更新。

(6) 使用目录

当在页面视图中显示文档时，目录中将包括标题及相应的页码，在目录上按 Ctrl 键并单击，可以跳到鼠标所指向的章节；当切换到 Web 版式视图时，标题将显示为超链接，这时用户可以直接跳转到某个标题。若要在 Word 中查看文档时可以快速浏览，可以打开视图导航窗格。

2. 编制索引

目录可以帮助读者快速了解文档的主要内容，索引可以帮助读者快速查找需要的信息。生成索引的方法是切换到“引用”功能区，在“索引”分组中单击“插入索引”按钮，打开如图 3－73 所示的“索引”对话框，在对话框中设置相关的项，单击“确定”按钮即可。

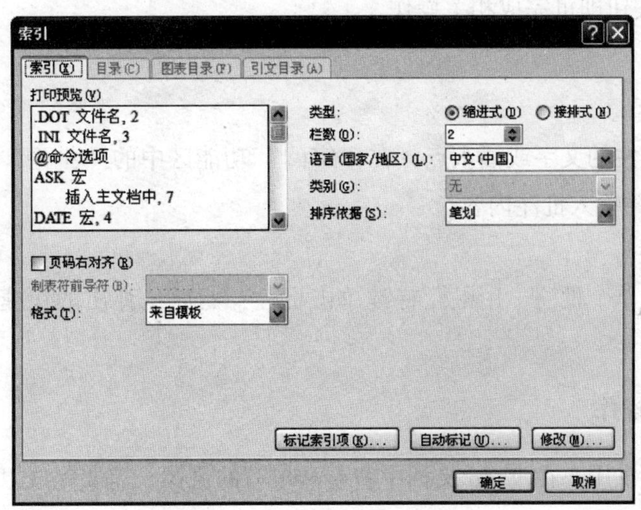

图 3－73　“索引”对话框

如果想让上次索引的项直接出现在主索引项下面而不是缩进，选择“接排式”类型。如果选择多于两列，选择“接排式”时各列之间不会拥挤。

3.7.2　文档的修订与批注

1. 修订和批注的意义

为了便于联机审阅，Microsoft Word 允许在文档中快速创建修订与批注。

(1) 修订

显示文档中所做的诸如删除、插入或其他编辑、更改的标记。启动“修订”功能后，对删除的文字的字体中间会有一横线，字体为红色；添加的文字也会以红色字体呈现。当然，用户可以设置成自己喜欢的颜色。

(2) 批注

批注是指作者或审阅者为文档添加的注释。为了保留文档的版式，Word 2010 在文档的文本中显示一些标记元素，而其他元素则显示在批注框中，如图 3－74 所示。

2. 修订操作

(1) 标注修订

切换到“审阅”功能区，在“修订”分组中单击“修订”的三角按钮，选择“修订”命令（或按 Ctrl + Shift + E 组合键）启动修订功能。

图 3－74　修订与批注示意图

(2) 取消修订

启动修订功能后，再次在“修订”分组中单击“修订”的三角按钮，选择“修订”命令（或按 Ctrl + Shift + E 组合键）可关闭修订功能。

(3) 接受或拒绝修订

用户可对修订的内容选择接受或拒绝。在“审阅”功能区的“更改”分组中单击“接受”或“拒绝”按钮即可完成相关操作。

3. 批注操作

(1) 插入批注

选中要插入批注的文字或插入点，在“审阅”功能区中的“批注”分组中单击“新建批注”按钮，并输入批注内容。

(2) 删除批注

若要快速删除单个批注，用鼠标右键单击批注，然后从弹出的快捷菜单中选择“删除批注”即可。

3.7.3　窗体操作

如果要创建可供用户在 Word 文档中查看和填写的窗体，需要完成以下几个步骤。

1. 创建一个模板

新建一个文档或打开该模板基于的文档的模板。单击“文件”菜单，选择“另存为”按钮，在“保存类型”框中选择“文档模板”，在“文件名”框中键入新模板的名称，然后单击“保存”按钮。

2. 建立“窗体域”和“锁定”工具按钮

选择“文件”菜单中的“选项”→“自定义功能区”→“不在功能区”→“插入窗体域”→“视图”→“新建组”→“添加”→“确定”按钮。用同样方法建立“锁定”按钮。在“视图”功能区将出现“窗体”分组，如图 3－75 所示。

3. 为文本、复选框和下拉型添加窗体域

(1) 插入一个用户可在其中输入文字的填充域

选择文档中的插入点，单击“窗体域”按钮，弹出如图 3－76 所示的“窗体域”对话

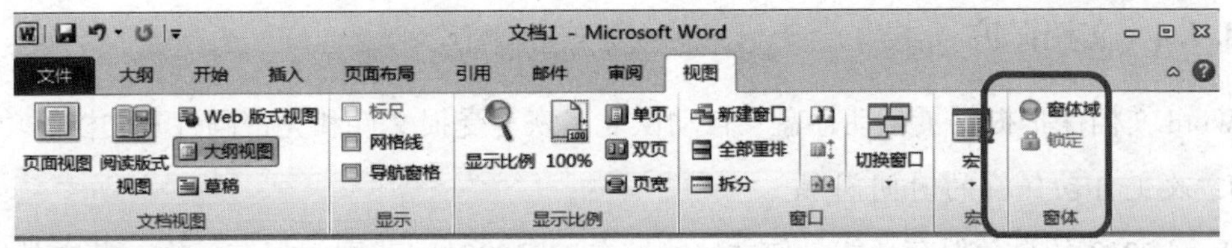

图 3－75 “窗体”分组

框，选择“文字”选项，单击“确定”按钮，再双击域，以指定一个默认输入项，这样如果用户不需要更改相应的内容，就不必自行键入。

(2) 插入可以选定或清除的复选框

在“窗体域”对话框中，单击“复选框型”按钮，单击“确定”按钮，出现如图 3－77 所示的“复选框型窗体域选项”对话框。设置或编辑窗体域的属性。也可以使用该按钮在一组没有互斥性的选项（即可同时选中多个选项）旁插入一个复选框。

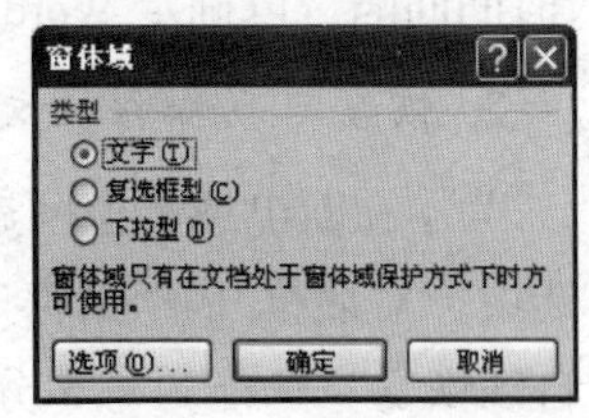

图 3－76 “窗体域”对话框

(3) 插入下拉型框

在“窗体域”对话框中，单击“下拉型”按钮，单击“确定”按钮，出现如图 3－78 所示的“下拉型窗体域选项”对话框。若要添加一个项目，在“下拉项”框中键入项目的名称，再单击“确定”按钮。

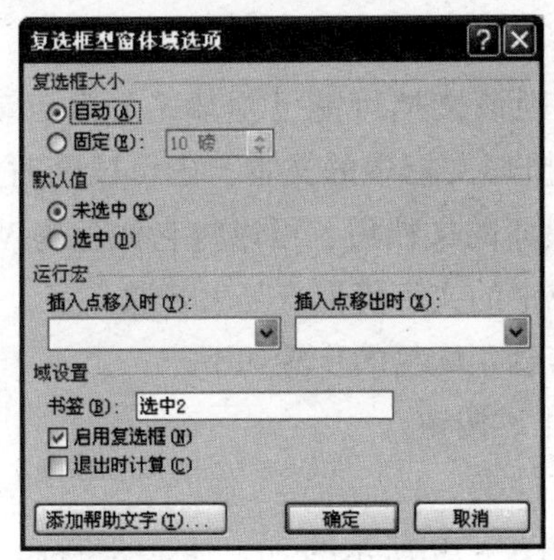

图 3－77 “复选框型窗体域选项”对话框

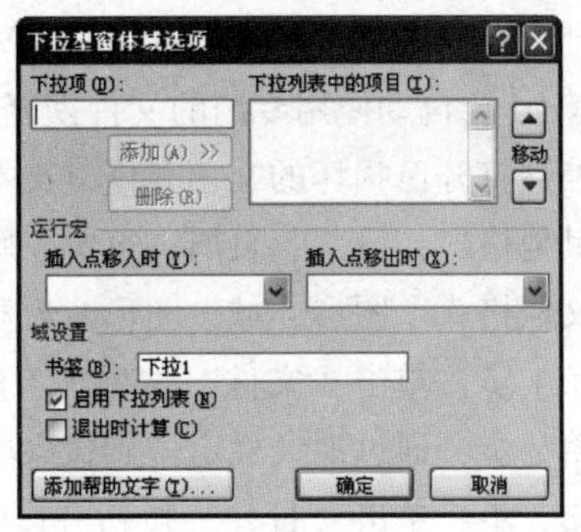

图 3－78 “下拉型窗体域选项”对话框

5. 对窗体增加保护

单击“视图”工具栏上的“锁定”按钮，这样除了含有窗体域的单元格外，表格的其他地方都无法进行修改。此时用鼠标单击任一窗体域单元格，在单元格的右侧会出现一个下拉三角图标，单击该图标，会弹出下拉列表，在其中选择即可。全部选择好后，再单击“保护窗体”按钮即可解除锁定。为了便于以后使用窗体，可将窗体文档以模板方式保存。

3.7.4 文档保护

Word 文档保护提供了自动存盘、自动恢复、恢复受损文件和凭密码打开文档等功能。

1. 改变自动保存的时间间隔

Word 2010 的自动保存功能，使文档能够在一定的时间范围内保存一次，若突然断电或出现其他特殊情况，它能帮助用户减少损失。自动保存时间越短，保险系数越大，则占用系统资源越多。用户可以改变自动保存的时间间隔：选择“开始”→“帮助”→“选项”→“保存”，在“Word”选项卡中选中“保存自动恢复时间间隔”复选框，在“分钟”框中输入时间间隔，以确定 Word 2010 保存文档的频度。

2. 恢复自动保存的文档

为了在断电或类似问题发生之后能够恢复尚未保存的工作，必须在问题发生之前选中“选项”对话框中“保存”选项卡上的“自动保存时间间隔”复选框。例如，如果设定“自动恢复”功能为每 5 分钟保存一次文件，这样就不会丢失超过 5 分钟的工作。恢复的方法如下。

①单击“文件”选项卡，然后单击“打开”按钮，在“打开”对话框中，通过窗口顶端地址栏定位到自动恢复文件夹，以显示自动恢复文件列表。

②单击要恢复的文件名称，然后单击“打开”按钮。

③打开所需要的文件之后，单击“保存”按钮。

3. 恢复受损文档中的文字

如果在试图打开一个文档时计算机没有响应，则该文档可能已损坏。下次启动 Word 时，Word 会自动使用专门的文件恢复转换器来恢复损坏文档中的文本，也可以随时用此文件转换器打开已损坏的文档并恢复文本。成功打开损坏的文档后，可以将它保存为 Word 格式或其他格式，段落、页眉、页脚、脚注、尾注和域中的文字将被恢复为普通文字，但不能恢复文档格式、图形、域、图形对象和其他非文本信息。恢复的步骤如下。

第 1 步：单击“文件”选项卡，然后单击“打开”按钮。

第 2 步：通过地址栏定位到包含要打开文件的文件夹。

第 3 步：单击“打开”按钮旁边的箭头，出现图 3-79 所示的“打开”菜单，然后单击“打开并修复”命令，再次打开文档即可。

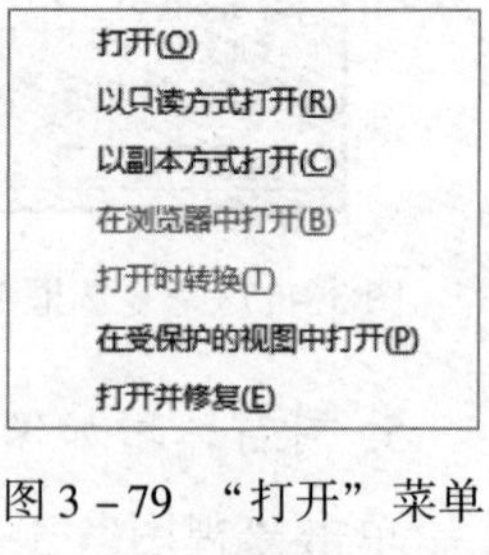

打开(O)
以只读方式打开(R)
以副本方式打开(C)
在浏览器中打开(B)
打开时转换(T)
在受保护的视图中打开(P)
打开并修复(E)

图 3-79 “打开”菜单

4. 保护文档不被非法使用

为了保护文档信息不被非法使用，Word 2010 提供了“用密码进行加密”功能，只有持有密码的用户才能打开此文件。完成此操作的方法为：单击“文件”选项卡，然后单击“信息”选项，单击“保护文档”按钮，选择“用密码进行加密”命令，弹出“加密文档”对话框，在密码框中输入打开文件时要提供的密码内容。若要取消密码，将“加密文档”对话框的密码框置空即可。

3.7.5　邮件合并

使用“邮件合并”功能可以创建套用信函、邮件标签、信封、目录、大量电子邮件和传真。

1. 基本概念

①主文档是指在 Word 的邮件合并操作中，所含文本和图形对合并文档的每个版本都相同的文档，例如，套用信函中的寄信人的地址和称呼等。新建的主文档通常是一个不包含其他内容的空文档。

②数据源是指包含要合并到文档中的信息的文件。例如，要在邮件合并中使用的名称和地址列表。必须链接到数据源，才能使用数据源中的信息。

③数据记录是指对应于数据源中一行信息的一组完整的相关信息。例如，客户邮件列表中的有关某位客户的所有信息为一条数据记录。

④合并域是指可以插入主文档中的一个占位符。例如，插入合并域“城市”，让 Word 插入“城市”数据字段中存储的城市名称，如“北京”。

⑤套用就是根据合并域的名称用相应数据记录取代，以实现成批信函、信封的录制。

2. 合并邮件的方法

“邮件合并向导”用于帮助用户在 Word 2010 文档中完成信函、电子邮件、信封、标签或目录的邮件合并工作，采用分步完成的方式进行。下面以使用“邮件合并向导”创建邮件合并信函为例，操作步骤如下。

第 1 步：打开 Word 2010 文档窗口，切换到“邮件”分组。在“开始邮件合并”分组中单击“开始邮件合并”按钮，在打开的菜单中选择“邮件合并分步向导”命令。

第 2 步：打开“邮件合并”任务窗格，在“选择文档类型”向导页中选中“信函”单选框，并单击“下一步：正在启动文档”超链接。

第 3 步：在打开的“选择开始文档”向导页中，选中“使用当前文档”单选框，并单击“下一步：选取收件人”超链接。

第 4 步：打开“选择收件人”向导页，选中“从 Outlook 联系人中选择”单选框，并单击“选择‘联系人’文件夹”超链接。

第 5 步：在打开的“选择配置文件”对话框中选择事先保存的 Outlook 配置文件，然后单击“确定”按钮。

第 6 步：打开“选择联系人”对话框，选中要导入的联系人文件夹，单击“确定”按钮。

第 7 步：在打开的“邮件合并收件人”对话框中，可以根据需要取消选中联系人。如果需要合并所有收件人，直接单击“确定”按钮。

第 8 步：返回 Word 2010 文档窗口，在“邮件合并”任务窗格“选择收件人”向导页中单击“下一步：撰写信函”超链接。

第 9 步：打开“撰写信函”向导页，将插入点光标定位到 Word 2010 文档顶部，然后根据需要单击“地址块”“问候语”等超链接，并根据需要撰写信函内容。撰写完成后，单击“下一步：预览信函”超链接。

第 10 步：在打开的“预览信函”向导页可以查看信函内容，单击上一个或下一个按钮可以预览其他联系人的信函。确认没有错误后，单击“下一步：完成合并”超链接。

第 11 步：打开“完成合并”向导页，用户既可以单击“打印”超链接开始打印信函，也可以单击“编辑单个信函”超链接对个别信函进行再编辑。

单元4

电子表格 Excel 2010

学习目标 

1. 掌握 Excel 2010 概述、表格的数据输入。
2. 学会工作表及图表的使用。
3. 掌握工作表的基本操作与格式的编辑。
4. 掌握公式、函数及数据的管理与分析。

重点和难点 

重点

1. 表格的数据输入。
2. 工作表及图表的使用。
3. 工作表的基本操作与格式的编辑。
4. 公式、函数及数据的管理与分析。

难点

公式与函数的使用。

任务 4.1 Excel 2010 概述

4.1.1 Excel 2010 的特点

Excel 是用于创建和维护电子表格的应用软件，可用于输入、输出及显示数据，并能对输入数据进行各种复杂的统计运算。运用 Excel 2010 的打印功能可以得到常见的各种统计报表和统计图。

Excel 2010 作为数据处理与统计分析的应用软件，具有以下特点：

①简单、方便的表格制作功能。

②强大的图形、图表处理功能。

③方便、快捷的数据处理与数据分析功能。

④丰富的函数。

4.1.2 启动 Excel 2010

执行下列操作之一可以进入 Excel。

- 利用“开始”菜单启动：单击“开始”→“程序”→“Microsoft Office”→“Microsoft Office Excel 2010”命令。
- 利用桌面快捷方式图标启动：如果桌面上有 Excel 2010 快捷方式图标，则双击快捷方式图标。
- 利用现有的 Excel 文件启动：在“我的电脑”窗口中找到并双击任意一个 Excel 文件图标，可启动 Excel 2010 并打开该文件。

4.1.3 退出 Excel 2010

- 单击标题栏最右边的“关闭”按钮。
- 在标题栏的空白处单击鼠标右键，在弹出的快捷菜单中选择“关闭”。
- 选择“文件”选项卡的“退出”命令。
- 按快捷键 Alt + F4。

4.1.3 Excel 2010 的窗口组成

启动 Excel 2010 后，将看到如图 4 - 1 所示的窗口，其由标题栏、窗口控制按钮、Backstage 视图、快速访问工具栏、功能区、名称框、编辑栏、工作表编辑区、状态栏、视图栏、页面显示比例调整栏等组成。

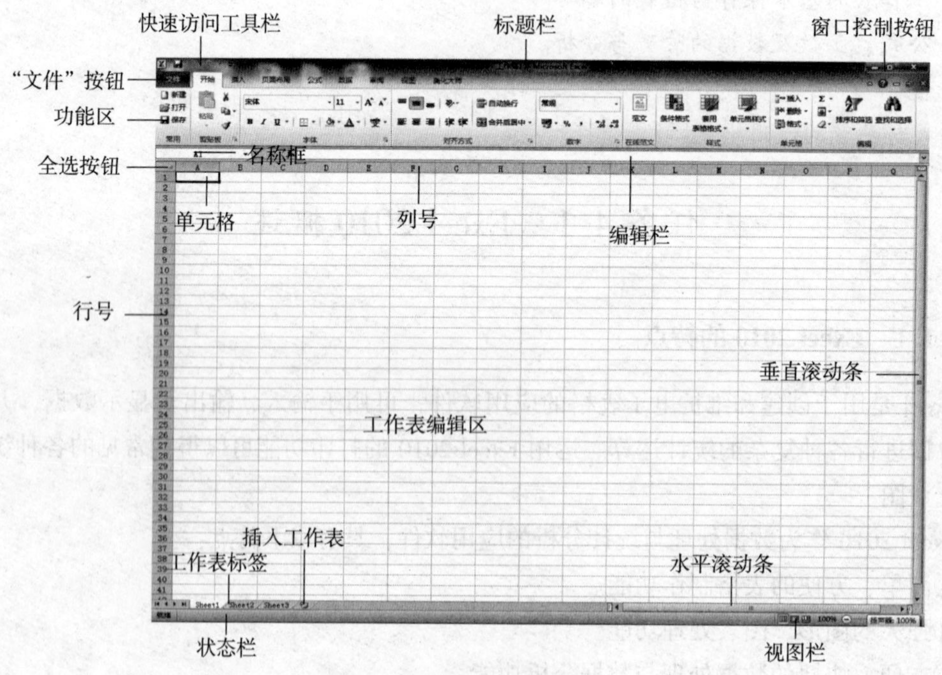

图 4 - 1 Excel 窗口的组成

1. Backstage 视图

在 Excel 2010 中，“文件”按钮取代了 Excel 2007 中的“Microsoft Office”按钮。“文件”按钮位于 Excel 窗口的左上角，单击后将显示 Backstage 视图，其中有“打开”“保存”“另存为”和“关闭”等常用命令。另外，还有“新建”“打印”和“信息”等选项卡，默认显示其“信息”选项卡，从中可以设置文档权限操作。

2. 快速访问工具栏

快速访问工具栏位于“文件”按钮的右侧。这是一个可自定义的工具栏，它包含一组独立于当前所显示的选项卡的命令。

在快速访问工具栏中显示了 Excel 中常用的几个命令按钮，如“保存”按钮、“撤销”按钮和“恢复”按钮等。用户也可以单击快速访问工具栏右侧的下拉按钮，在弹出的下拉菜单中选择相应的命令自定义快速访问工具栏。

3. 标题栏

标题栏位于窗口顶端，显示了应用程序名 Microsoft Excel 及工作簿名（默认名“工作簿1”），最左端分别是 Excel 控制图标和快速访问工具栏，右端依次为 Excel 的 3 个控制按钮：“最小化”按钮、“最大化”或“还原”按钮、“关闭”按钮。

4. 功能区

在功能区上面有“开始”“插入”“页面布局”“公式”“数据”“审阅”“视图”等选项卡。每个选项卡中又分成几组小的区域，分别集中相应的功能命令按钮。同时，一些命令按钮旁有下拉箭头，含有相关的功能选项，并且在某些组的右下角还有一个扩展箭头图标，单击它可以显示该区域的功能对话框。

①“开始”选项卡：此选项卡中包含了很多最常用的命令，如“复制”“格式刷”等。在该选项卡中还可以设置单元格的字体、对齐方式和数字格式等。

②“插入”选项卡：通过该选项卡可以在 Excel 工作表中插入数据透视表、图片、各类图表、超链接、页眉页脚、艺术字和各种特殊符号等。

③“页面布局”选项卡：在该选项卡中可以设置工作表的版式，包括主题、页边距、纸张方向、打印区域、背景和网格线等。

④“公式”选项卡：通过该选项卡可以使用 Excel 2010 提供的各种函数和审核公式等功能。

⑤“数据”选项卡：通过该选项卡可以对工作表中的数据进行管理，包括数据的排序和筛选、分类汇总及获取外部数据等。

⑥“审阅”选项卡：通过该选项卡可以对工作表进行拼写检查等校对操作，以及添加批注等操作。

⑦“视图”选项卡：通过该选项卡可以设置工作簿的不同视图、工作表的显示与隐藏、显示比例等。

5. 编辑栏

编辑栏的作用是显示活动单元格的地址和内容。

如图 4 – 2 所示，编辑栏的左端是名称框，用于表示活动单元格的名称；编辑栏的右端是编辑区，每当输入数据到活动单元格时，数据将同时显示在编辑区中。

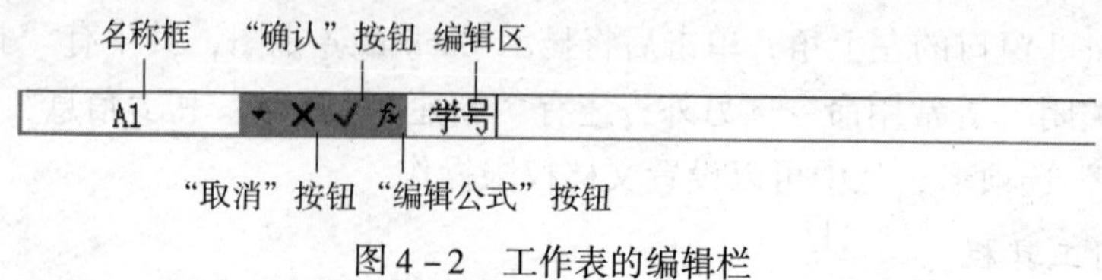

图 4 – 2　工作表的编辑栏

编辑栏的中间位置有三个按钮，依次为“取消”按钮、“确认”按钮和“编辑公式”按钮。

- “取消”按钮：如果输入的数据有错误，可以单击“取消”按钮来取消输入的数据。
- “确认”按钮：如果输入的数据正确，可以单击“确认”按钮来确认数据的输入。
- “编辑公式”按钮：用于输入数据或函数。

注意：只有用鼠标在数据编辑区中单击并在数据编辑区中出现闪烁的光标时，“取消”和“确认”按钮才会出现。

6. 状态栏

状态栏位于窗口底部，默认情况下显示了文档的视图和缩放比例等内容，其功能主要是切换视图模式、调整文档显示比例等，从而使用户查看内容更方便。

在 Excel 2010 中，可以自定义状态栏以满足用户的不同需求。在状态栏上单击鼠标右键，在弹出的快捷菜单中选择所需选项即可。

7. “全选”按钮

如图 4 – 1 所示，“全选”按钮是位于工作表左上角的矩形框，行和列在此交汇。单击此按钮可以选择工作表中的所有单元格。

8. 工作表标签栏

工作表标签栏位于工作簿窗口底部，用来表示工作簿中的每一个工作表的名称。在默认情况下，一个工作簿由三个工作表组成，分别命名为 Sheet1、Sheet2 和 Sheet3。单击工作表标签，可以选择要处理的工作表。被处理的工作表称为“当前工作表”，其标签被显示成白色。工作簿窗口总是显示当前工作表中的数据。

9. 行号和列标

Excel 中的工作表是由行和列组成的单元格，每行分配一个数字，它以行号的形式显示在网格的左边，行号从 1 到 1 048 576；每列分配一个字母，它以列标的形式显示在工作表的上边，列的标号从 A 到 Z、AA 到 AZ、BA 到 BZ，最后变化到 XFD，共 16 384 列。单击行号或列标可以选择某一行或某一列。

工作表中的表格又称为单元格，其地址由列标和行号指定，例如，C5 单元格位于工作

表中第 C 列第 5 行。

4.1.4　工作簿和工作表的概念

工作簿是 Excel 2010 用来存储并处理数据的文件。工作簿名就是保存在磁盘上的文件名，其扩展名为 .xlsx。

当启动 Excel 2010 时，系统自动打开一个工作簿，并为其定义名字为工作簿 1。以后打开的工作簿自动定义名字为工作簿 2、工作簿 3、……一个工作簿可拥有多张不同类型的工作表。系统默认每打开一个工作簿会同时打开三个工作表，且分别以 Sheet1、Sheet2、Sheet3、…为名，以后根据需要，可以随时插入新的工作表，工作表的名字以标签的形式显示在工作簿窗口的底部。单击标签，即可实现同一工作簿中不同工作表之间的切换。

4.1.5　单元格和活动单元格的概念

1. 单元格、单元格地址及活动单元格

每张工作表由多个长方形单元所构成，这些长方形单元称为单元格，输入的任何数据都保存在单元格中，这些数据可以是字符串、数字、公式、图形等。每个单元格都有其固定的地址，例如 B9，就代表了 B 列的第 9 行的单元格。活动单元格是指正在使用的单元格，在其外有一个黑色的方框，这时输入的数据会保存在该单元格中。

2. 选择单元格或单元格区域

在执行许多操作之前，需要选择单元格或单元格区域，下面列出在各种情况下选择单元格或单元格区域的方法。

①选择一个单元格。例如选择单元格 E5，则单击单元格 E5 或在编辑栏的“名称”框中输入“E5”即可。

②选择工作表中的所有单元格。单击“全选”按钮。

③选择连续的单元格区域。

选择整行或整列：单击行号或列标，即可选择某行或某列的所有单元格。

选择相邻的行或列：例如选择第 3、4、5 行的所有单元格，可以先单击行号 3，然后按住 Shift 键并单击行号 5；或者先单击行号 3，然后拖动鼠标至第 5 行的行号处。

④选择一个矩形区域。例如选择单元格 C2 至单元格 E5 所在的单元格区域，执行下列操作之一即可：

- 单击选定单元格区域的第一个单元格 C2，然后拖动鼠标至选定最后一个单元格 E5。
- 单击选定单元格区域的第一个单元格 C2，然后按住 Shift 键再单击区域中最后一个单元格 E5。
- 直接在编辑栏的“名称”框中输入“C2:E5”。

⑤选择不相邻的多个单元格或单元格区域。例如选择单元格区域 C2:E5 和 D7:G5，用鼠标操作，需要用 Ctrl 键配合。先选定第一个单元格区域 C2:E5，按住 Ctrl 键，再拖动鼠标选定单元格区域 D7:G5。

4.1.6 工作簿的保存、关闭和打开

1. 创建工作簿

可以创建空白工作簿，也可以通过模板创建新工作簿。

（1）创建空白工作簿

在启动 Excel 时，系统会自动创建一个默认名为“工作簿 1”的空白工作簿，也可以根据需要另外创建工作簿。操作步骤如下。

①单击“文件”按钮，在弹出的 Backstage 视图中选择“新建”选项卡，打开新建工作簿窗口，如图 4－3 所示。

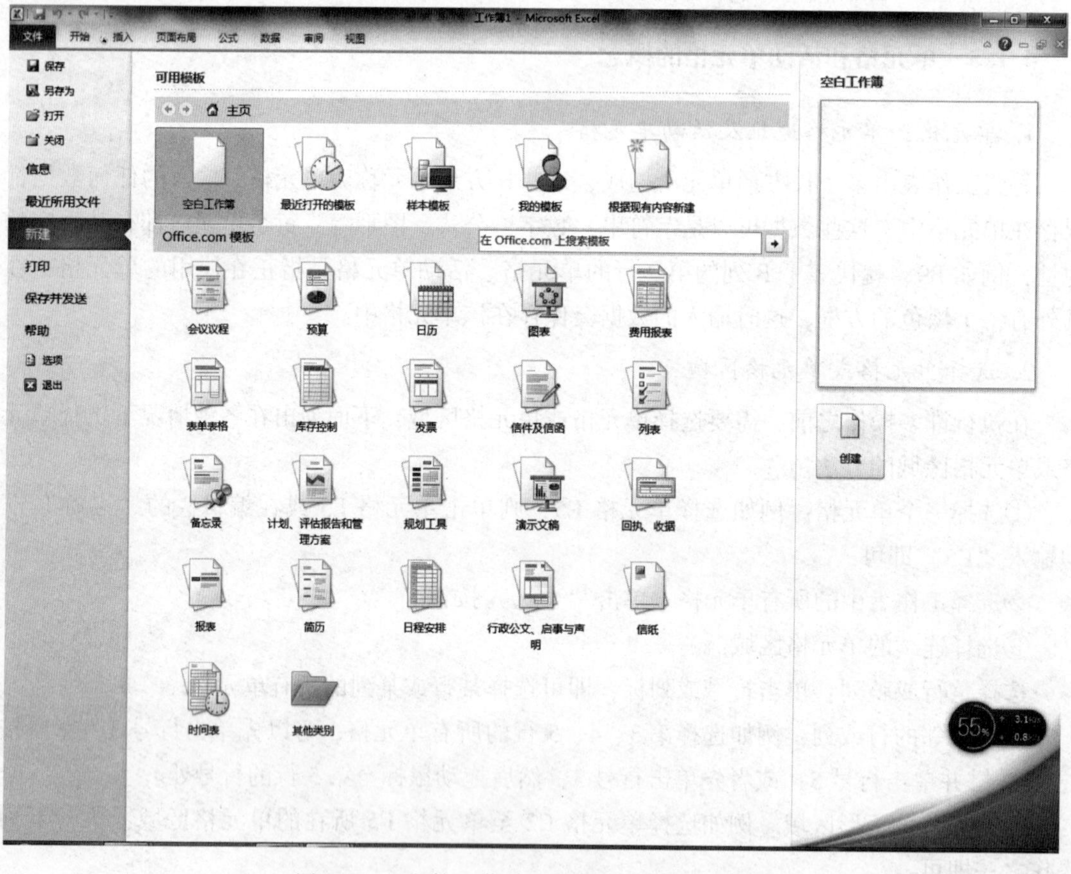

图 4－3 “文件”菜单和“新建工作簿”窗口

②在窗口中间列表框中选择“空白工作簿”选项，并单击右侧下方的“创建”按钮。

（2）利用模板创建工作簿

在“新建工作簿”窗口左侧列表中单击“样本模板”，中间列表框将显示已安装工作簿模板的图标，从中选择与用户需创建工作簿类型一致的模板，例如，“销售报表”或“个人月预算”，然后单击“创建”按钮，即可生成所需类型工作簿。此时只需在表格中填写数据即可，不必重新创建 Excel 工作簿，大大简化了工作过程。

"创建"命令的快捷键是 Ctrl + N。

2. 保存工作簿

保存工作簿可以采用以下三种方法。

①单击"文件"按钮，在 Backstage 视图中选择"保存"命令，将打开"另存为"对话框。通过"另存为"对话框上方的"地址栏"或中间部分的列表框选择工作簿的保存位置，并在"文件名"组合框中指定工作簿的名称。单击"保存"按钮即可，此时工作簿将以默认文件格式（.xlsx）保存。

②单击快速访问工具栏中的"保存"按钮。

③"保存"命令的快捷键是 Ctrl + S 组合键。

要保存已有的、正在编辑的工作簿，且工作簿名称和保存位置不变，则仍需选择"保存"命令或单击快速访问工具栏的"保存"按钮，此时不再出现"另存为"对话框，而直接将工作簿保存。

在保存工作簿时，还可以设置工作簿文件的打开密码和修改权限密码，与 Word 2010 中对 Word 文档的打开和修改权限的设置类似，在此不再赘述。

3. 关闭工作簿

关闭工作簿有以下几种方法：

①单击"文件"按钮，在"文件"菜单中选择"关闭"命令。

②单击工作簿右上角的"关闭"按钮。

如果在文件改动之后没有存盘，Excel 会弹出保存提示对话框。在这个对话框中，如果确认所进行的修改，就单击"是"按钮；否则单击"否"按钮；如果还想继续编辑，则单击"取消"按钮。

4. 打开工作簿

若需对已存在的工作簿进行编辑，则需先打开该工作簿，方法如下。

①单击"文件"按钮，选择菜单命令"打开"，则会出现"打开"对话框。在该对话框中间左侧列表框中选择文件所在路径，右部列表框将显示所选文件夹中所有的文件和子文件夹；选定所要打开的文件，然后单击"打开"按钮。

②"打开"命令的快捷键是 Ctrl + O。

若需打开最近使用过的工作簿，可单击"文件"按钮，然后在窗口中单击"最近所用文件"，将在右侧显示最近打开过的工作簿，单击需要打开的工作簿即可。

若要打开的工作簿设置了打开权限密码，则会出现一个对话框，用户输入正确的密码才能打开工作簿。

5. 保护工作表

对于比较重要的工作表，用户可以对其进行保护设置。保护工作表的操作步骤如下。

①把要保护的工作表切换为当前工作表。

②单击"审阅"选项卡"更改"组中的"保护工作表"按钮，将弹出如图 4－4 所示的

“保护工作表”对话框。

③在“取消工作表保护时使用的密码”文本框中输入密码，防止未授权用户更改或删除单元格内容；若不设置密码，则任何用户都可取消对工作表的保护，并且对工作表内容进行更改。

④选中“保护工作表及锁定的单元格内容”复选框，并在“允许此工作表的所有用户进行”列表框中选择允许用户进行的操作。

⑤单击“确定”按钮，在弹出的“确认密码”对话框中再次输入刚才的密码，并单击“确定”按钮即可，此时“保护工作表”按钮将改变为“撤销工作表保护”按钮。

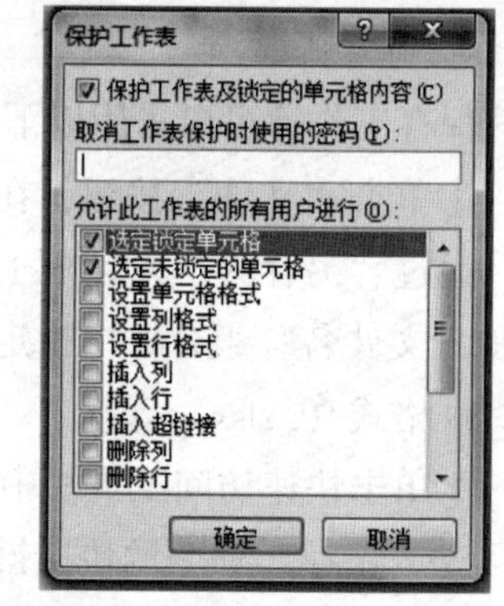

图 4-4 “保护工作表”对话框

若取消对工作表的保护，则单击“审阅”选项卡“更改”组中的“撤销工作表保护”按钮，然后在打开的“撤销工作表保护”对话框中输入密码并单击“确定”按钮即可。

6. 保护工作簿

保护工作簿分两种情况：

第一种是保护工作簿的窗口和结构。对工作簿进行保护后，可以防止未授权用户对工作簿进行删除、移动、重命名和插入等操作，其设置的操作步骤如下。

①打开要保护的工作簿。

②单击“审阅”选项卡“更改”组中的“保护工作簿”按钮，然后在下拉菜单中选择“保护结构和窗口”命令，将弹出“保护结构和窗口”对话框。选定其中的“结构”复选框，可防止删除、隐藏、插入和重命名工作表等操作；选定“窗口”复选框，将保护工作表的窗口不被移动、缩放和关闭等。

③在“密码（可选）”下的文本框中输入密码，单击“确定”按钮。

第二种是保护工作簿文件不被查看和编辑。通过设置密码保护方式，可以防止工作簿被未授权的用户查看和编辑。这里分为两种不同的情况：一种是用户打开或查看工作簿时必须输入的密码；另一种是用户要编辑和保存对文件所做的修改时需要输入的密码。这两种密码和上述“保护工作簿”对话框中提供的密码的作用是不同的。

任务 4.2　表格的数据输入

在本节中，将学习如何利用 Excel 2010 创建一个简单的学生基本情况表，熟悉 Excel 的工作环境，并掌握在表格中快速输入各种类型数据的方法。

应用实例

建立如图 4-5 所示的学院学生基本情况表，然后以“学生表 . xlsx”为名保存在 D:\Excel 文件夹中。

	A	B	C	D	E	F	G	H	I
1	兴安学院学生基本情况表								
2	序号	姓名	性别	专业代码	专业	出生年月日	家庭住址	邮编	电话
3	1	陈丽	女	010	计算机	1988-12-1	内蒙古兴安盟	137400	1234567
4	2	李超	男	013	物理	1989-6-1	内蒙古鄂尔多斯	134567	5434565
5	3	王楠	女	013	物理	1990-3-1	内蒙古呼和浩特	010089	7687656
6	4	张洋	男	011	数学	1988-12-31	内蒙古兴安盟	137400	7867898
7	5	高刚	男	018	英语	1989-5-15	内蒙古呼和浩特	010089	9543456
8	6	白云	女	019	化学	1991-9-1	内蒙古通辽	137560	8765676
9	7	黑土	男	010	计算机	1989-1-1	内蒙古赤峰	137561	9898767
10	8	林梓	男	011	数学	1990-8-1	河南南阳	432345	5457980
11	9	辛勤	女	019	化学	1991-8-7	内蒙古通辽	137560	8912056
12	10	满达	男	018	英语	1990-9-29	内蒙古兴安盟	137400	9043456

图4-5　建立的学院学生基本情况表

实例分析

观察该工作表，数据类型比较多，共有如下几种类型的数据需要输入。

①数值型数据："序号"列数据，这一列数据是一组步长为1的等差序列，输入这种数据可以通过Excel提供的自动填充功能来实现。"电话"这一列数据为不同的数值数据，没有一定的规律，只能逐个输入。

②文本型数据："姓名""性别""专业代码""专业""家庭住址"和"邮编"列数据为文本型的数据。其中"姓名"列数据没有一定的规律，但是"性别""专业代码""专业""家庭住址"和"邮编"列数据中有许多重复数据，这些数据可以通过Excel提供的快速输入法来输入。

③日期型数据："出生年月日"列数据为日期型数据。在Excel中，日期型数据是以数值型数据来存储和处理的。

实现步骤

①启动Excel，系统自动创建一个名为"工作簿1"的新工作簿。

②建立表格的基本结构。

③依次输入相应的数据。

④保存工作簿文件。

4.2.1　建立表格的基本结构

要对表格中的数据进行基本操作，首先要创建表格的基本结构。通常一个表格会有一个标题，本实例的标题为"学院学生基本情况表"。

要记录到表格中的信息一般分为几类，每一类信息占用表格中的一列。在本实例中，表格的各列信息名称分别为"序号""姓名""性别""专业代码""专业""出生年月日""家庭住址""邮编"和"电话"，这些信息放在表格的第一行，称为表格的表头（列标题）。本例中的表格结构见表4-1。

表 4-1　学院学生基本情况表的表格结构

序号	姓名	性别	专业代码	专业	出生年月日	家庭住址	邮编	电话

建立表格基本结构的操作步骤如下。

1）输入表格标题：选中单元格 A1，输入字符串“学院学生基本情况表”，按 Enter 键，则 A1 单元格中出现标题内容。

2）输入表格的表头内容：

①单击单元格 A2，输入“序号”，并按向右光标键，使 B2 单元格成为当前单元格。

②输入“姓名”，再按向右光标键，使 C2 单元格成为当前单元格。

③输入“性别”，重复步骤②，依次在单元格 D2、…、I2 中输入“专业代码”“专业”“出生年月日”“家庭住址”“邮编”和“电话”。

3）在工具栏中单击“保存”按钮，以“学生工作簿 . xlsx”为名将文件保存在文件夹中。

4.2.2　常用数据的输入方法

1. 文本型数据的输入方法

输入“姓名”列数据的操作步骤如下。

①选定 B3 单元格，输入“陈丽”并按 Enter 键，使 B4 单元格成为当前单元格，输入“李超”，然后按 Enter 键。

②重复步骤①，直至全部“姓名”输入完毕，最后保存工作簿文件。

按照上述步骤输入“家庭住址”列数据。

2. 日期和时间型数据的输入

输入“出生年月日”列数据的操作步骤如下。

①单击 F3 单元格，输入“1988－12－1”并按 Enter 键。

②重复步骤①，直至全部“出生年月日”输入完毕，最后保存工作簿文件到 D:\Excel 文件夹中。

输入日期时要用斜杠“/”或连字符“－”隔开年、月、日，例如 1999/6/1；输入时间时，要用冒号“:”隔开时、分、秒，例如 8:49:30。如果要在某一单元格中同时输入日期和时间，则日期和时间要用空格隔开，例如 1999－5－1 18:30:30。

如果要输入当前日期，则按 Ctrl＋:组合键；如果要输入当前时间，则按 Ctrl＋Shift＋:组合键。

当在 Excel 单元格中键入日期或时间时，它会以默认的日期和时间格式显示。可以用几种其他日期和时间格式来显示数字。

①选择要设置格式的单元格。

②打开 开始 选项卡，单击 数字 组旁边的“对话框启动器”按钮，打开“设置单元格格式”对话框。

③选择“数字”选项卡，在“分类”列表中单击“日期”或“时间”。

④在“类型”列表中单击要使用的日期或时间格式。

3. 数值型数据的输入

输入“电话”列数据的操作步骤如下。

①单击I3单元格，输入“1234567”并按Enter键。

②重复步骤①，直至全部“电话”输入完毕，最后保存工作簿文件。

输入数字还可以采用以下几种方式。

①负数，如-123.45或(123.45)。

②货币符号，如￥321.36。

③百分号，如12.34%。

④科学记数法，如1.23E+4（表示12300）。

⑤分数，如3 1/2（表示3.5）。输入时，3和1/2之间要加一个空格。为了避免将分数当作日期，应在分数前加0。例如，要输入1/2，应输入0 1/2。0与1/2之间要加一个空格。如果分数前不加空格，则作为日期处理。例如输入1/2，则显示成1月2日。

4. 数字字符串的输入

下面在“专业代码”列输入学生所属专业的代码。当利用上述方法单击单元格D3，然后输入“010”并按Enter键后会发现，单元格中的内容变为“10”，这是为什么呢？原因是在此处输入“010”，Excel会认为它是一个数值型数据，而单元格的默认数值型数据的格式为“常规”型数字。在这种情况下，如果数据的第一个数字为“0”，Excel会自动将其略去。下面介绍改变数字格式以输入正确的内容的方法。

输入“专业代码”列数据的操作步骤如下：

①选中要改变数字格式的D列（单击列标），打开 开始 选项卡，单击 数字 组中的 常规 下拉按钮，在弹出的下拉菜单中选择 ABC 文本，即可完成“专业代码”列数据的输入。或选择 其他数字格式(M)...，打开“单元格格式”对话框。

②选择“数字”选项卡，在“分类”栏中选中“文本”选项，如图4-6所示。

③单击“单元格格式”对话框中的“确定”按钮。

按照上述步骤输入“邮编”列数据。

4.2.3　数据的快速输入

1. 在多个单元格中输入相同数据

输入“性别”列数据的操作步骤如下。

①选定要输入数据的单元格区域C3、C5、C8、C11。

②输入数据“女”。

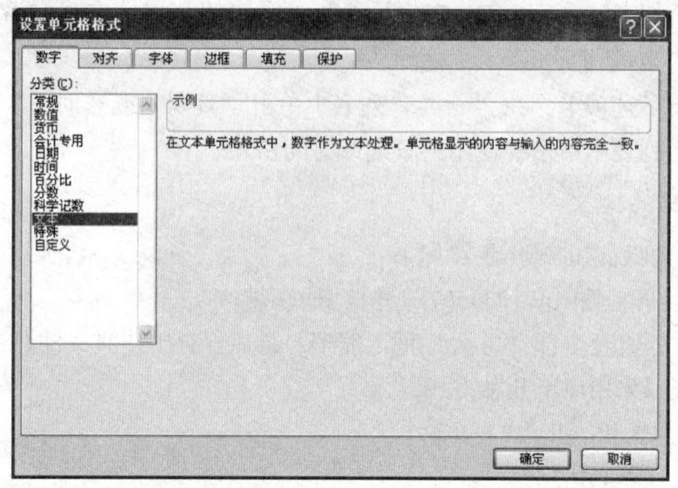

图 4－6 “单元格格式”对话框

③按下 Ctrl＋Enter 组合键，即可看到所选定的单元格区域输入了相同的内容。

④重复上述步骤输入数据“男”。

⑤按照上述步骤输入“专业”列数据。

2. 自动填充序列数据

输入“序号”列数据的操作步骤如下。

①单击 A3 单元格，输入“1”。

②选定单元格区域 A3:A12，打开 开始 选项卡，单击 编辑 组中的 填充 下拉按钮，在弹出的下拉菜单中选择 系列(S)...，打开如图 4－7 所示的“序列”对话框。

③在“序列产生在”区域中选择“列”，在“类型”区域中选择“等差序列”，在“步长值”栏中输入“1”，并单击“确定”按钮，此时，在“序号”列单元格中添加了数据 1、2、…、10；如果“步长值”为负值，则按降序输入数据。

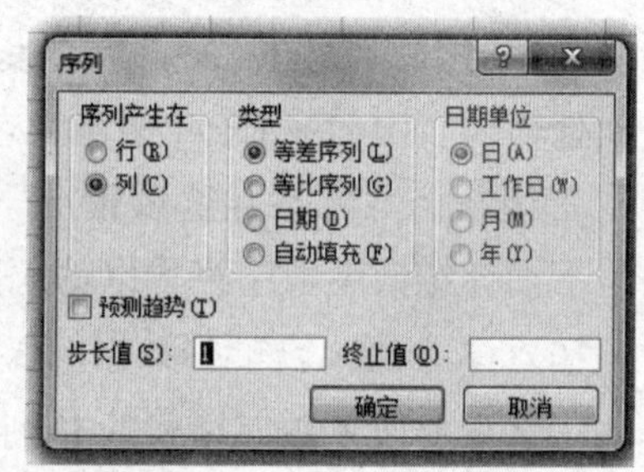

图 4－7 “序列”对话框

填充已定义的序列数据“星期一”……“星期五”的操作步骤如下：

①选中单元格 B2，在其中输入“星期一”。

②向右拖动填充柄至 F2 单元格，松开鼠标左键，则在 B2:F2 单元格区域分别填充了“星期一”……“星期五”，如图 4－8 所示。

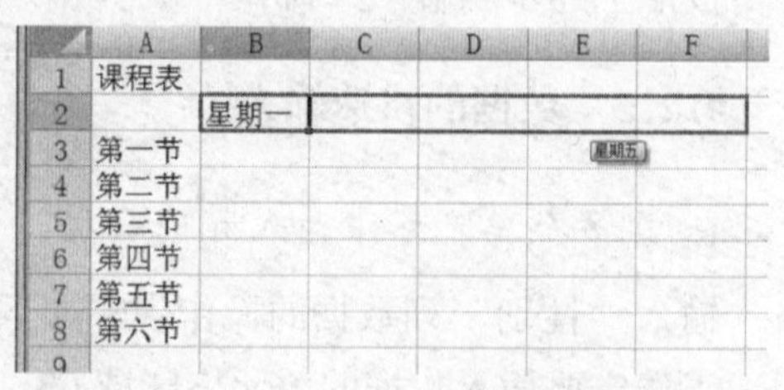

图 4－8 自动填充数据

每个人都有自己的需要，Excel 的自动填充功能不可能满足每个人的要求，然而，Excel 提供了自定义填充功能，这样可以根据自己的需要来定义填充内容。

①执行“文件”→“选项”→“高级”→“编辑自定义列表”命令，在弹出的对话框中选择“自定义序列”标签。

②在“自定义序列”标签界面中，在“输入序列”编辑框中输入新的序列，如图4-9所示。

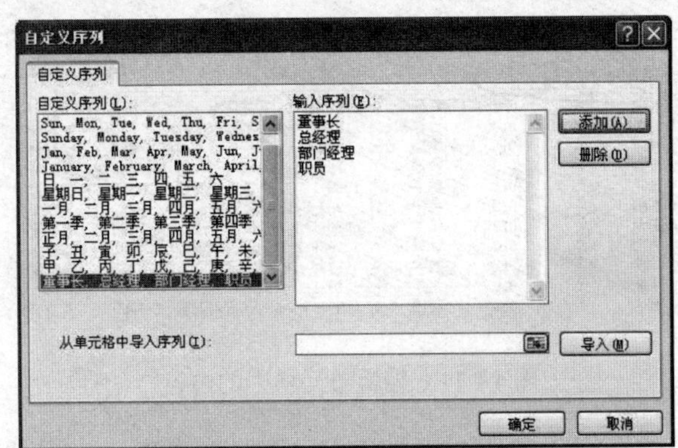

图4-9 “自定义序列”对话框

③单击“添加”按钮，最后单击“确定”按钮。

当然，也可以在已经制好的工作表中导入该序列。方法为：在上面的步骤②中，执行“导入”命令，或者单击“从单元格中导入序列”按钮，最后用鼠标进行选择就可以了。

任务4.3 编辑工作表

4.3.1 编辑单元格中的数据

如果要编辑单元格中的内容，则单击单元格后重新输入新的内容，原内容将被覆盖，按Enter键完成编辑。

如果要编辑单元格中的部分内容，可以按照下述步骤进行操作。

①双击要编辑数据的单元格或者选定单元格后按F2键，在其中放置插入点，如图4-10所示。

A1 兴安学院学生基本情况表

	A	B	C	D	E	F	G	H	I	J
1	兴安学院学生基本情况表									
2	序号	姓名	性别	专业代码	专业	出生年月日	家庭住址	邮编	电话	
3	1	陈丽	女	010	计算机	1988-12-1	内蒙古兴安盟	137400	1234567	
4	2	李超	男	013	物理	1989-6-1	内蒙古鄂尔多	134567	5434565	
5	3	王楠	女	013	物理	1990-3-1	内蒙古呼和浩	010089	7687656	
6	4	张洋	男	011	数学	1988-12-31	内蒙古兴安盟	137400	7867898	
7	5	高刚	男	018	英语	1989-5-15	内蒙古呼和浩	010089	9543456	
8	6	白云	女	019	化学	1991-5-1	内蒙古通辽	137560	8765676	
9	7	黑土	男	010	计算机	1989-1-1	内蒙古赤峰	137561	9898767	
10	8	林梓	男	011	数学	1990-8-1	河南南阳	432345	5457980	
11	9	辛勤	女	019	化学	1991-8-7	内蒙古通辽	137560	8912056	
12	10	满达	男	018	英语	1990-9-29	内蒙古兴安盟	137400	9043456	
13										

图4-10 插入点出现在单元格中

②按←、→键移动插入点，按 Backspace 键删除插入点左边的字符，按 Delete 键删除插入点右边的字符，然后输入新的文本，如图 4－11 所示。

A1 兴安学院优秀毕业生基本情况表

	A	B	C	D	E	F	G	H	I
1	兴安学院优秀毕业生基本情况表								
2	序号	姓名	性别	专业代码	专业	出生年月日	家庭住址	邮编	电话
3	1	陈丽	女	010	计算机	1988-12-1	内蒙古兴安盟	137400	1234567
4	2	李超	男	013	物理	1989-6-1	内蒙古鄂尔多斯	134567	5434565
5	3	王楠	女	013	物理	1990-3-1	内蒙古呼和浩特	010089	7687656
6	4	张洋	男	011	数学	1988-12-31	内蒙古兴安盟	137400	7867898
7	5	高刚	男	018	英语	1989-5-15	内蒙古呼和浩特	010089	9543456
8	6	白云	女	019	化学	1991-5-1	内蒙古通辽	137560	8765676
9	7	黑土	男	010	计算机	1989-1-1	内蒙古赤峰	137561	9898767
10	8	林梓	男	011	数学	1990-8-1	河南南阳	432345	5457980
11	9	辛勤	女	019	化学	1991-8-7	内蒙古通辽	137560	8912056
12	10	满达	男	018	英语	1990-9-29	内蒙古兴安盟	137400	9043456

图 4－11　编辑单元格中的内容

③单击编辑栏中的“确定”按钮或者按 Enter 键接受修改，也可以单击编辑栏中的“取消”按钮放弃修改。

4.3.2　移动或复制单元格数据

创建一个工作表后，可能需要将某些单元格区域的数据移动或复制到其他位置，采用移动或复制的方法，避免重复输入，提高工作效率。

可以使用剪贴板实现，也可以利用鼠标拖动法实现。如果利用鼠标来移动或复制单元格数据，可以按照下述步骤进行操作。

①选定要移动或复制的单元格区域。

②将鼠标指针移到所选区域的边框上，当鼠标指针由空心十字形变为斜向箭头时，拖动鼠标。在拖动的过程中，Excel 显示区域的外框和位置提示，以帮助用户正确定位。

③松开鼠标，即可将选定的区域移到新的位置。

如果要复制单元格，只需在拖动时按住 Ctrl 键，到达目标位置后，先松开鼠标，再松开 Ctrl 键。

4.3.3　插入行、列或单元格

在编辑工作表的过程中，经常会遇到这种情况，发现输入数据时漏掉了一个、一行或者一列数据，在已经建立的工作表中插入行、列或单元格的方法如下。

1. 插入行

如果要插入一行或多行，可以按照下述步骤进行操作。

①在新行将出现的位置选定一个单元格或多个单元格，或者单击行号选定一整行或多行。例如，要在标题和数据之间增加两个空行，可以鼠标左键从行号“2”拖动至行号“3”来选定两行。

②打开 开始 选项卡，单击 单元格 组中的 插入 下拉按钮，在弹出的下拉菜单中选择

插入工作表行(R) 命令，即可看到在标题和数据之间插入了新的两行。

2. 插入列

如果要插入一列或多列，可以按照下述步骤进行操作。

①在新列将出现的位置选定一个单元格或多个单元格，或者单击列标选定一整列或多列。

②打开 开始 选项卡，单击 单元格 组中的 插入 下拉按钮，在弹出的下拉菜单中选择 插入工作表列(C) 命令，即可在当前位置插入一整列，已存在的列向右移动。

3. 插入单元格

如果要插入一个或多个单元格，可以按照下述步骤进行操作。

①在要插入空单元格处选定相应的单元格区域，选定的单元格数量应与待插入的空单元格的数目相同。

②单击鼠标右键，在弹出的快捷菜单中选择 插入(I)... 命令，出现如图 4－12 所示的“插入”对话框。

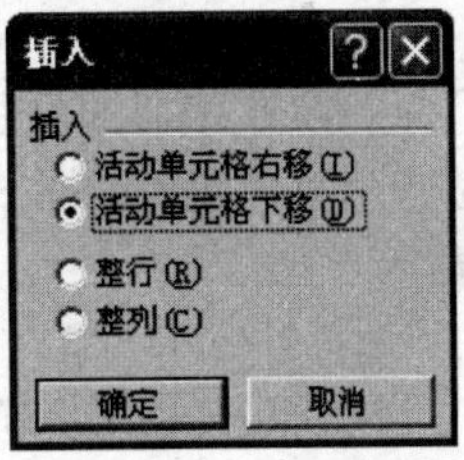

③在该对话框中选择一种插入方式：

- 选中“活动单元格右移”单选按钮，当前单元格及其右侧单元格右移一个单元格。
- 选中“活动单元格下移”单选按钮，当前单元格及其下面单元格下移一个单元格。
- 选中“整行”单选按钮，在当前单元格所在行上方插入空行。
- 选中“整列”单选按钮，在当前单元格所在列左侧插入空列。

图 4－12　“插入”对话框

例如，选中“活动单元格下移”单选按钮，然后单击“确定”按钮，结果插入与选定数目相同的单元格，并且原位置的单元格下移。

4.3.4　清除与删除单元格、行或列

清除单元格与删除单元格不同，清除单元格只是删除了单元格中的内容、格式或批注，单元格本身仍然保留在工作表中。删除单元格是将选定的单元格从工作表中删除，并且调整周围的单元格来填补删除后的空缺。

在编辑过程中，要删除某些单元格中的数据时，可以使用“清除”命令，具体操作方法如下。

①选定要清除的一个或多个单元格。

②打开 开始 选项卡，单击 编辑 组中的 清除 命令，然后从弹出的下拉菜单中选择“全部”“格式”“内容”或“批注”命令：

- 选择“全部”命令，将清除单元格中的数据、格式和批注。
- 选择“格式”命令，将清除单元格中的数据格式，而保留数据和批注。
- 选择“内容”命令，将清除单元格中的数据，而保留数据格式和批注。
- 选择“批注”命令，将清除单元格中的批注，而保留数据格式和内容。

如果想仅清除单元格的内容，可以在选定单元格后按 Delete 键。

在编辑过程中，要删除某些单元格时，可以使用“删除”命令，具体操作方法如下。

①选定要删除的一个或多个单元格。

②打开 开始 选项卡，单击 单元格 组中的 删除 下拉按钮，选择 删除单元格(D)... 命令，出现如图 4－13 所示的“删除”对话框。

③在该对话框中，可以根据需要选择“右侧单元格左移”“下方单元格上移”“整行”或“整列”单选按钮。

④单击“确定”按钮。

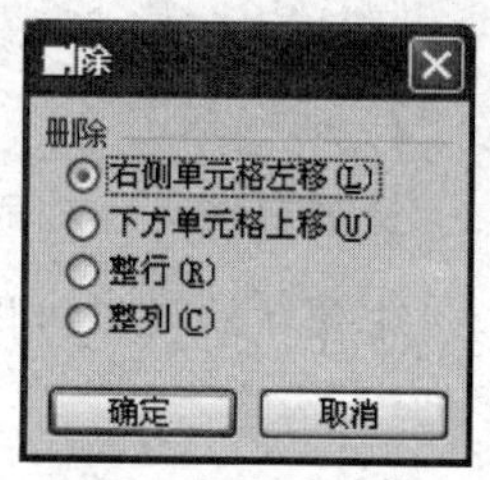

图 4－13 “删除”对话框

任务 4.4 工作表的基本操作

前面介绍过工作表和工作簿的基本概念，工作簿中可以有多个工作表，可以将工作表作为一个整体进行一系列编辑操作，本节介绍对工作表的插入、删除、重命名、移动和复制等操作。

4.4.1 工作表的选定

1. 选定一张工作表

只有在工作表成为当前活动工作表（工作表标签以白底显示）后，才能使用该工作表。没有被激活的工作表标签以灰底显示。如图 4－14 所示，Sheet2 是当前工作表。

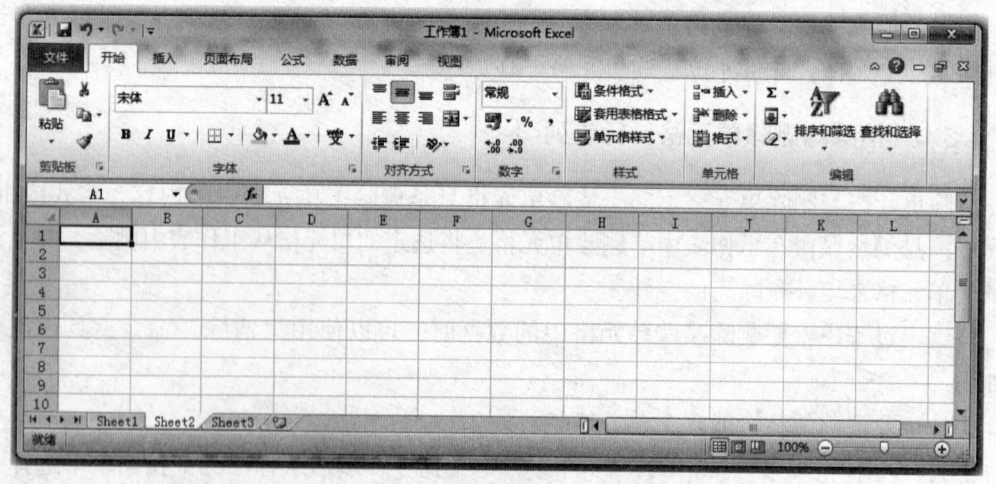

图 4－14 当前工作表

选定一张工作表的方法很简单，只要在工作表标签上单击工作表名称即可。例如，在图 4－14 所示的状态下，如果想选择 Sheet1 工作表，只需单击工作表标签 Sheet1 即可将其激活。如果看不到所需标签，则单击 (标签滚动按钮）以显示所需标签，然后单击该标签。

2. 选定多张工作表

选定多个相邻工作表的操作步骤如下。

①单击第一个工作表的标签。

②按住 Shift 键的同时单击要选定的最后一个工作表标签，这样包含在这两个标签之间的所有工作表均被选中。

选定不相邻的工作表的操作步骤如下。

①单击第一个工作表的标签。

②按住 Ctrl 键的同时分别单击要选定的工作表标签，这样需要选定的工作表均被选中。

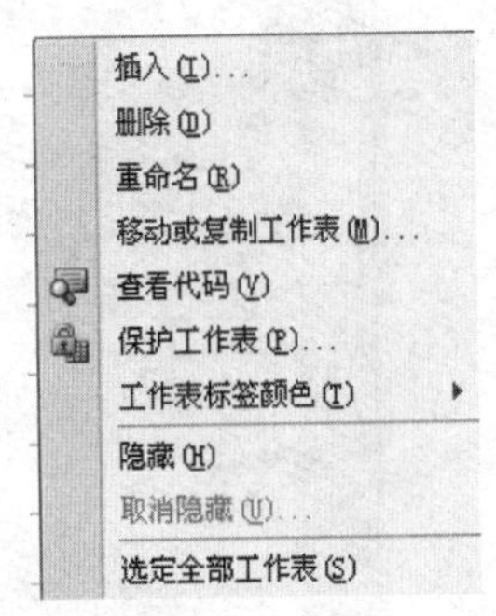

图4－15　快捷菜单

选定工作簿中的所有工作表的操作步骤如下。

①右击工作表标签，将弹出一个快捷菜单，如图4－15所示。

②选择“选定全部工作表”命令，此工作簿中的所有工作表即被选中。

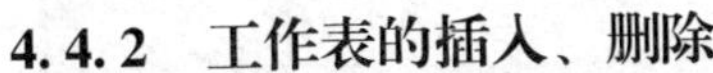

4.4.2　工作表的插入、删除

1. 工作表的插入

在工作簿中插入工作表的操作步骤如下。

①选择插入位置，例如单击 Sheet1 工作表，新工作表将会插入当前活动工作表的前面。

②单击鼠标右键，在弹出的快捷菜单中选择 插入(I)... 命令，弹出“插入”对话框，如图4－16所示。

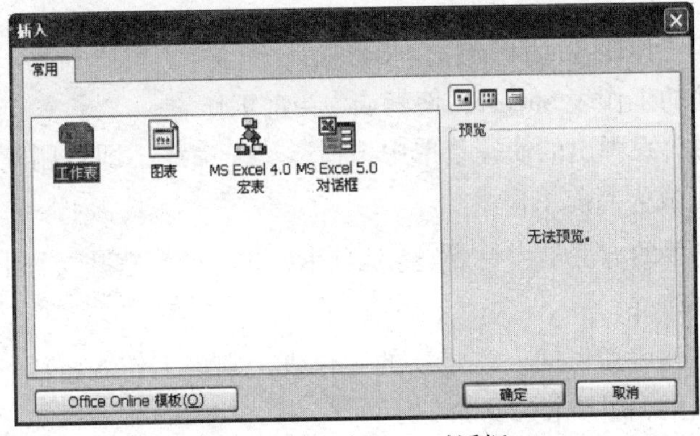

图4－16　“插入”对话框

③在“常用”选项卡中选择“工作表”，单击“确定”按钮，就会看到一张名为 Sheet4 的新工作表被插在 Sheet1 的前面，同时，Sheet4 成为当前活动工作表，如图4－17所示。

在执行了一次插入工作表的操作后，如果要继续插入多张工作表，可以重复按 F4 键或者按 Ctrl＋Y 组合键。

插入工作表的另一种方法：打开 开始 选项卡，单击 单元格 组中的 插入 下拉按钮，选择 插入工作表(S) 命令即可，这也是 Excel 2010 新增的功能。

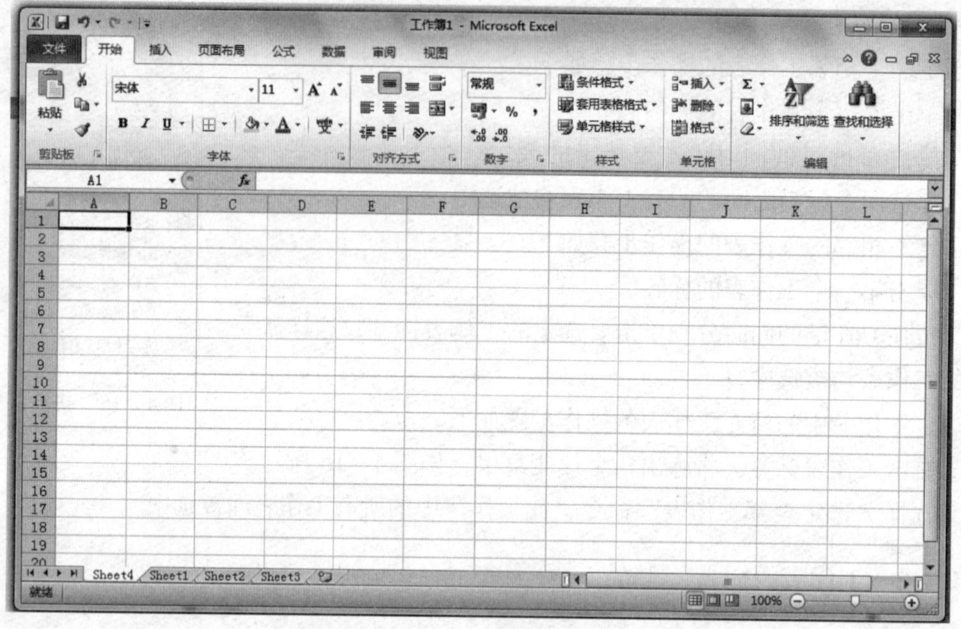

图4－17　插入一张新工作表Sheet4

插入工作表最简单的方法是单击“插入工作表”按钮即可。

在Excel 2010的一个工作簿文件中，最多允许建立255张工作表，同时，工作表的数目还受到计算机可用内存的限制。

2. 工作表的删除

在工作簿中删除工作表Sheet4的操作步骤如下。

①单击想要删除的工作表Sheet4，使其成为当前工作表。

②单击鼠标右键，在弹出的快捷菜单中选择 删除(D) 命令，即可删除当前工作表。同时，后面的工作表Sheet1成为当前工作表。

删除工作表最简单的方法是，打开 开始 选项卡，单击 单元格 组中的 删除 下拉按钮，选择 删除工作表(S) 命令即可。

若删除Sheet4工作表后再插入一张新的工作表，则该工作表将以Sheet5命名，而不是Sheet4，因为Sheet4已经被“永久删除”了。

3. 更改默认工作表数量

用户还可以更改新工作簿中的默认工作表数量，操作步骤如下。

单击“文件”按钮，在“文件”菜单中单击 选项 按钮，单击“常规”，然后在“新建工作簿时包含的工作表数”文本框内输入所需工作表的数目，单击“确定”按钮，即可完成对默认工作表数目的更改。

4.4.3　工作表的重命名

将工作表Sheet1重命名为“2010.2班”，操作步骤如下。

①打开工作簿文件“计算机系 2010－2011 学年度第一学期成绩．xlsx”。

②执行下列操作之一，可以重新命名工作表：

- 双击想要重新命名的工作表标签 Sheet1。
- 右击想要重新命名的工作表标签 Sheet1，在弹出的快捷菜单中选择 重命名(R) 命令。
- 打开 开始 选项卡，单击 单元格 组中的 格式 下拉按钮，选择 重命名工作表(R) 命令。

③此时，工作表标签中的 Sheet1 将以黑底显示：Sheet1 / Sheet2 / Sheet3 /。

④输入工作表的新名称“2010．2 班”，按 Enter 键确认所做的修改，工作表标签栏变成 2010.2 / Sheet2 / Sheet3 /，完成工作表的重命名操作。

按上述步骤分别将 Sheet2～Sheet5 重命名为“07 小计”“08 小计”“09 小计”和“2010．1”。

4.4.4　工作表的移动、复制

1. 移动工作表

将工作表“2010．1”移至工作表“2010．2”之前，操作步骤如下。

①选定工作表“2010．1”。

②按住鼠标左键并沿着下面的工作表标签拖动，此时鼠标指针将变成白色方块与箭头的组合。同时，在标签行上方出现一个小黑三角形，指示当前工作表将要插入的位置“2010．2”。

③松开鼠标左键，工作表即被移到新的位置。

用户既可以用鼠标移动工作表，也可以利用“移动或复制工作表”命令在同一工作簿或不同的工作簿之间移动工作表。

将工作表“2010．1”移至工作表“09 小计”之后，操作步骤如下。

①选定要移动的工作表“2010．1”。

②执行下列操作之一打开“移动或复制工作表”对话框，如图 4－18 所示。

- 右击要移动的工作表标签“2010．1”，在弹出的快捷菜单中选择“移动或复制工作表”命令。
- 打开 开始 选项卡，单击 单元格 组中的 格式 下拉按钮，选择 移动或复制工作表(M)... 命令。

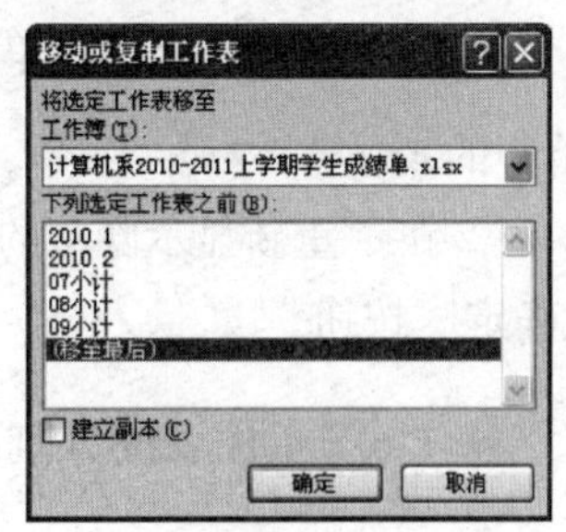

图 4－18　“移动或复制工作表”对话框

③在“工作簿”下拉列表框中选择用于接收工作表的目标工作簿，如果要把工作表移到新的工作簿中，可以从下拉列表中选择“（新工作簿）”选项。

④在“下列选定工作表之前”列表框中选择一个工作表，就可以将所要移动的工作表插入指定的位置。

⑤单击“确定”按钮，即可将选定的工作表移到新位置。

2. 复制工作表

复制工作表“2010.1”，操作步骤如下。

①选定要复制的工作表“2010.1”。

②同时按住 Ctrl 键和鼠标左键，并沿着工作表标签将要复制的工作表拖动到新的位置。在拖动过程中，标签行上会出现一个黑色的倒三角，指示复制的工作表要插入的位置。

③松开鼠标左键即可完成复制操作，复制后的工作表名字为“2010.1（2）”。

同样，也可以利用“移动或复制工作表”命令来复制工作表。在图 4－16 所示的“移动或复制工作表”对话框中选择“建立副本”复选框，然后在“下列选定工作表之前”列表框中选择要插入的位置。如果要把选定的工作表复制到另外一个工作簿中，则先在“工作簿”下拉列表框中选择目标工作簿。

4.4.5 工作表的隐藏

为了避免屏幕上工作表数量太多，并防止不必要的修改，可以隐藏工作表。例如，可以隐藏包含敏感数据的工作表。隐藏的工作表仍然是打开的，其他工作表可以引用其中的信息。

隐藏工作表“2010.2”，操作步骤如下。

①打开工作簿文件“计算机系 2010－2011 学年度上学期学生成绩.xlsx”，选定要隐藏的工作表“2010.2”。

②打开 开始 选项卡，单击 单元格 组中的 格式 下拉按钮，选择 隐藏和取消隐藏(U) 级联菜单中的 隐藏工作表(S) 命令。

取消隐藏工作表，操作步骤如下：

①打开 开始 选项卡，单击 单元格 组中的 格式 下拉按钮，选择 隐藏和取消隐藏(U) 级联菜单中的 取消隐藏工作表(H)... 命令。

②在“重新显示隐藏的工作表”列表框中双击想要取消隐藏的工作表“2010.2”，单击“确定”按钮。

4.4.6 工作表的分割与冻结

工作表窗口的分割操作与 Word 中的相同，在此不再赘述。

对于工作表比较长或者比较宽的情况，当滚动工作表时，经常会看不到表头部分，这样会影响操作。例如图 4－17 中的工作表，这个表中的数据超过了一屏，当看到后面的数据时，就看不到表格的表头部分，此时需要用到 Excel 冻结窗口的功能。

冻结工作表表头区域，操作步骤如下。

①选定待冻结处的下一行，即第 2 行。

②打开视图选项卡，单击窗口组中的冻结窗格下拉列表，选择冻结首行(R) 滚动工作表其余部分时，保持首行可见。命令，此时表头行被冻结，滚动工作表会发现表头内容始终显示，如图4－19所示。

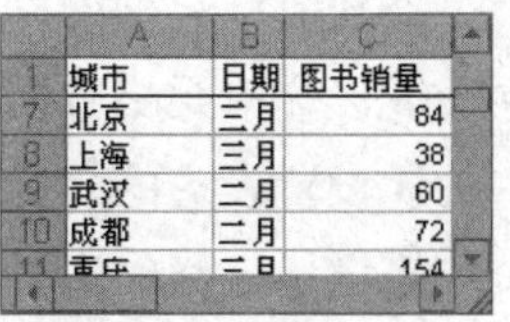

	A	B	C
1	城市	日期	图书销量
7	北京	三月	84
8	上海	三月	38
9	武汉	二月	60
10	成都	二月	72
11	重庆	三月	154

图4－19　将工作表的表头冻结

③如果要取消冻结，则打开视图选项卡，单击窗口组中的冻结窗格下拉列表，选择取消冻结窗格(F) 解除所有行和列锁定，以滚动整个工作表。命令。

如果要冻结左侧区域，选定待冻结处的右边一列。

任务4.5　工作表格式的编辑

上述操作只是建立工作表的第一步，下面通过设置单元格的格式来对工作表进行美化。

应用实例

对计算机系2010－2011上学期学生成绩表进行美化，如图4－20所示。

	A	B	C	D	E	F	G	H	I	J
1	2006-2007学年度第1学期学生考试考查成绩统计表									
2	院系：计算机系　班级：2002.4　填表日期：2007年1月1日									
3	序号	学号	姓名	输入法	硬件维护	体育	平面设计	数据库	高数	思想道德
4	1	208045001	张坤	79	70	84	72	94	84	81
5	2	208045002	李明磊	73	70		60	84	82	87
6	3	208045003	刘婷婷	80	66	79	74	86	88	83
7	4	208045004	梅玲	78	80	85	60	78	86	89
8	5	208045005	吴文胜	77	68	86	60	84	82	87
9	6	208045006	白乌云	88	66	83	76	91	90	85
10	7	208045007	姜乃新	69	70	80	60	78	89	80
11	8	208045008	阮晓敏	74	68	84	60	76	90	70
12	9	208045009	白丽光	87	70	74	77	93	89	90
13	10	208045010	乌春江	68	70	89	60	90	80	85
14	11	208045011	许文龙	81	66	79	78	78	85	85
15	12	208045012	王春红	83	69	83	77	81	86	85
16	13	208045013	赵育新	61	78	78	60	69	74	86
17	14	208045014	刘福敏	78	70	79	60	69	87	84

图4－20　工作表格式化后的效果

素材准备

访问路径为“D:\Excel\计算机系2010－2011上学期学生成绩.xlsx”。

实例分析

前面介绍了如何建立工作表，本节对前面建立的工作表进行一系列格式设置。对单元格数据的字体格式、数据的对齐方式、行高和列宽、边框和底纹等的设置与Word中的格式设置有异曲同工之处，但在Excel中还可以对数值型数据、日期型数据进行特殊的格式设置，同时，还可以设置条件格式来突出显示满足某些条件的单元格。

实现步骤

①设置标题的字体、字号、合并及居中。

②数值型数据的格式设置。

③设置单元格数据的对齐方式。

④设置表头的“自动换行”。

⑤设置表格的边框和底纹。

⑥设置“学生成绩表”成绩数据的条件格式。

4.5.1 设置字体、字号及字体颜色

将标题“2010－2011 学年度第 1 学期学生考试考查成绩统计表”的字体设置为“楷体_GB2312”、13 号、加粗，操作步骤如下。

①选择 A1 单元格为当前活动单元格。

②打开 开始 选项卡，单击 字体 组中的 宋体 下拉列表框，选择“楷体_GB2312”，在“字号”下拉组合框中输入“13”，单击 B 加粗。

可以打开 开始 选项卡，单击 单元格 组中的 格式 下拉按钮，选择 设置单元格格式(E)...，也可以通过快捷菜单设置单元格中文本的格式。

使用快捷菜单将“序号”“学号”“姓名”列的填充效果设置为“白色，背景 1，深色－25%”。

4.5.2 数据的格式

1. 设置小数点后的位数

在工作表中，有时需要对数值小数点后的位数进行设置，例如有效位数的保留、小数点后的舍入方式等。

将所有的学生成绩设置为“保留小数点后一位数字”，操作步骤如下。

①选择 D4:J17 单元格区域。

②打开 开始 选项卡，单击 数字 组中的 ←.0 .00 按钮。或打开 开始 选项卡，单击 单元格 组中的 格式 下拉按钮，选择 设置单元格格式(E)...。切换到“数字”选项卡，在“分类”列表框中选择“数值”选项，通过“小数位数”微调按钮将小数位数调节到 1，或者直接在文本框中输入小数位数。

③单击“确定”按钮。

2. 设置文本型数据

将“学号”设置为“文本型”数据（参见 4.2.2 节）。

4.5.3 调整单元格数据的对齐方式及标题居中

1. 水平对齐

打开 开始 选项卡，单击 对齐方式 组中的 ≡ 按钮。使用这种方法来设置水平对齐方式最

为简便。

将所有数据设置为水平居中，操作步骤如下。

①选定 A1:J17 单元格区域。

②打开 开始 选项卡，单击 对齐方式 组中的 按钮。

2. 垂直对齐

工作表中所有数据默认的垂直对齐方式为垂直居中。可以打开 开始 选项卡，单击 对齐方式 组中的 按钮来改变垂直对齐方式。

3. 将单元格中的文本设置为“自动换行”格式

将表头数据 A3:J3 单元格格式设置为“自动换行”，操作步骤如下。

①选定 A3:J3 单元格区域。

②打开 开始 选项卡，单击 对齐方式 组中的 自动换行按钮。

4. 表格标题的格式化

将标题“2010－2011 学年度第 1 学期学生考试考查成绩统计表”在整个表格中居中，操作步骤如下。

①选中单元格区域 A1:J1。

②打开 开始 选项卡，单击 对齐方式 组中的 合并后居中 按钮，此时表格标题在整个表格水平位置的正中间显示。若再单击“合并及居中”按钮，则被合并的单元格又会分割成原来的样子，并且数据放在最左上角的单元格中。

4.5.4　设置工作表边框、底纹

1. 设置边框

在默认情况下，工作表中的单元格是没有加上边框的，实际应用中，表格一般都会加上边框，下面就介绍如何给表格设置边框。

设置表格的外边框为“黑色、粗线条”，内边框为“黑色、细线条”，操作步骤如下。

①选中工作表中的单元格区域 A1:J17。

②打开 开始 选项卡，单击 字体 组中的 下拉按钮，在下拉菜单中选择 其他边框(M)... 命令。切换到“边框”选项卡，如图 4－21 所示，在“线条”区域的“样式”列表框中选取粗线条，在“颜色”下拉列表框中选中黑色，然后单击“预置”区域中的“外边框”按钮为表格添加外边框。

③在“线条”区域的“样式”列表框中选取细线条，在“颜色”下拉列表框中选中黑色，然后单击“预置”区域中的“内部”按钮为表格添加内边框。

④单击“确定”按钮。

如图 4－22 所示，设置标题边框及外边框为“粗线条”，设置标题和表头的水平内边框

和外边框均为粗线条。

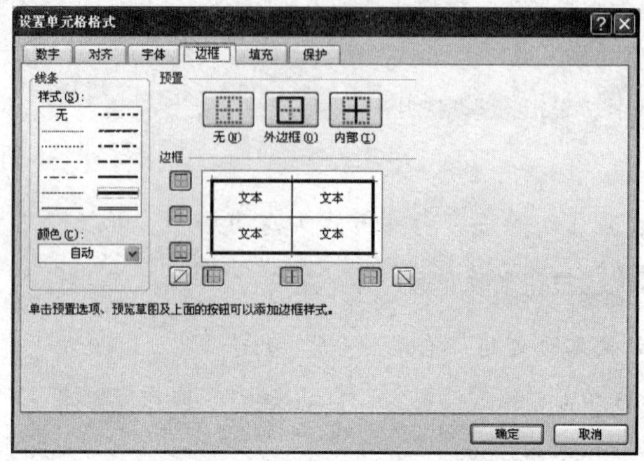

图 4－21　单元格边框的设置

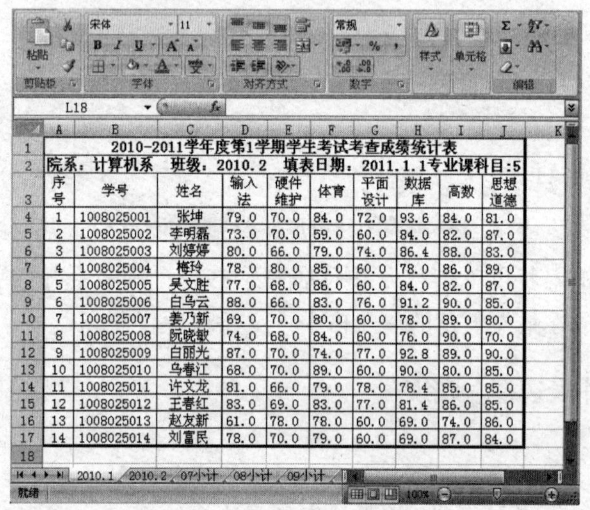

2010-2011学年度第1学期学生考试考查成绩统计表

院系：计算机系　班级：2010.2　填表日期：2011.1.1专业课科目:5

序号	学号	姓名	输入法	硬件维护	体育	平面设计	数据库	高数	思想道德
1	1008025001	张坤	79.0	70.0	84.0	72.0	93.6	84.0	81.0
2	1008025002	李明磊	73.0	70.0	59.0	60.0	84.0	82.0	87.0
3	1008025003	刘婷婷	80.0	66.0	79.0	74.0	86.4	88.0	83.0
4	1008025004	梅玲	78.0	80.0	85.0	60.0	78.0	86.0	89.0
5	1008025005	吴文胜	77.0	68.0	86.0	60.0	84.0	82.0	87.0
6	1008025006	白乌云	88.0	66.0	83.0	76.0	91.2	90.0	85.0
7	1008025007	姜乃新	69.0	70.0	80.0	60.0	78.0	89.0	80.0
8	1008025008	阮晓敏	74.0	68.0	84.0	60.0	76.0	90.0	70.0
9	1008025009	白丽光	87.0	70.0	74.0	77.0	92.8	89.0	90.0
10	1008025010	乌春江	68.0	70.0	89.0	60.0	90.0	80.0	85.0
11	1008025011	许文龙	81.0	66.0	79.0	78.0	78.4	85.0	85.0
12	1008025012	王春红	83.0	69.0	83.0	77.0	81.4	86.0	85.0
13	1008025013	赵友新	61.0	78.0	78.0	60.0	69.0	74.0	86.0
14	1008025014	刘富民	78.0	70.0	79.0	60.0	69.0	87.0	84.0

图 4－22　表格边框设置效果

操作步骤如下。

①选中单元格区域 A1:J3，打开 开始 选项卡，单击 字体 组中的 田 下拉按钮，在下拉菜单中选择 其他边框(M)... 命令，切换到“边框”选项卡，如图 4－21 所示。

②在“线条”区域的“样式”列表框中选取粗线条，在“颜色”下拉列表框中选中黑色，然后在“边框”区域中单击按钮和按钮。

③单击“确定”按钮，保存设置。

2. 设置底纹

设置表头单元格的主题单元格样式为“40%　强调文字颜色 1”，“序号”“学号”和“姓名”列的主题单元格样式为“40%　强调文字颜色 3”。操作步骤如下。

①选中要设置主题单元格样式的单元格区域 A3:J3。

②打开 开始 选项卡，单击 样式 组中的 单元格样式 下拉按钮，弹出如图4－23所示的单元格样式下拉菜单，单击“40%　强调文字颜色1”命令即可完成。

③重复上述步骤设置单元格区域A4:D17的底纹。

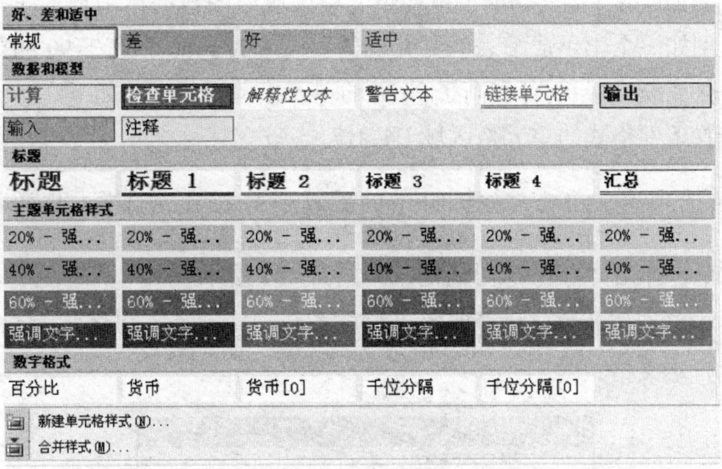

图4－23　单元格样式下拉菜单

4.5.5　调整行高和列宽

1. 调整行高

拖动行号的下边框，调整“标题”的行高为27.00（36像素），操作步骤如下。

①直接拖动第一行的下边框（行1和行2的交界线），鼠标指针变为双向箭头时，向下拖动加大行高，向上拖动缩小行高。

②同时鼠标所在的位置出现一条水平虚线，并且出现一个显示行高的标签，拖动边框至标签中，出现“行高27.00（36像素）”，松开鼠标左键，完成标题行行高的设置。

利用“行高”命令调整第二行的行高为25磅，操作步骤如下。

①选中第二行，打开 开始 选项卡，单击 单元格 组中的 格式 下拉按钮，选择 行高(H)... 命令。

②在“行高”文本框中输入“25”，单击“确定”按钮。

2. 调整列宽

拖动列表的右边框，鼠标指针变为双向箭头时，向右拖动加大列宽，向左拖动缩小列宽，并且出现一个显示列宽的标签。如果觉得拖动的方法不够精确，可以使用列宽命令。

利用“列宽”命令调整“序号”列的宽度为4个字符，操作步骤如下。

①选中第A列，打开 开始 选项卡，单击 单元格 组中的 格式 下拉按钮，选择 列宽(W)... 命令。

②在“列宽”文本框中输入“4”，单击“确定”按钮。

双击列边线，调整“学号”“姓名”列为最合适的列宽，操作步骤如下。

①选中B和C两列。

②双击其中的任何一个列表的右边框，可以将选中的所有列的列宽调整为最合适的宽度。

4.5.6 条件格式

Excel 2010 提供的条件格式功能，可使单元格区域中的数据在满足不同条件时，突出显示某些单元格。例如一个学生成绩表，要突出显示成绩低于 60 和高于 90 的单元格。

突出显示各科成绩低于 60 分和高于 90 分的单元格，操作步骤如下。

①选中要设置条件格式的单元格区域 D4:J17。

②打开 开始 选项卡，单击 样式 组中的 条件格式 下拉按钮，选择 突出显示单元格规则(H) → 小于(L)... 命令，弹出“小于”对话框，如图 4－24 所示。

③在“为小于以下值的单元格设置格式”下面的区域中输入“60”，在“设置为”下拉列表框中选择“自定义格式”。

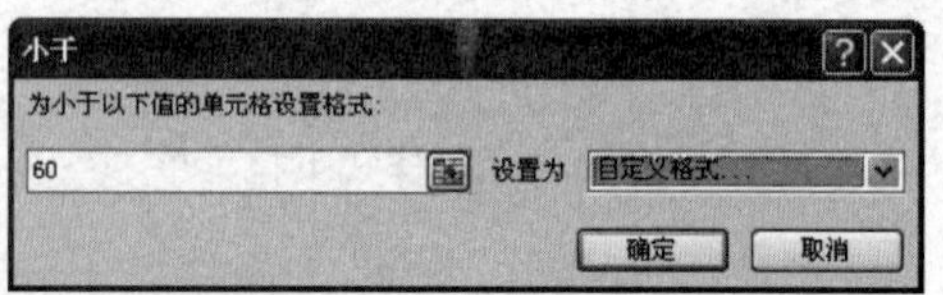

图 4－24 “条件格式”对话框

④在“字体”选项卡中设置字体颜色为“红色”。

⑤单击“确定”按钮，至此完成了满足分数低于 60 分条件的单元格格式设置。

⑥重复上述步骤，将大于 90 分的字体格式设置为“加粗”，单元格背景色为“蓝色”。

⑦单击“确定”按钮，保存工作簿文件，效果如图 4－25 所示。

计算机系2010-2011上学期学生成绩单

2010-2011学年度第1学期学生考试考查成绩统计表

院系：计算机系　班级：2010.2　填表日期：2011.1.1专业课科目:5

序号	学号	姓名	输入法	硬件维护	体育	平面设计	数据库	高数	思想道德
1	1008025001	张坤	79.0	70.0	84.0	72.0		84.0	81.0
2	1008025002	李明磊	73.0	70.0	59.0	60.0	84.0	82.0	87.0
3	1008025003	刘婷婷	80.0	66.0	79.0	74.0	86.4	88.0	83.0
4	1008025004	梅玲	78.0	80.0	85.0	60.0	78.0	86.0	89.0
5	1008025005	吴文胜	77.0	68.0	86.0	60.0	84.0	82.0	87.0
6	1008025006	白乌云	88.0	66.0	83.0	76.0		90.0	85.0
7	1008025007	姜乃新	69.0	70.0	80.0	60.0	78.0	89.0	80.0
8	1008025008	阮晓敏	74.0	68.0	84.0	60.0	76.0	90.0	70.0
9	1008025009	白丽光	87.0	70.0	74.0	77.0		89.0	90.0
10	1008025010	乌春江	68.0	70.0	89.0	60.0	90.0	80.0	85.0
11	1008025011	许文龙	81.0	66.0	79.0	78.0	78.4	85.0	85.0
12	1008025012	王春红	83.0	69.0	83.0	77.0	81.4	86.0	85.0
13	1008025013	赵友新	61.0	78.0	78.0	60.0	69.0	74.0	86.0
14	1008025014	刘富民	78.0	70.0	79.0	60.0	69.0	87.0	84.0

2010.1　2010.2　07小计　08小计　09小计

图 4－25 条件格式设置效果

4.5.7 自动套用表格格式

选中需要设置格式的单元格区域，打开 开始 选项卡，单击 样式 组中的 

下拉按

钮，在随后出现的各种表格样式下拉列表中，根据表格的实际需要，选择一种样式，单击即可。

任务4.6　公式与函数

作为一个电子表格系统，Excel 2010 拥有强大的数据分析和处理功能，其中的公式和函数起到了非常重要的作用，用户可以运用公式和函数对数据进行计算和分析。当数据更新后，公式会自动更新结果，它可以提高用户的工作效率，所以，掌握公式和函数的应用是至关重要的。

应用实例

在原来的学生成绩表基础上完成工作表中各种数据的计算，结果如图 4－26 所示。

2010-2011学年度第一学期学生考试考查成绩统计表

院系：计算机系　班级：2010.2　填表日期2010年1月1日　专业课科目　5

序号	学号	姓名	输入法	硬件维护	体育	平面设计	数据库	高数	思想道德	总分	专业课总分	专业课平均分
1	1008025001	张坤	79.0	70.0	84.0	72.0	93.6	84.0	81.0	563.6	398.6	79.72
2	1008025002	李明磊	73.0	70.0	59.0	60.0	84.0	82.0	87.0	515.0	369.0	73.80
3	1008025003	刘婷婷	80.0	66.0	79.0	74.0	86.4	88.0	83.0	556.4	394.4	78.88
4	1008025004	梅玲	78.0	80.0	85.0	60.0	78.0	86.0	89.0	556.0	382.0	76.40
5	1008025005	吴文胜	77.0	68.0	86.0	60.0	84.0	82.0	87.0	544.0	371.0	74.20
6	1008025006	白乌云	88.0	66.0	83.0	76.0	91.2	90.0	85.0	579.2	411.2	82.24
7	1008025007	姜乃新	69.0	70.0	80.0	60.0	78.0	89.0	80.0	526.0	366.0	73.20
8	1008025008	阮晓敏	74.0	68.0	84.0	60.0	76.0	90.0	70.0	522.0	368.0	73.60
9	1008025009	白丽光	87.0	70.0	74.0	77.0	92.8	89.0	90.0	579.8	415.8	83.16
10	1008025010	乌春江	68.0	70.0	89.0	60.0	90.0	80.0	85.0	542.0	368.0	73.60
11	1008025011	许文龙	81.0	66.0	79.0	78.0	78.4	85.0	85.0	552.4	388.4	77.68
12	1008025012	王春红	83.0	69.0	83.0	77.0	81.4	86.0	85.0	564.4	396.4	79.28
13	1008025013	赵友新	61.0	78.0	78.0	60.0	69.0	74.0	86.0	506.0	342.0	68.40
14	1008025014	刘富民	78.0	70.0	79.0	60.0	69.0	87.0	84.0	527.0	364.0	72.80
	平均分		76.9	70.1	80.1	66.7	82.3	85.1	84.1			

图 4－26　学生成绩统计结果

素材准备

D:\Excel 文件夹中计算机系 2010－2011 上学期学生成绩 . xlsx。

实例分析

①在提供的素材表中，有一列“总分”数据和一行“平均分”数据，要求计算出每名学生的总成绩和每一门课程的平均成绩。

②对于“专业课平均分”列数据的计算，涉及单元格的绝对引用。

实现步骤

①打开工作簿“计算机系 2010－2011 上学期学生成绩 . xlsx”，定位到要计算总分的单元格。

②输入公式计算专业课总分。

③利用函数计算总分和每门课程的平均分。

④输入公式计算专业课平均分。

4.6.1　公式和函数的使用

1. 输入公式

利用鼠标输入公式，计算“专业课总分”列数据，操作步骤如下。

①定位单元格 L4，输入“=”号，表明输入的是公式而不是数据，此时编辑栏中将显示输入的公式，同时，在“名称”框中出现某个函数名。

②单击单元格 D4，表示引用此单元格中的数据，此单元格周围出现闪烁的虚线框。

③输入“+”号，表示进行加法运算。

④单击单元格 E4，输入“+”号，再单击单元格 G4，输入“+”号，单击单元格 H4，输入“+”号，再单击单元格 I4。

⑤按 Enter 键或单击编辑栏中的“确认”按钮✓。单击单元格 L4，这时 L4 单元格中将显示计算结果，编辑栏中将显示公式。

⑥保存工作簿文件。

2. 复制公式

刚才计算出了 1 号学生的专业课总分，其他学生的专业课总分的算法与 1 号学生的算法相同。如果一个一个地重复输入公式，将是一件非常麻烦的事。Excel 提供了公式的复制功能，可以通过非常简单的操作步骤来解决快速建立有规律公式的问题。

使用粘贴命令复制公式，操作步骤如下。

1）选择包含需要复制的公式的单元格 L4。

2）打开开始选项卡，单击剪贴板组中的复制按钮。

3）在 L5:L17 单元格区域中粘贴公式和所有格式。执行下列操作之一。

①选择 L5:L17 单元格区域，打开开始选项卡，单击剪贴板组中的粘贴下拉按钮，则粘贴所有格式。

②选择 L5:L17 单元格区域，打开开始选项卡，单击剪贴板组中的粘贴下拉按钮，在下拉菜单中选择公式(F)命令，则只粘贴公式。

3. 删除公式

删除公式的方法与删除一个单元格中普通内容的方法完全相同，只要先选中包含公式的单元格，然后按 Delete 键删除公式即可。

4. 使用函数

前面所涉及的公式仅限于人工编写的公式，这种方法既容易出错，工作效率又低。例如，在本例中，需要对表格中的“总分”列进行计算，利用已有的知识是可以实现的。“总分”列的计算方法为：单击单元格 K4，输入“=D4+E4+F4+G4+H4+I4+J4”，按 Enter 键，计算结果出现在 K4 单元格中。如果参与运算的单元格很多，这种方法很慢，使用求和函数 SUM() 可以快速实现。

使用自动求和函数计算学生成绩的“总分”列数据，操作步骤如下。

①在单元格 K3 中输入“总分”。

②选中要插入函数的单元格 K4，打开公式选项卡，单击函数库组中的 fx 插入函数按钮，打开如图

4－27 所示的“插入函数”对话框。

③在“或选择类别”下拉列表框中选择要插入的函数类型“常用函数”，然后从“选择函数”列表框中选择要使用的函数 SUM。

④单击“确定”按钮，出现如图 4－28 所示的“函数参数”对话框。

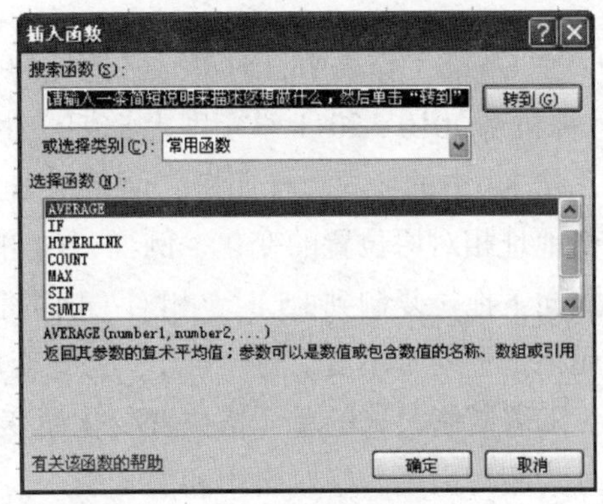

图 4－27　“插入函数”对话框

⑤在 Number1 文本框中输入要进行计算的单元格区域，或者用鼠标在工作表中选定区域，选定单元格区域时，对话框会自动缩小；如果对话框挡住了要选定的单元格，可以单击文本框右边的“折叠对话框”按钮将对话框缩小，用鼠标选定要引用的单元格区域，所选区域的周围出现闪动着的边框。选定结束时，再次单击文本框右边的“折叠对话框”按钮将恢复对话框。本例中选定了单元格区域 D4:J4。

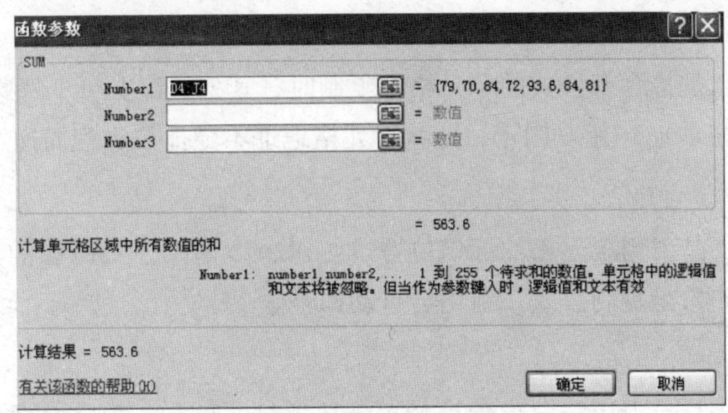

图 4－28　“函数参数”对话框

⑥单击“确定”按钮，在单元格中显示公式的结果，其公式为 SUM(D4:J4)。

使用求平均值函数计算每门课程的“平均分”，操作步骤如下。

①在单元格 B18 中输入“平均分”。

②选中要插入函数的单元格 D18，打开公式选项卡，单击函数库组中的插入函数按钮，出现如图 4－27 所示的“插入函数”对话框。

③在“选择类别”下拉列表框中选择要插入的函数类型“常用函数”，然后从“选择函数”列表框中选择要使用的函数 AVERAGE。

④单击“确定”按钮，出现如图 4－28 所示的“函数参数”对话框。

⑤在 Number1 文本框中输入要进行计算的单元格区域 D4:D17。

⑥单击“确定”按钮，在单元格中显示公式的结果，其公式为 AVERAGE(D4:D17)。

4.6.2 单元格的引用和单元格地址

在 Excel 工作表中，对单元格地址的引用包括相对地址、绝对地址和混合地址 3 种。在“计算机系 2010 - 2011 学年度上学期学生成绩 . xlsx”中复制公式时，系统并不是简单地把单元格 K4 中的公式原样照搬，而是根据公式的原来位置和复制的目标位置推算出公式中单元格地址相对原位置的变化。例如，L4 单元格中的公式为“ = D4 + E4 + G4 + H4 + I4”，当公式向下拖拉复制到 L5 时，相对 L4 而言，目标位置的列号不变，而行号加 1，所以公式中单元格地址列号不变，行号加 1，公式变成“ = D5 + E5 + G5 + H5 + I5”。

随着复制公式的单元格位置变化而变化的单元格地址引用，称为相对引用。单元格的引用分为相对引用、绝对引用和混合引用。

1. 相对引用

在输入公式的过程中，除非特别指出，Excel 一般是使用相对引用来引用单元格的位置。在上例中，Excel 并不是把单元格 K4 中的公式原样照搬，而是根据公式原来的位置和复制的目标位置推算出公式中单元格引用的变化。

2. 绝对引用

所谓绝对引用，是指含有公式的单元格在复制时，其公式存在一个特殊的运算项，它的取值位置（即单元格地址）相对固定，这些单元格地址不随拖拉过程而递增或递减。

3. 相对地址

所谓相对地址，是引用单元格的标识位置（如 B2）。如果公式所在的单元格位置改变，引用也随之改变。如果是复制公式，引用会自动调整。

4. 绝对地址

所谓绝对地址，总是引用指定位置处的单元格地址。例如，要在公式中使用单元格 B3 的绝对地址，需要在单元格地址行、列标识前分别加“ $ ”符号，格式为“ B3”。当公式所在单元格的位置改变时，绝对引用的单元格始终保持不变。如果是复制公式，绝对引用将不做调整。

5. 混合地址

混合地址包括绝对行和相对行（如 $B2），以及相对行和相对列（C$2）两种形式。如果公式所在单元格的位置改变，则相对引用改变，而绝对引用不变。如果是复制公式，相对引用自动调整，而绝对引用不做调整。

单元格“绝对引用”的方式是在行号和列号前加符号“ $ ”，例如绝对地址“ A1”“ B2”等。下面以实例来介绍绝对引用的概念。

在学生成绩表中，L2 单元格提供了专业课科目数，现在通过 L 列计算每个学生的专业课平均成绩，操作步骤如下。

①打开工作簿“计算机系 2010 - 2011 上学期学生成绩 . xlsx”，文件保存在 D:\Excel 文件夹中。选择工作表“2010. 2 班”。

②选中单元格 M4，在其中输入公式“ = L4/L2”，向下拖动填充柄至单元格 M17，结果如图 4 – 29 所示。通过向下拖拉的方法将公式复制到其他单元格求解专业课平均成绩时出现了错误，为什么？

	A	B	C	D	E	F	G	H	I	J	K	L	M
1	2010-2011学年度第一学期学生考试考查成绩统计表												
2	院系：计算机系			班级：2010.2			填表日期2010年1月1日				专业课科目	5	
3	序号	学号	姓名	输入法	硬件维护	体育	平面设计	数据库	高数	思想道德	总分	专业课总分	专业课平均分
4	1	1008025001	张坤	79.0	70.0	84.0	72.0	93.6	84.0	81.0	563.6	398.6	79.720000
5	2	1008025002	李明磊	73.0	70.0	59.0	60.0	84.0	82.0	87.0	515.0	346.0	#VALUE!
6	3	1008025003	刘婷婷	80.0	66.0	79.0	74.0	86.4	88.0	83.0	556.4	385.4	0.966884
7	4	1008025004	梅玲	78.0	80.0	85.0	60.0	78.0	86.0	89.0	556.0	381.0	1.101156
8	5	1008025005	吴文胜	77.0	68.0	86.0	60.0	84.0	82.0	87.0	544.0	375.0	0.973015
9	6	1008025006	白乌云	88.0	66.0	83.0	76.0	91.2	90.0	85.0	579.2	404.2	1.060892
10	7	1008025007	姜乃新	69.0	70.0	80.0	60.0	78.0	89.0	80.0	526.0	357.0	0.952000
11	8	1008025008	阮晓敏	74.0	68.0	84.0	60.0	76.0	90.0	70.0	522.0	362.0	0.895596
12	9	1008025009	白丽光	87.0	70.0	74.0	77.0	92.8	89.0	90.0	579.8	400.8	1.122689
13	10	1008025010	乌春江	68.0	70.0	89.0	60.0	90.0	80.0	85.0	542.0	377.0	1.041436
14	11	1008025011	许文龙	81.0	66.0	79.0	78.0	78.4	85.0	85.0	552.4	382.4	0.954092
15	12	1008025012	王春红	83.0	69.0	83.0	77.0	81.4	86.0	85.0	564.4	393.4	1.043501
16	13	1008025013	赵友新	61.0	78.0	78.0	60.0	69.0	74.0	86.0	506.0	346.0	0.904812
17	14	1008025014	刘富民	78.0	70.0	79.0	60.0	69.0	87.0	84.0	527.0	356.0	0.904931
18		平均分		76.9	70.1	80.1	66.7	82.3	85.1	84.1			

图 4 – 29　拖动填充柄后复制公式的结果

首先，来确认一下计算专业课平均成绩的公式：专业课平均分 = 专业课总分/专业课科目。

选中单元格 M4，编辑栏中的公式为“ = L4/L2”，这是刚才输入的，是正确的。再选中单元格 M5，编辑栏中的公式为“ = L5/L3”，而 L3 单元格的内容为“专业课总分”，它是一个字符串，是不能参加四则运算的，所以结果出现引用错误，再定位到单元格 M6，编辑栏中的公式为“ = L6/L4”，而 L4 的值为 398.6，计算结果为 0.989，正确结果为 78.88。

从上面的计算可以看出，复制公式时，公式中的单元格地址也发生了递增，而计算专业课平均分时，引用的专业课科目所在的单元格应该是不变的，即公式中的第二项是固定的。为了保证复制此公式时 L2 单元格处于绝对位置，应该引用单元格 L2 的绝对地址“ L2”。

③重新计算专业课平均分。双击单元格 M4，在其中输入公式“ = L4/L2”，向下拖动填充柄至单元格 M17，结果如图 4 – 30 所示。通过向下拖拉的方法，将公式复制到其他单元格求解专业课平均成绩。

	A	B	C	D	E	F	G	H	I	J	K	L	M
1	2010-2011学年度第一学期学生考试考查成绩统计表												
2	院系：计算机系			班级：2010.2			填表日期2010年1月1日				专业课科目	5	
3	序号	学号	姓名	输入法	硬件维护	体育	平面设计	数据库	高数	思想道德	总分	专业课总分	专业课平均分
4	1	1008025001	张坤	79.0	70.0	84.0	72.0	93.6	84.0	81.0	563.6	398.6	79.72
5	2	1008025002	李明磊	73.0	70.0	59.0	60.0	84.0	82.0	87.0	515.0	369.0	73.80
6	3	1008025003	刘婷婷	80.0	66.0	79.0	74.0	86.4	88.0	83.0	556.4	394.4	78.88
7	4	1008025004	梅玲	78.0	80.0	85.0	60.0	78.0	86.0	89.0	556.0	382.0	76.40
8	5	1008025005	吴文胜	77.0	68.0	86.0	60.0	84.0	82.0	87.0	544.0	371.0	74.20
9	6	1008025006	白乌云	88.0	66.0	83.0	76.0	91.2	90.0	85.0	579.2	411.2	82.24
10	7	1008025007	姜乃新	69.0	70.0	80.0	60.0	78.0	89.0	80.0	526.0	366.0	73.20
11	8	1008025008	阮晓敏	74.0	68.0	84.0	60.0	76.0	90.0	70.0	522.0	368.0	73.60
12	9	1008025009	白丽光	87.0	70.0	74.0	77.0	92.8	89.0	90.0	579.8	415.8	83.16
13	10	1008025010	乌春江	68.0	70.0	89.0	60.0	90.0	80.0	85.0	542.0	368.0	73.60
14	11	1008025011	许文龙	81.0	66.0	79.0	78.0	78.4	85.0	85.0	552.4	388.4	77.68
15	12	1008025012	王春红	83.0	69.0	83.0	77.0	81.4	86.0	85.0	564.4	396.4	79.28
16	13	1008025013	赵友新	61.0	78.0	78.0	60.0	69.0	74.0	86.0	506.0	342.0	68.40
17	14	1008025014	刘富民	78.0	70.0	79.0	60.0	69.0	87.0	84.0	527.0	364.0	72.80
18		平均分		76.9	70.1	80.1	66.7	82.3	85.1	84.1			

图 4 – 30　正确计算专业课平均分的结果

任务 4.7 图表的使用

图表是显示和分析复杂数据的理想方式。Excel 2010 提供了许多高级制图功能，使得用 Excel 编制的图表更易于理解和交流。同时，这些功能的学习和使用也非常简单。

4.7.1 创建图表

Excel 2010 可以用两种方式创建图表：一种是创建嵌入式图表，其被插入现有工作表页面中，能够同时显示图表及其相关的数据；另一种是在工作表之外建立独立的图表作为特殊的工作表，称为图表工作表。

1. 创建默认的图表工作表

用户可以快速创建一个图表工作表，具体操作步骤如下。

①在工作表中选定要创建图表的数据，如图 4－31 所示。

②按 F11 键，结果如图 4－32 所示。

	A	B	C	D
1	销售统计表（单位：万台）			
2		1999年	2000年	2001年
3	彩电	78.64	121.76	132.54
4	冰箱	54.98	42.98	32.99
5	空调	108.19	120.69	90.18
6	音响	23.8	21.79	34.9
7	洗衣机	122.76	143.98	94.43

图 4－31　选定要创建图表的数据

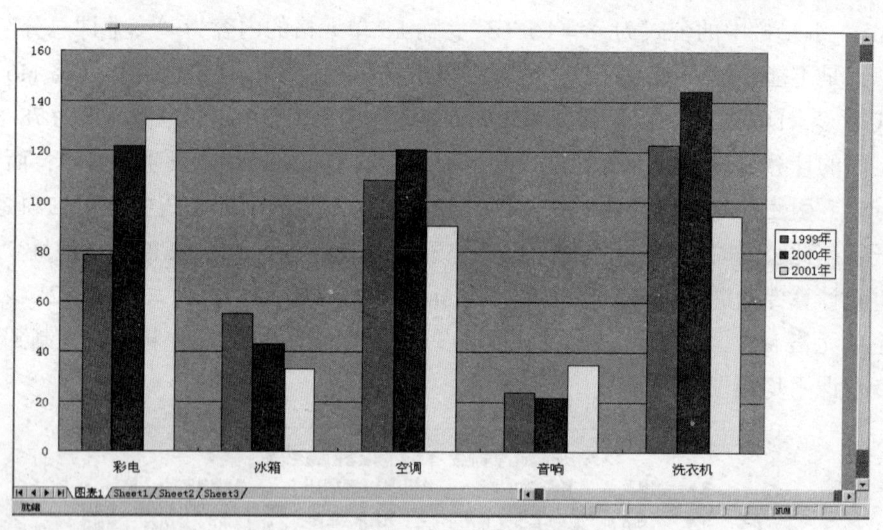

图 4－32　创建一个默认的图表工作表

2. 创建嵌入式图表

方法一：

如果要创建嵌入式图表，可以按照以下步骤进行操作。

①在工作表中选定要创建图表的数据。

②打开插入选项卡，单击图表组中的柱形图按钮，单击“簇状柱形图”图标。

③创建的图表如图 4－33 所示。

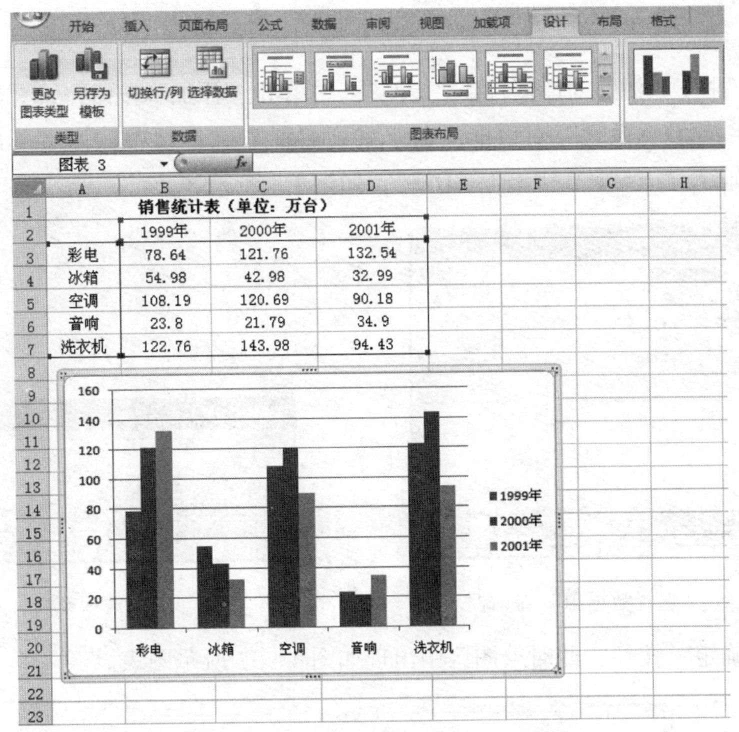

图4－33　在工作表中嵌入了一个图表

方法二：

通过“选择数据源”对话框创建嵌入式图表。

使用“图表”组中的命令可以快速创建一些简单的图表，操作步骤如下。

①选择存放图表的位置，然后打开 插入 选项卡，单击 图表 组中的“对话框启动器”按钮。

②弹出“插入图表”对话框，如图4－34所示，然后在左侧导航窗格中选择图表类型，接着在右侧窗格中选择子图表类型，最后单击“确定”按钮。

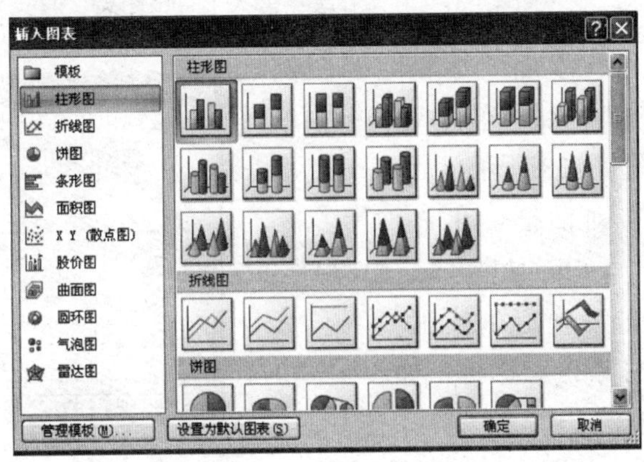

图4－34　“插入图表”对话框

③在工作表中创建一个空白图表区，单击该图表区，在 图表工具 下打开 设计 选项卡，单击

数据组中的 选择数据 按钮。

④弹出“选择数据源”对话框，在“图例项”中单击“添加”按钮，如图 4－35 所示。

⑤弹出“编辑数据系列”对话框，在“系列名称”文本框中输入“彩电”，在“系列值”文本框中输入“＝Sheet1！B3：D3”，如图 4－36 所示。

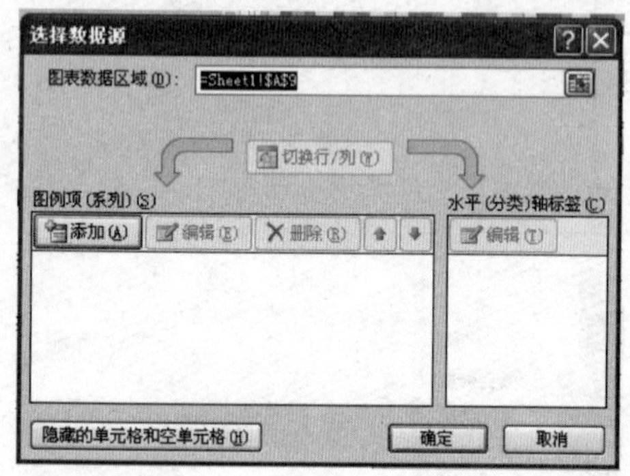

图 4－35 “选择数据源”对话框

图 4－36 “编辑数据系列”对话框

⑥单击“确定”按钮，此时绘图区中出现如图 4－37 所示图表。

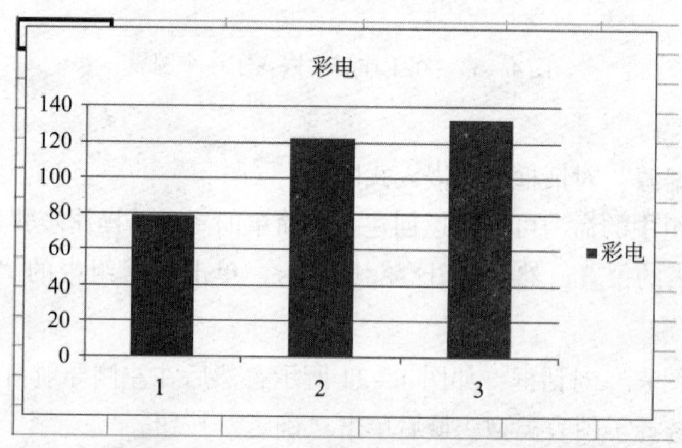

图 4－37 在工作表中嵌入了一个图表

⑦重复步骤④和⑤，添加“冰箱”等图例项，然后在“水平（分类）轴标签”列表框中单击“编辑”按钮，如图 4－38 所示。

⑧弹出“轴标签”对话框，在“轴标签区域”文本框中输入“＝Sheet1！B2：D2”，如图 4－39 所示，单击“确定”按钮。

⑨返回“选择数据源”对话框，如图 4－40 所示，单击“确定”按钮。

⑩创建完成后的图表如图 4－41 所示。

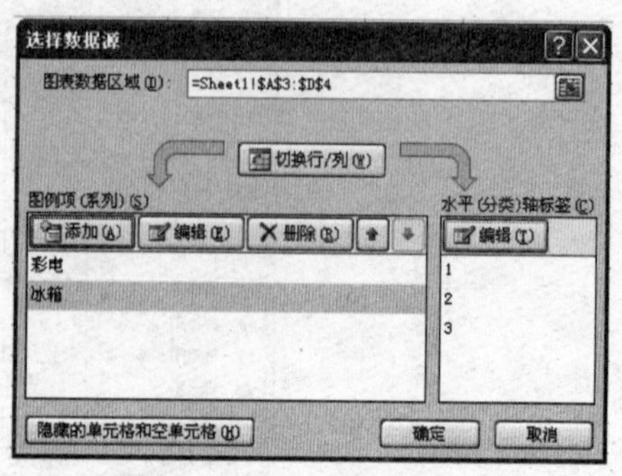

图 4－38 通过“选择数据源”对话框添加数据

图4-39　“轴标签”对话框

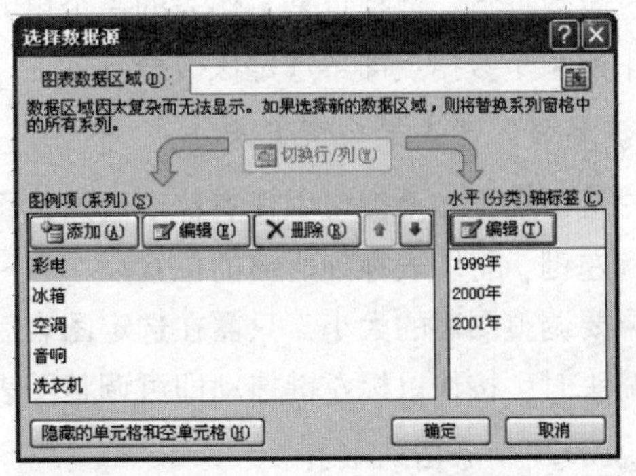

图4-40　“图例项”和“水平轴标签”的设置

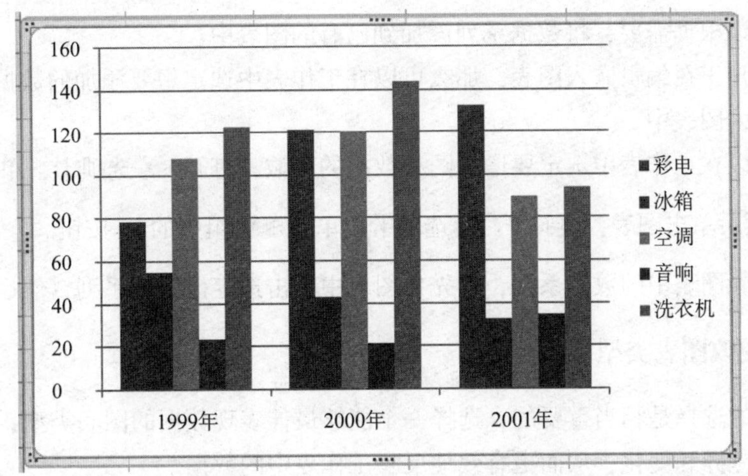

图4-41　在工作表中嵌入了一个图表

4.7.2　编辑图表

创建图表后，还可以对其进行编辑，使它更符合自己的需要。

当用户选定了一个嵌入图表或者切换到图表工作表中时，功能区会增加一些选项卡，其他菜单中也会增加一些修改图表的命令。

1. 选定图表项

在对图表中的图表项进行编辑之前，需要选定它们。

①选定图表区域。单击图表中的空白区域，在边框内出现8个省略号图样，表明已选定了图表区域。

②选定绘图区。绘图区是放置图表主体的背景，即以两条坐标轴为界的矩形区域。单击图表中坐标轴之内的空白区域，即可选定绘图区。

③选定数据系列。数据系列是绘制在图表中的一组相关数据点，来源于工作表中的一行或一列。图表中的每个数据系列都具有特定的颜色或图案。单击图表中某个系列中的一个图项，该系列中的每个图项中间出现一个句柄。

④选定数据点。数据点是工作表的一个单元格中的数据。在选定数据系列的情况下，单击系列中的某个数据点即可选定该数据点。

2. 调整嵌入图表的位置和大小

用户可以在工作簿窗口中任意移动嵌入式图表。首先单击图表将其选定，然后在图表上按住鼠标左键，将图表拖到所需的位置。

如果要调整图表的大小，只需在选定图表后将鼠标指针移到某个句柄上，当鼠标指针变成双向箭头时，按住鼠标左键拖动即可调整图表的大小。

3. 添加或删除图表数据

创建图表时，图表和选定的数据区域之间建立了链接关系。当对工作表中的数据进行修改时，Excel 会自动更新图表。

用户还可以根据需要，将数据系列添加到已有的图表中：

①如果用户正在编辑嵌入图表，那么可以在工作表中选定想要添加的数据，然后将选定的数据拖到嵌入图表中。

②用户可以在工作表中选定要增加图表数据的区域，打开开始选项卡，单击剪贴板组中的复制按钮，然后单击图表，再打开开始选项卡，单击剪贴板组中的粘贴按钮。

如果要删除图表中的数据系列，首先在图表中单击选定该数据系列，然后按 Delete 键。

4.7.3 更改图表类型

图表类型的选择是相当重要的，选择一个能够最佳表现数据的图表类型，有助于更清晰地反映数据的差异和变化，从而更有效地反映工作表中的数据。

如果要更改图表类型，可以按照以下步骤进行操作。

①单击需要修改的图表。

②在图表工具下打开设计选项卡，单击类型组中的更改图表类型按钮，弹出“更改图表类型”对话框，如图 4－42 所示。

③单击需要的图表类型。例如，从列表框中选择“圆柱图”，再从“子图表类型”框中选择“簇状圆柱图”。

④单击“确定”按钮，结果如图 4－43 所示。

4.7.4 图表的格式化

为了使创建的图表更具专业性，表达更有效，就需要对图表进行必要的修饰。图表的修饰就是对图表的外观、布局进行全面的设置。

1. 改变图表文本的字体和颜色

如果要改变图表文本的字体和颜色，可以按照以下步骤进行操作。

①单击图表将其选定。

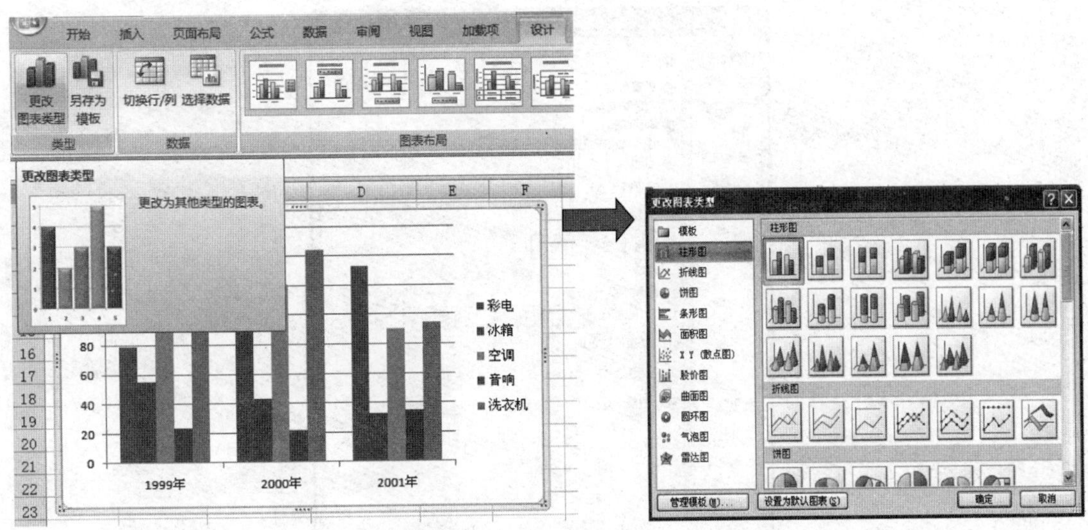

图 4－42　“更改图表类型”对话框

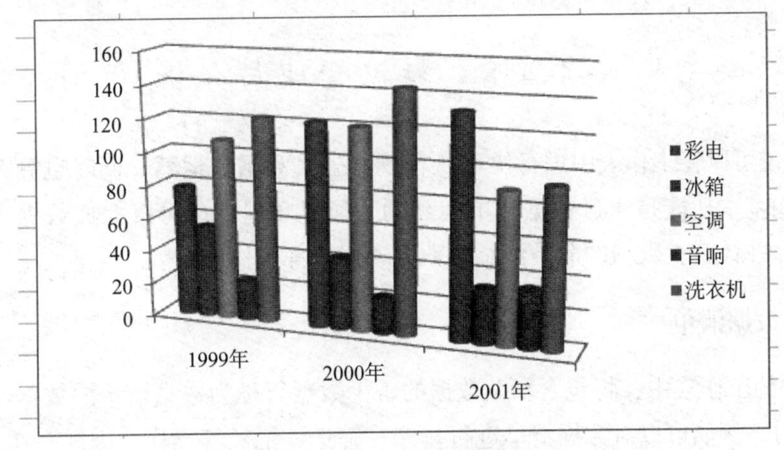

图 4－43　更改图表类型

②在图表工具下打开格式选项卡，在此选项卡下进行图表格式设置。

2. 改变图表区的填充图案

如果要改变图表区的填充图案，可以按照以下步骤进行操作。

①单击图表将其选定。

②在图表工具下打开格式选项卡，在当前所选内容组中，从下拉列表中选择图表区，然后单击设置所选内容格式命令，弹出“设置图标区格式”对话框，如图 4－44 所示。

③在此对话框中，可以对图表区内的任意所选内容进行格式设置，比如对图表的背景填充颜色、边框颜色、边框样式、阴影、三维格式、三维旋转等进行详细设置。所选内容不同，Excel 2010 提供的可设置格式属性有所不同。

④单击“关闭”按钮。

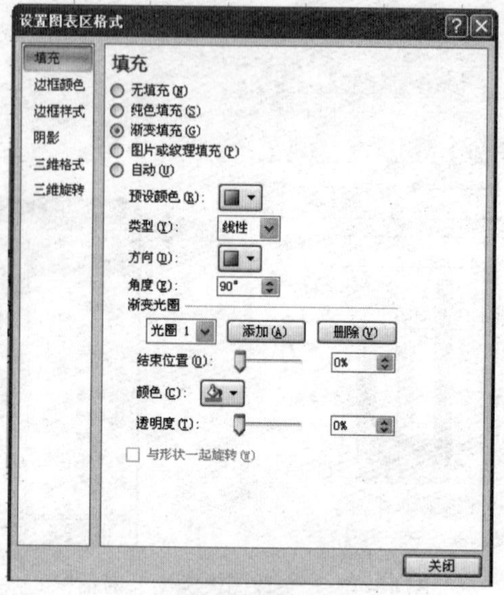

图 4－44 “设置图标区格式”对话框

任务 4.8 数据管理与分析

Excel 不仅可以在工作表中进行快速、有效的公式和函数运算，同时也具有数据库的基本功能，这些基本功能是通过数据清单实现的。通过数据清单可以完成数据排序、数据筛选、数据的合并计算、数据的分类汇总、数据透视表等操作。

4.8.1 数据清单

在 Excel 的工作表中，将包含相关数据的若干数据行称为数据清单。数据清单可以像数据库一样使用，例如可以对数据清单进行排序、筛选、汇总等操作。因此，在 Excel 中将数据清单当作数据库看待。其中，数据清单中的列标号相当于数据库的字段名称，数据清单中的每一行对应数据库中的一条记录。图 4－45 所示的学生成绩就是一个数据清单，即数据库。

建立好数据清单后，还可以继续在它所包含的单元格中输入数据。在输入数据时，应注意以下几点：

①应使同一列中的各行具有相同类型的数据项。

②在工作表中，数据清单与其他数据间至少要留出一个空列或空行，以便在进行排序、筛选或插入自动汇总等操作时，有利于中文 Excel 检测和选定数据清单。

③将关键数据置于清单的顶部或底部，避免将关键数据放到数据清单的左右两侧，因为这些数据在中文 Excel 筛选数据清单时可能会被隐藏。

④注意显示行和列。在修改数据清单之前，应确保隐藏的行或列也被显示。如果清单中的行和列没有显示，那么数据有可能会被删除。

序号	学号	姓名	输入法	硬件维护	体育	平面设计	数据库	高数	思想道德
1	1008025001	张坤	79.0	70.0	84.0	72.0	93.6	84.0	81.0
2	1008025002	李明磊	73.0	70.0	59.0	60.0	84.0	82.0	87.0
3	1008025003	刘婷婷	80.0	66.0	79.0	74.0	86.4	88.0	83.0
4	1008025004	梅玲	78.0	80.0	85.0	60.0	78.0	86.0	89.0
5	1008025005	吴文胜	77.0	68.0	86.0	60.0	84.0	82.0	87.0
6	1008025006	白乌云	88.0	66.0	83.0	76.0	91.2	90.0	85.0
7	1008025007	姜乃新	69.0	70.0	80.0	60.0	78.0	89.0	80.0
8	1008025008	阮晓敏	74.0	68.0	84.0	60.0	76.0	90.0	70.0
9	1008025009	白丽光	87.0	70.0	74.0	77.0	92.8	89.0	90.0
10	1008025010	乌春江	68.0	70.0	89.0	60.0	90.0	80.0	85.0
11	1008025011	许文龙	81.0	66.0	79.0	78.0	78.4	85.0	85.0
12	1008025012	王春红	83.0	69.0	83.0	77.0	81.4	86.0	85.0
13	1008025013	赵友新	61.0	78.0	78.0	60.0	69.0	74.0	86.0
14	1008025014	刘富民	78.0	70.0	79.0	60.0	69.0	87.0	84.0

图 4－45　数据清单

⑤注意数据清单格式。数据清单需要列标，若没有，则应在清单的第一行中创建，因为Excel 将使用创建报告并查找和组织数据。列标可以使用与数据清单中的数据不同的字体、对齐方式、格式、图案、边框或大小写类型等。在输入列标之前，应将单元格设置为文本格式。

4.8.2　数据的排序

工作表中有众多的数据，有时希望这些数据能够按某个规则排序。数据排序的规律有很多，如大小排列、字母的先后顺序排列及按升（降）序排列等。

1. 运用 数据 选项卡下 排序和筛选 组中的相应按钮进行排序

对成绩表数据清单中的数据（图 4－45）按照“总分”降序排列，操作步骤如下。

①将活动单元格定位到要排序的任意单元格，如 K4 单元格。

②打开 数据 选项卡，单击 排序和筛选 组中的 A↓Z 按钮，单元格中的数据按从小到大的顺序排列。如果打开 数据 选项卡，单击 排序和筛选 组中的 Z↓A 按钮，单元格中的数据将按从大到小的顺序排列。

2. 运用 开始 选项卡下 编辑 组中的相应命令进行排序

对成绩表数据清单（图 4－45）中的数据按照“总分”降序排列，总分相同的，按“专业课”降序排列，操作步骤如下。

①将活动单元格定位到要排序列的任意单元格，如 K4 单元格。

②打开 开始 选项卡，单击 编辑 组中的 排序和筛选 按钮，在下拉菜单中选择 自定义排序(U)... 命令，打开“排序”对话框，如图 4－46 所示。

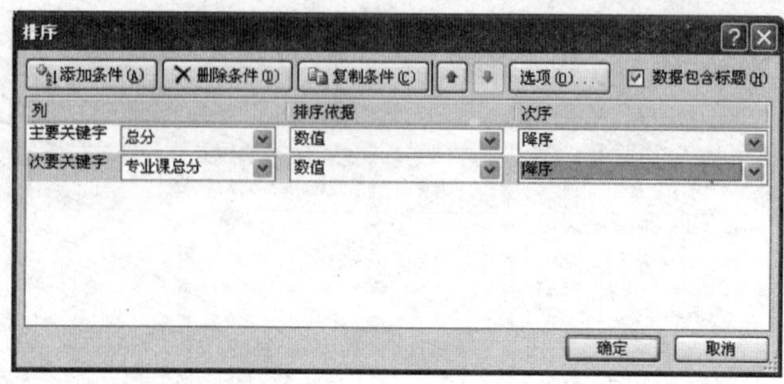

图 4－46 “排序”对话框

③在“排序”对话框中，在“主要关键字”下拉列表框中选择“总分”，在“次序”下拉列表框中选择“降序”，单击“添加条件”按钮，在“次要关键字”下拉列表框中选择“专业课”，在“次序”下拉列表框中选择“降序”。

④单击“确定”按钮，完成排序，结果如图 4－47 所示。

	A	B	C	D	E	F	G	H	I	J	K	L	M
1	序号	学号	姓名	输入法	硬件维护	体育	平面设计	数据库	高数	思想道德	总分	专业课总分	专业课平
2	9	1008025009	白丽光	87.0	70.0	74.0	77.0	92.8	89.0	90.0	579.8	415.8	83.16
3	6	1008025006	白乌云	88.0	66.0	83.0	76.0	91.2	90.0	85.0	579.2	411.2	82.24
4	12	1008025012	王春红	83.0	69.0	83.0	77.0	81.4	86.0	85.0	564.4	396.4	79.28
5	1	1008025001	张坤	79.0	70.0	84.0	72.0	93.6	84.0	81.0	563.6	398.6	79.72
6	3	1008025003	刘婷婷	80.0	66.0	79.0	74.0	86.4	88.0	83.0	556.4	394.4	78.88
7	4	1008025004	梅玲	78.0	80.0	85.0	60.0	78.0	86.0	89.0	556.0	382.0	76.4
8	11	1008025011	许文龙	81.0	66.0	79.0	78.0	78.4	85.0	85.0	552.4	388.4	77.68
9	5	1008025005	吴文胜	77.0	68.0	86.0	60.0	84.0	82.0	87.0	544.0	371.0	74.2
10	10	1008025010	乌春江	68.0	70.0	89.0	60.0	90.0	80.0	85.0	542.0	368.0	73.6
11	14	1008025014	刘富民	78.0	70.0	79.0	60.0	69.0	87.0	84.0	527.0	364.0	72.8
12	7	1008025007	姜乃新	69.0	70.0	80.0	60.0	78.0	89.0	80.0	526.0	366.0	73.2
13	8	1008025008	阮晓敏	74.0	68.0	84.0	60.0	76.0	90.0	70.0	522.0	368.0	73.6
14	2	1008025002	李明磊	73.0	70.0	59.0	60.0	84.0	82.0	87.0	515.0	369.0	73.8
15	13	1008025013	赵友新	61.0	78.0	78.0	60.0	69.0	74.0	86.0	506.0	342.0	68.4
16													

图 4－47 排序结果

4.8.3 分类汇总

为了对数据进行分析，通常要对同一类数据进行汇总。Excel 2010 提供了分类汇总数据的功能。

下面对一个学生表进行每个专业学生人数的汇总，操作步骤如下。

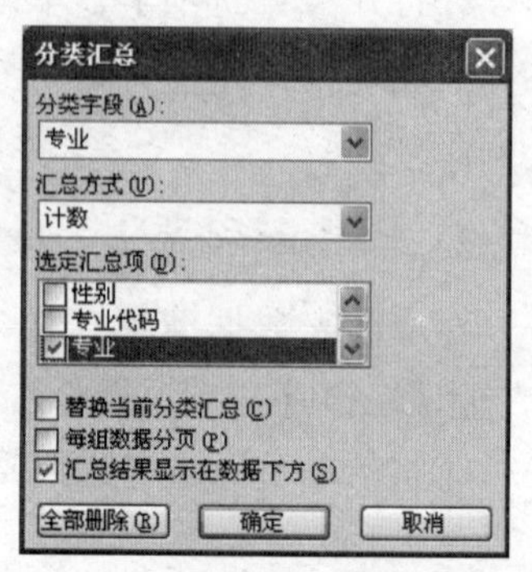

图 4－48 “分类汇总”对话框

①数据如图 4－48 所示，首先按照“专业”字段进行排序，然后选择要分类汇总的单元格区域 A2:I12。

②打开 数据 选项卡，单击 分级显示 组中的 分类汇总，弹出“分类汇总”对话框。

③在“分类字段”下拉列表中设置数据分类的标准，在“汇总方式”下拉列表中选择数据的汇总方式，在“选定汇总项”下拉列表中设置要汇总的项目，如图 4－48 所示。

④单击“确定”按钮，分类汇总后的数据效果如图 4－49

所示。各个专业的总人数值都在各专业的下面，而总计人数值则在数据的最下方（这是因为在“分类汇总”对话框中勾选了“汇总结果显示在数据下方”复选项）。

	A	B	C	D	E	F	G	H	I
1	兴安学院学生基本情况表								
2	序号	姓名	性别	专业代码	专业	出生年月日	家庭住址	邮编	电话
3	10	满达	男	018	英语	1990-9-29	内蒙古兴安盟	137400	9043456
4	5	高刚	男	018	英语	1989-5-15	内蒙古呼和浩特	010089	9543456
5				**英语 计数**	2				
6	3	王楠	女	013	物理	1990-3-1	内蒙古呼和浩特	010089	7687656
7	2	李超	男	013	物理	1989-6-1	内蒙古鄂尔多斯	134567	5434565
8				**物理 计数**	2				
9	8	林梓	男	011	数学	1990-8-1	河南南阳	432345	5457980
10	4	张洋	男	011	数学	1988-12-31	内蒙古兴安盟	137400	7867898
11				**数学 计数**	2				
12	7	黑土	男	010	计算机	1989-1-1	内蒙古赤峰	137561	9898767
13	1	陈丽	女	010	计算机	1988-12-1	内蒙古兴安盟	137400	1234567
14				**计算机 计数**	2				
15	9	辛勤	女	019	化学	1991-8-7	内蒙古通辽	137560	8912056
16	6	白云	女	019	化学	1991-5-1	内蒙古通辽	137560	8765676
17				**化学 计数**	2				
18				**总计数**	10				
19									

图4－49　分类汇总后的数据效果

4.8.4　数据筛选

若在规模较大的数据清单中查找符合某些条件的若干记录，采用一般的查找方法难以满足要求，这时可以使用Excel的筛选功能。Excel的筛选功能可以自动列出符合条件的所有记录，设置的条件越多、越准确，越容易找到所需记录。

筛选的方式有3种：自动筛选、自定义自动筛选和高级筛选。其中自动筛选是对整个数据清单操作，筛选结果在原区域显示，它比较适合简单条件筛选；自定义自动筛选可以扩展筛选范围；高级筛选可以指定筛选的数据区域，并且筛选结果可以在指定区域显示，比较适合复杂筛选条件。

下面以“成绩表”数据清单为例，分别说明自动筛选、自定义自动筛选和高级筛选的操作方法。

1. 自动筛选

例如，从学生成绩表中筛选出总分为556分的所有数据，操作步骤如下。

①在成绩表数据清单（图4－47）中添加“总分”列，并计算该列值。然后选定要筛选的数据清单中的任意一个单元格。

②单击“开始”选项卡“编辑”组中的“排序和筛选”按钮，将弹出一个下拉菜单，从中选择“筛选”命令；也可以通过单击“数据”选项卡的“排序和筛选”组中的“筛选”按钮来实现自动筛选。

③此时工作表中每一个列标题旁边都将显示自动筛选按钮▾，如图4－50所示。

④单击“总分”列旁边的自动筛选按钮，在弹出的菜单窗口下方列表框中取消“全选”选项，仅选中556（也可以同时选择多项），如图4－51所示。

⑤单击“确定”按钮，则工作表将只显示“总分”成绩为556分的学生的记录；同时，Excel立即隐藏了所有不含所选择值的行。

利用自动筛选功能可以快速获得需要查询的信息，有利于提高数据分析的效率。

	A	B	C	D	E	F	G	H	I	J	K
1	序号	学号	姓名	输入法	硬件维	体育	平面设	数据库	高数	思想道	总分
2	1	1008025001	张坤	79.0	70.0	84.0	72.0	93.6	84.0	81.0	563.6
3	2	1008025002	李明磊	73.0	70.0	59.0	60.0	84.0	82.0	87.0	515.0
4	3	1008025003	刘婷婷	80.0	66.0	79.0	74.0	86.4	88.0	83.0	556.4
5	4	1008025004	梅玲	78.0	80.0	85.0	60.0	78.0	86.0	89.0	556.0
6	5	1008025005	吴文胜	77.0	68.0	86.0	60.0	84.0	82.0	87.0	544.0
7	6	1008025006	白乌云	88.0	66.0	83.0	76.0	91.2	90.0	85.0	579.2
8	7	1008025007	姜乃新	69.0	70.0	80.0	60.0	78.0	89.0	80.0	526.0
9	8	1008025008	阮晓敏	74.0	68.0	84.0	60.0	76.0	90.0	70.0	522.0
10	9	1008025009	白丽光	87.0	70.0	74.0	77.0	92.8	89.0	90.0	579.8
11	10	1008025010	乌春江	68.0	70.0	89.0	60.0	90.0	80.0	85.0	542.0
12	11	1008025011	许文龙	81.0	66.0	79.0	78.0	78.4	85.0	85.0	552.4
13	12	1008025012	王春红	83.0	69.0	83.0	77.0	81.4	86.0	85.0	564.4
14	13	1008025013	赵友新	61.0	78.0	78.0	60.0	69.0	74.0	86.0	506.0
15	14	1008025014	刘富民	78.0	70.0	79.0	60.0	69.0	87.0	84.0	527.0

图 4－50　设定“自动筛选”后的数据表

再次选择步骤②中的命令“筛选”，数据清单中的数据将全部重新显示。

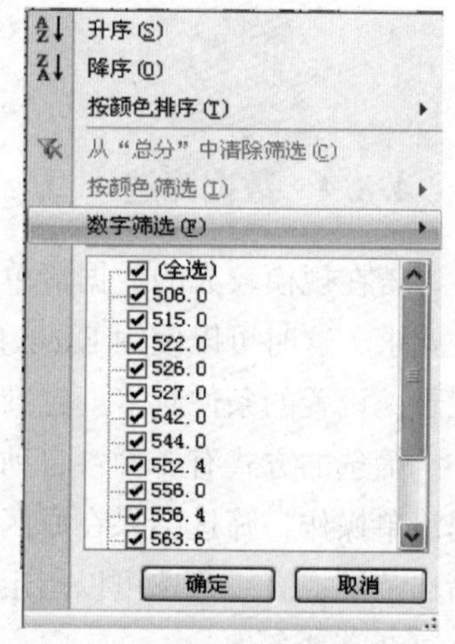

图 4－51　自定义筛选条件

2. 自定义自动筛选

前述自动筛选功能有限，若采用自定义自动筛选，则可快速扩展筛选范围。

例如，从学生成绩表中筛选出总分在 570 分以上和 550 分以下的学生所有数据，操作步骤如下。

①单击“总分”字段旁边的自动筛选按钮，在弹出的窗口中把鼠标光标移至“数字筛选”项，将显示其子菜单，如图 4－52 所示。从中选择相应的命令，例如“大于”，将打开“自定义自动筛选方式”对话框，如图 4－53 所示。

②在“自定义自动筛选方式”对话框中，左上方下拉列表框中将显示“大于或等于”；单击右上方下拉列表框右侧的下拉按钮，在列表中选择“570”，并选中“或”单选钮。

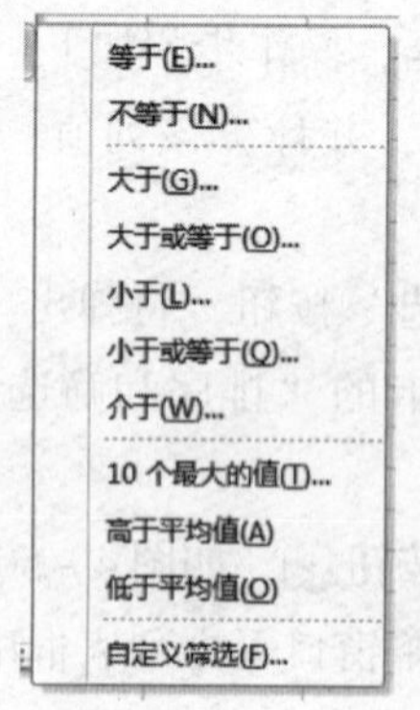

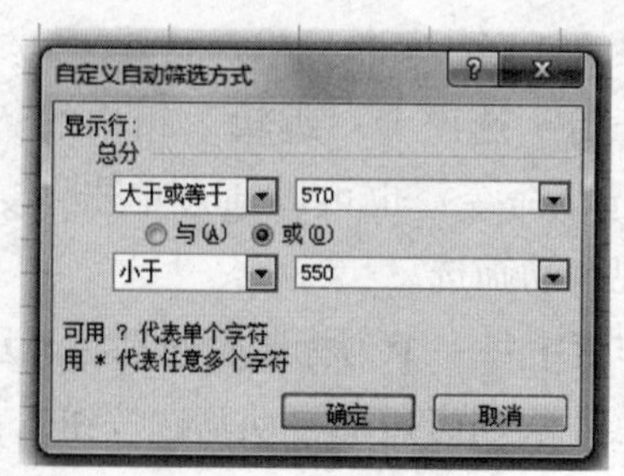

图 4－52　自定义自动筛选　　　　图 4－53　“自定义自动筛选方式”对话框

③在左下方下拉列表框中单击右侧的下拉按钮，然后在下拉列表中选择条件“小于”；单击右下方下拉列表中的下拉按钮，在列表中选择“550”，如图 4－53 所示。

④单击“确定”按钮，完成筛选。

另外，在“自定义自动筛选方式”对话框中也可以只选择一个条件。取消自定义自动筛选的结果的方法同前，即再次选择“筛选”按钮。

若查找的数据是文本类型，则“数字筛选”将变为“文本筛选”，其自定义自动筛选的操作方法类似于数字类型的自定义自动筛选。

3. 高级筛选

若筛选的条件较多，则应使用Excel的“高级筛选”功能。此时，需先选定一个单元格区域作为条件区域，用来指定所筛选数据需满足的条件。条件区域应位于数据清单的外部，并且条件区域的第一行必须包含数据清单的字段名即列标题，但不必是所有字段。在条件区域的字段名下面至少有一行用来定义筛选条件。

例如，查找“平面设计”成绩在75分以上（含75分），或者“数据库”成绩在80分以上的学生，就需要使用“高级筛选”，具体操作步骤如下。

①确定筛选条件，建立条件区域，如图4－54所示（边框不是必需的）。此处为“或”关系的条件，需将条件放在不同行，这时只要记录满足条件之一就将显示出来。

②选定数据清单中任意一个单元格，然后单击“数据”选项卡“排序和筛选”组中的“高级”按钮，将显示如图4－55所示的“高级筛选”对话框。

18		平面设计	数据库
19		>=75	
20			>80

图4－54　确定筛选条件

图4－55　“高级筛选”对话框

③在“高级筛选”对话框中，若选中“在原有区域显示筛选结果”，则Excel将隐藏不符合条件的数据行来筛选数据清单；若选中“将筛选结果复制到其他位置”，则Excel将把符合条件的数据行复制到工作表中数据清单以外的位置，本例选择前者。

④在“列表区域”框中指定要筛选的区域（若在单击“高级”按钮之前选定数据清单中任意单元格，则“列表区域”将自动识别要筛选的区域，无须再选）。

⑤在“条件区域”框中指定筛选条件，即用鼠标单击右侧的拾取按钮，然后通过拖动鼠标的方式来选取步骤①所建立的条件区域（如图4－55所示）。

⑥在“复制到”框中指定目标区域（仅在步骤③中选择了“将筛选结果复制到其他位置”选项时需要选择此项；若在步骤③中选择了“在原有区域显示筛选结果”，则无须此项操作）。

⑦单击“确定”按钮，即可完成高级筛选。

要想恢复显示全部数据，则仅需单击“排序和筛选”组中的“筛选”按钮。

另外，当使用高级筛选时，若条件之间是“与”的关系，则建立条件区域时，需把条件放在同一行，如图 4－56 所示，这时将显示“平面设计”成绩在 75 分以上（含 75 分），同时其“数据库”成绩在 80 分以上的学生的记录。

在 Excel 中，还可以使用通配符查找某些字符相同但其他字符不一定相同的文本值。比如在“成绩表”中查找所有姓刘的同学，操作步骤如下。

①单击需要筛选的数据清单中“姓名”字段旁边的自动筛选按钮。

②按照前述方法，通过“文本筛选”命令子菜单打开“自定义自动筛选方式”对话框，在其左上角的“姓名”下拉列表中选择“等于”，在右上角的条件框中输入“刘＊”，如图 4－57 所示。

	平面设计	数据库
18	平面设计	数据库
19	>=75	>80

图 4－56 “与”条件的条件区域

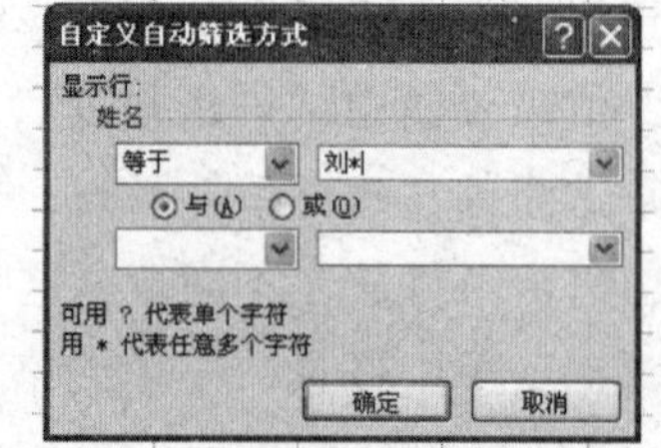

图 4－57 在自动筛选中使用通配符

③单击“确定”按钮，则得到所有姓刘同学的记录。

任务 4.9 页面设置与打印

4.9.1 页面设置

在工作表打印之前，先要对工作表进行页面设置，这样打印出来的工作表才会美观大方。

素材：计算机系 2010－2011 上学期学生成绩表 . xlsx。

1. 设置打印区域

设置打印区域为“计算机系 2010－2011 上学期学生成绩表”的所有记录，操作步骤如下。

①选定单元格区域 A1:K15，用鼠标拖动的方法选定超过一页的单元格区域时，最好是从单元格区域右下角的单元格 K15 开始向上拖动鼠标，直至 A1 单元格时松开鼠标。

②单击“文件”按钮，在弹出的菜单中选择 打印(P) 级联菜单中的 打印预览(V) 打印前预览并更改页面。，可以在“打印预览”窗口中预览打印后的效果。

③单击该窗口中的 关闭打印预览 按钮，选定的单元格区域将被虚线包围。

2. 设置页眉、页脚

设置页眉为“计算机系 2010 – 2011 上学期学生成绩表”，操作步骤如下。

①在“打印预览”窗口中单击按钮后打开“页面设置”对话框，如图 4 – 58 所示。

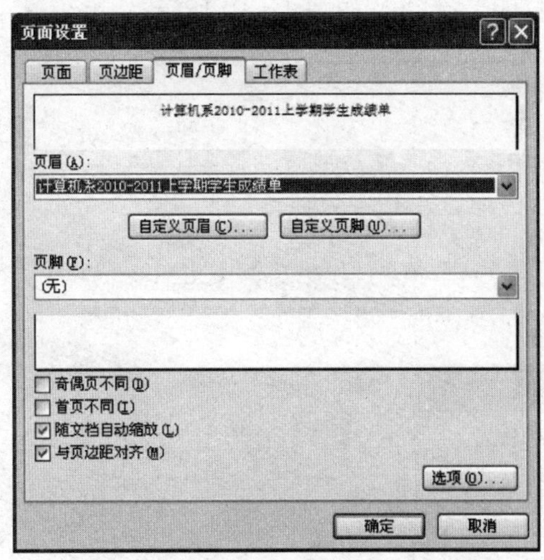

图 4 – 58　“页面设置”对话框

②切换到“页眉/页脚”选项卡，完成对页眉、页脚的设置。

③单击“确定”按钮，完成对页眉和页脚的设置，同时可以预览打印后的效果。

3. 打印网格线和行号、列标

设置打印网格线和行号、列标，操作步骤如下。

①在“打印预览”窗口中单击按钮后打开“页面设置”对话框，如图 4 – 58 所示。

②切换到“工作表”选项卡，如图 5 – 59 所示。

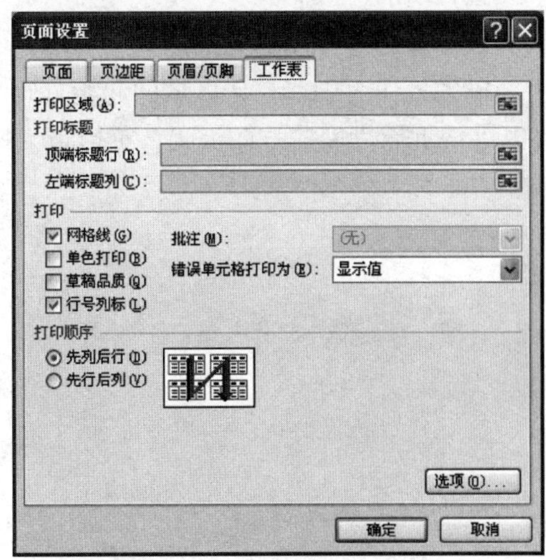

图 4 – 59　“工作表”选项卡

4.9.2 打印

在对工作表的所有编辑及设置确定无误后，就可以进行打印了。

打印工作表或整个工作簿，操作步骤如下。

①单击“文件”→“打印”命令，如图4－60所示。

图4－60 设置打印选项

②在“份数”数值框中设置打印的份数。

③在“打印机”选项区中，可以选择打印机的类型。

④在“页数”输入框中，输入工作表中要打印区域的起始页码和终止页码。

⑤在打印选项中，还可以进行页面方向、打印纸张、页边距、打印缩放等设置。

单元 5

使用 PowerPoint 制作演示文稿

学习目标

1. 掌握 PowerPoint 概述和基本操作。
2. 掌握演示文稿的视图模式。
3. 熟练掌握演示文稿的外观设计。
4. 熟练进行幻灯片中的对象编辑。
5. 熟练运用幻灯片交互效果设置。
6. 掌握幻灯片的放映和输出。

重点和难点

重点

1. 演示文稿的视图模式。
2. 演示文稿的外观设计。
3. 幻灯片中的对象编辑。
4. 幻灯片交互效果设置。
5. 幻灯片的放映和输出。

难点

1. 演示文稿的外观设计。
2. 幻灯片中的对象编辑。
3. 幻灯片交互效果设置。

任务 5.1　PowerPoint 概述和基本操作

PowerPoint 2010 是微软公司 Office 2010 办公套装软件中的一个重要组件，用于制作具有图文并茂展示效果的演示文稿。演示文稿由用户根据软件提供的功能自行设计、制作和放映，具有动态性、交互性和可视性，广泛应用在演讲、报告、产品演示和课件制作等的内容展示上。借助演示文稿，可更有效地进行表达与交流。

5.1.1 PowerPoint 概述

1. 演示文稿的基本功能

①可以方便、快速地建立并放映演示文稿。

②对于已建立的演示文稿，提供了多种幻灯片浏览模式。

③为了更好地展示演示文稿的内容，可以对幻灯片的页面、主题、背景及母版进行外观设计。

④对于演示文稿中的每张幻灯片，可以利用对象编辑功能设置丰富的多媒体效果；提供了具有动态性和交互性的演示文稿放映方式，通过设置动画效果、幻灯片切换方式和放映控制方式，可以更加充分地展现演示文稿的内容和达到预期的目的；演示文稿可以打包输出和转换格式，以便在未安装 PowerPoint 2010 的计算机上放映演示文稿。

2. 演示文稿的基本概念

演示文稿是以 . pptx 为扩展名的文件，该文件由若干张幻灯片组成，按序号由小到大排列。启动“MicroSoft PowerPoint 2010”，就可以使用 PowerPoint 了。

PowerPoint 的功能是通过其窗口实现的，启动 PowerPoint 即打开 PowerPoint 应用程序工作窗口，其中包括快速访问栏、标题栏、选项卡、功能区、幻灯片编辑区、控制按钮、显示比例调节区、状态栏，如图 5－1 所示。

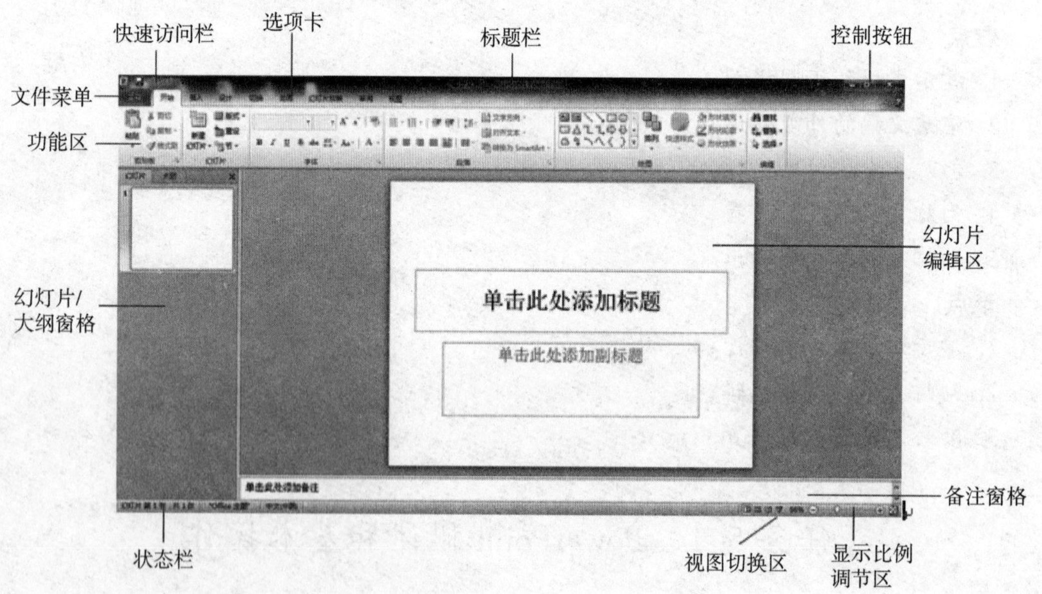

图 5－1 PowerPoint 窗口

5.1.2 新建演示文稿

执行下列操作之一，可以进入 PowerPoint。

- 利用“开始”菜单启动：单击“开始”→“程序”→“Microsoft Office”→

"Microsoft Office PowerPoint 2010" 命令。

- 利用桌面快捷方式图标启动：如果桌面上有 PowerPoint 2010 快捷方式图标，则双击快捷方式图标。
- 利用现有的 PowerPoint 文件启动：在"我的电脑"窗口中找到并双击任意一个 Excel 文件图标，可启动 PowerPoint 2010 并打开该文件。

新建演示文稿主要采用如下几种方式：新建空白演示文稿、根据主题、根据模板和根据现有演示文稿等。

使用空白演示文稿方式，可以创建一个没有任何设计方案和示例文本的空白演示文稿，根据自己需要选择幻灯片版式开始演示文稿的制作。

1. 建立新演示文稿

方法1：启动 PowerPoint 系统自动建立新演示文稿，默认命名为"演示文稿1"，用户可以在保存演示文稿时重新命名。

方法2：单击"文件"选项卡下的"新建"命令，在"可用的模板和主题"下双击"空白演示文稿"。

2. 保存演示文稿

方法1：单击"文件"选项卡下的"保存"或"另存为"命令，在此可以重新命名演示文稿及选择要存放的文件夹。

方法2：单击功能区的"保存"图标按钮。

5.1.3 幻灯片版式应用

幻灯片版式确定了幻灯片内容的布局。PowerPoint 提供了多个幻灯片版式供选择。

单击"开始"选项卡→"幻灯片"组→"版式"命令，可为当前幻灯片选择版式。对于新建的空白演示文稿，默认的版式是"标题幻灯片"。

确定了幻灯片的版式后，即可在相应的栏目和对象框内添加或插入文本、图片、表格、图形、图表、媒体剪辑等内容。

5.1.4 插入和删除幻灯片

演示文稿建立后，通常需要多张幻灯片表达一组相关内容。

1. 选中幻灯片

若要插入或删除幻灯片，首先要选中当前幻灯片，它代表插入或删除位置，新幻灯片将插在当前幻灯片后面。

2. 插入幻灯片

可插入新幻灯片，也可以插入当前幻灯片的副本。

方法1：在"幻灯片/大纲浏览"窗格选中某幻灯片缩略图，单击"开始"选项卡→"幻灯片"组→"新建幻灯片"下拉按钮，选择版式。

方法2：在“幻灯片/大纲浏览”窗格右击某幻灯片缩略图，在弹出的菜单中选择“新建幻灯片”命令。

方法3：在“幻灯片浏览”视图模式下，定位光标，单击右键，在弹出的菜单中选择“新建幻灯片”命令。

3. 删除幻灯片

在“幻灯片/大纲”窗格选中某幻灯片缩略图，按删除键。

右击目标幻灯片缩略图，在菜单中选择“删除幻灯片”命令。

在“幻灯片浏览”视图模式下选中某幻灯片，按删除键。

若删除多张幻灯片，先选中这些幻灯片，然后按删除键。

5.1.5 编辑幻灯片中的信息

可在系统提供的版式、模板等样式下编辑信息，包括文本、图片、表格、图形、图表、媒体剪辑及各种形状等，可自行设计幻灯片布局，达到满意的效果。

1. 使用占位符

占位符是指幻灯片中被虚线框起来的部分，可在占位符内输入文字或插入图片等。一般占位符的文字字体具有固定格式。

2. 使用“大纲”缩览窗格

文稿中的文字通常具有不同的层次结构，有时还通过项目符号来体现，可使用“大纲”缩览窗格进行文字编辑。

①在“大纲”缩览窗格内，可直接输入幻灯片标题；按Enter键可插入一张新幻灯片。

②在“大纲”缩览窗格内新建一张幻灯片，按Tab键可将其转换为之前幻灯片的下级标题，同时输入文字，再按Enter键，可输入多个同级标题。

提示：在“大纲”缩览窗格中，按Ctrl + Enter组合键可插入一张新幻灯片，按Shift + Enter组合键可实现换行输入。

3. 使用文本框

幻灯片中的占位符是一个特殊的文本框，包含预设的格式，出现在固定的位置，可对其更改格式，移动位置。除使用占位符外，还可以在幻灯片的任意位置绘制文本框，并设置文本格式，展现用户需要的幻灯片布局。

(1) 插入文本框

方法1：单击“插入”选项卡→“文本”组→“文本框”命令。

方法2：单击“插入”选项卡→“插图”组→“形状”命令→“基本形状”中的图形。

(2) 设置文本格式

单击“开始”选项卡“字体”组和“段落”组的命令。

(3) 设置文本框样式和格式

单击“绘图工具/格式”选项卡中的各项命令。

课后作业与练习：

按下列要求，新建一个 PPT 演示文稿：

①新建一个空白文档。

②在标题中输入“兴安职业技术学院”文字。

③在副标题中输入“今天选择兴安学院，明天成就辉煌未来”文字。

④保存演示文稿为“兴安学院”。

5.1.6 复制和移动幻灯片

1. 复制幻灯片

方法1：在“幻灯片/大纲”缩览窗格选中某幻灯片缩略图，单击“开始”选项卡→“幻灯片”组→“新建幻灯片”下拉按钮→“复制所选幻灯片”命令。

方法2：单击“开始”选项卡→“剪贴板”组→“复制”命令。

方法3：在“幻灯片浏览”视图模式下选中某幻灯片，单击右键，在弹出的菜单中选择“复制”命令。

2. 移动幻灯片

方法1：在“幻灯片/大纲”缩览窗格中用鼠标直接拖动。

方法2：在“幻灯片浏览”视图模式中用鼠标直接拖动。

5.1.7 放映幻灯片

➢ 按 F5 键。

➢ 单击视图按钮组中的“幻灯片放映”图标。

➢ 单击“幻灯片放映”选项卡“开始放映幻灯片”组内的相关命令。

【例 5－1】 新建中振双核电气有限公司宣传 PPT。

（1）操作步骤：

1）新建中振双核电气有限公司演示文稿。

2）添加演示文稿第一页（封面）的内容，如图 5－2 所示。要求如下：

①采用“标题幻灯片”版式。

②标题为“中振双核电气有限公司宣传片”，文字分散对齐，字体为“华文彩云”、60 磅、加粗；副标题为日期，日期居中对齐，字体为“黑体”、32 磅、加粗。

3）添加演示文稿第二页的内容，如图 5－3 所示。要求如下：

①采用“标题，文本与内容”版式。

②标题为“中振双核电气有限公司”；文本处是一些公司信息；插入文本框，填充蓝色。

中振双核电气有限公司宣传片

2019.09.25

图 5－2　演示文稿第一页

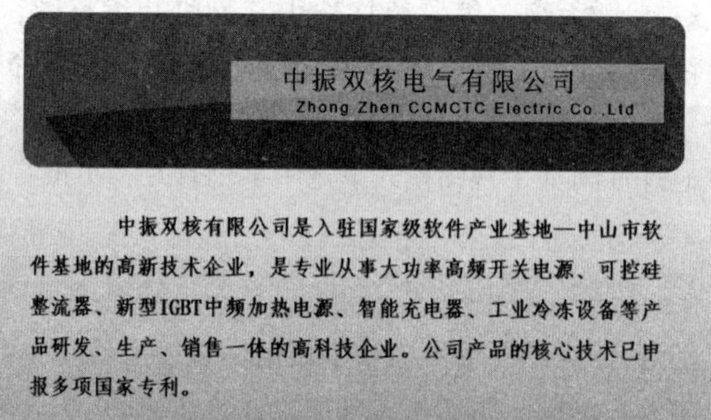

图 5－3　演示文稿第二页

（2）保存这两张幻灯片，文件名为“公司宣传片”，给文件加密。

（3）将第一张幻灯片移至第二张后面，在第一张幻灯片前面插入一张新幻灯片，加入标题“中振欢迎您”，副标题“作者:”，复制第四张幻灯片至最后一张幻灯片。

课后训练与作业：

打开“公司宣传片.pptx”，继续新建幻灯片，输入文字，再做一些自己喜欢的修改。

任务 5.2　演示文稿的视图模式

PowerPoint 提供了编辑、浏览和观看幻灯片的多种视图模式，主要包括“普通视图”“浏览视图”“备注页视图”“阅读视图”四种方式。

利用“视图”选项卡“演示文稿视图”命令组，可在四种视图之间切换。

5.2.1　普通视图

普通视图是 PowerPoint 默认的视图模式，在普通视图下，窗口由三个窗格组成：“幻灯片/大纲”缩略窗格、“幻灯片”窗格、备注窗格。

5.2.2　幻灯片浏览视图

幻灯片浏览视图模式可以以全局的方式浏览演示文稿中的幻灯片。

可在右侧的幻灯片窗格同时显示多张幻灯片缩略图，便于进行多张幻灯片顺序的编排，方便进行新建、复制、移动、插入和删除幻灯片等操作。

可以设置幻灯片的切换效果并进行预览。

5.2.3 备注页视图

在该视图模式下，备注页上方显示的是当前幻灯片的内容缩览图，无法对幻灯片的内容进行编辑；下方的备注页为占位符，可向占位符中输入内容，为幻灯片添加备注信息。

在备注页视图下，按 PageUp 键可上移一张幻灯片，按 PageDown 键可下移一张幻灯片，拖动页面右侧的垂直滚动条，可定位到所需的幻灯片上。

5.2.4 阅读视图

阅读视图可将演示文稿作为适应窗口大小的幻灯片放映查看，视图只保留幻灯片窗格、标题栏和状态栏，其他编辑功能被屏蔽。

通常是从当前幻灯片开始阅读，单击可以切换到下一张幻灯片，直到放映最后一张幻灯片后退出阅读视图。

阅读过程中可随时按 Esc 键退出，也可以单击状态栏右侧的其他视图按钮，退出阅读视图并切换到其他视图。

任务 5.3 演示文稿的外观设计

PowerPoint 提供了多种演示文稿外观设计功能，可以采用多种方式修饰和美化演示文稿，制作出精致的幻灯片，更好地展示要表达的内容。

PowerPoint 演示文稿外观设计可采用的主要方式有使用主题、使用模板、设置背景、使用幻灯片母版。

5.3.1 使用内置主题

主题是方便演示文稿设计的一种手段，是一种包含背景图形、字体选择及对象效果的组合，是对颜色、字体、效果和背景的设置，一个主题只能包含一种设置。

主题作为一套独立的选择方案应用于演示文稿中，可以简化演示文稿的创建过程，使演示文稿具有统一的风格。

PowerPoint 提供了大量的内置主题，以供制作演示文稿时选用，可以直接在主题库中选择，也可以自定义主题。

1. 应用主题

①使用内置主题：单击“设计”选项卡→“主题”组。

②使用外部主题：单击“设计”选项卡→“主题”组主题列表→“浏览主题”命令。

2. 自定义主题设计

(1) 自定义主题颜色

选用内置主题颜色：单击“设计”选项卡→“主题”组→“颜色”按钮，在颜色列表框中选择一款内置颜色，幻灯片的标题文字颜色、背景填充颜色、文字的颜色随之改变。

自定义主题颜色：单击“设计”选项卡→“主题”组→“颜色”按钮→“新建主题颜色”命令，在“新建主体颜色”对话框中更改某类主题颜色，在“名称”文本框中自定义主题颜色的名称，单击“保存”按钮。

(2) 自定义主题字体

主要是定义幻灯片中的标题字体和正文字体。

选择内置主题字体：单击“设计”选项卡→“主题”组→“字体”按钮，在下拉列表中选择字体，将同时改变标题和正文字体。

自定义主题字体：可以对标题字体和正文字体分别进行设置。单击“设计”选项卡→“主题”组→“字体”按钮→“新建主题字体”命令，在“新建主题字体”对话框中分别设置标题字体和正文字体，在“名称”文本框内输入字体方案的名称，单击“保存”按钮。

(3) 自定义主题背景

幻灯片的主题背景通常是预设的背景格式，与内置主题一起使用，可对主题的背景样式重新设置。

选择内置主题背景：单击“设计”选项卡→“背景”组→“背景样式”按钮，在下拉列表中选择背景样式。

自定义主题背景：单击“设计”选项卡→“背景”组→“背景样式”按钮→“设置背景格式”命令，在“设置背景格式”对话框中设计背景格式方案。

5.3.2 背景设置

背景样式设置功能可用于设置主题背景，也可用于无主题设置的幻灯片背景，可自行设计一种幻灯片背景，满足自己的演示文稿个性化要求。

背景设置利用“设置背景格式”对话框完成，主要是进行幻灯片背景的颜色、图案和纹理等进行调整，包括改变背景颜色、图案填充、纹理填充和图片填充等方式。

背景设置同样可用于前述的主题背景设置。

打开“设置背景格式”对话框，单击“设计”选项卡→“背景”组→“背景样式”按钮→“设置背景格式”命令，即可进行背景设置。

背景颜色设置有“纯色填充”和“渐变填充”两种方式。“纯色填充”是选择单一颜色填充背景，而“渐变填充”是将两种或更多种填充颜色逐渐混合在一起，以某种渐变方式从一种颜色逐渐过渡到另一种颜色。

提示：若已经设置主题，则所设置的背景可能被主题背景图形覆盖，此时可以在“设置背景格式”对话框中选择“隐藏背景图形”复选框。

5.3.3 幻灯片母版制作

演示文稿通常应具有统一的外观和风格，体现用户的信息等，通过设计、制作和应用幻灯片母版可以快速实现这一要求。

幻灯片母版中包含了幻灯片中共同出现的内容及构成要素，如标题、文本、日期、背景等。创建演示文稿时，可直接使用这些事前设计好的格式。

在母版中插入图片：利用“插入”选项卡“图像”组的“图片”命令可以插入图片背景，利用“格式”选项卡“排列”组的命令调整图片层次。

编辑母版版式：利用“幻灯片母版”选项卡“编辑母版”组的命令可以为幻灯片添加版式、重命名母版、删除版式等。

【例5－2】 编辑宣传幻灯片。

①为“公司宣传片”演示文稿的每一页添加日期、页脚和幻灯片编号。其中日期设置为可以自动更新，页脚为“李笑自我介绍”，三者的字号大小均为24磅。

②添加背景图，如图5－4所示。

图5－4 背景图

单击“设计”→“背景”→“填充”→“图片或纹理填充”→“填充背景图”→“全部应用”。

最后一张幻灯片操作：单击“插入”→“形状”→“矩形”，单击“开始”→“填充”→“图片或纹理”→“有色纸1”，如图5－5所示。

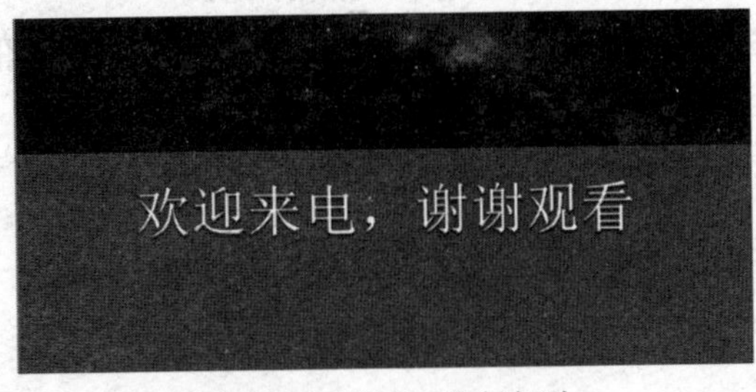

图5－5 最后一张幻灯片

【**例 5－3**】 制作“公司宣传片”母版。

第 1 步：单击第一张幻灯片，单击“开始”选项卡“幻灯片”组“版式”按钮，设为“空白”版式，其余三张按同样方式设为“空白”版式。

第 2 步：幻灯片的背景颜色都设定为“蓝色星空”图片。

第 3 步：打开“幻灯片母版”视图，在左侧单击“空白”版式，在右侧的编辑窗口中分别插入 LOGO 和公司网址图片。

幻灯片效果如图 5－6 所示。

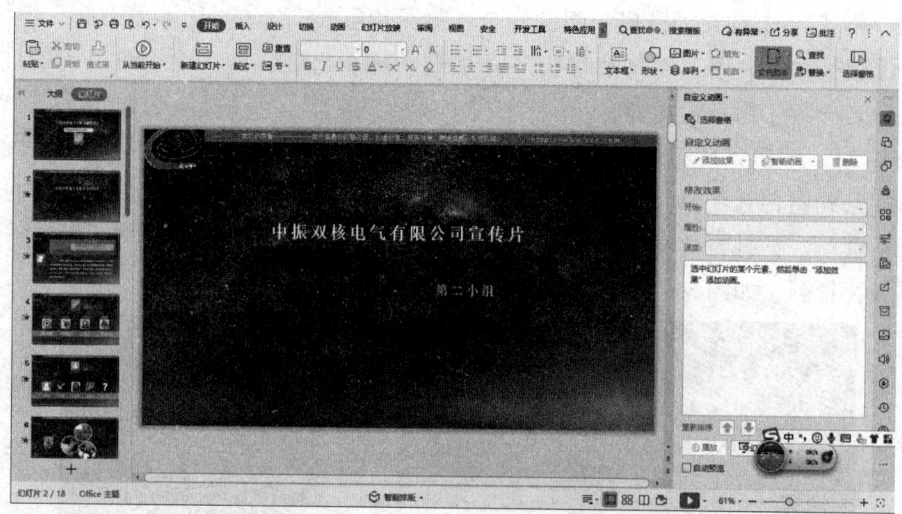

图 5－6　幻灯片效果

任务 5.4　幻灯片中的对象编辑

PowerPoint 演示文稿中不仅可以输入文本，还可以插入各种媒体对象，如形状与图片、表格与图表、声音与视频、艺术字等。充分和适当地使用这些对象，可以使演示文稿达到意想不到的效果。

5.4.1　使用形状

单击“插入”选项卡→“插图”命令组→“形状”命令，可以使用各种形状。通过组合多种形状，可以绘制出能更好地表达思想和观点的图形。

可用的形状包括线条、基本形状、箭头总汇、公式形状、流程图、星与旗帜、标注和动作按钮等。

1. 绘制图形

绘制图形的步骤如下：

1）插入形状、输入文本。

2）改变矩形形状。

3）改变形状样式。

形状样式包括线条的线型（实或虚线、粗细）、颜色等，封闭形状内部填充颜色、纹理、图片等，形状的阴影、映象、发光、柔化边缘、棱台、三维旋转等形状效果。改变形状样式的方法如下。

①套用形状样式。

②自定义形状线条的线型和颜色。

③设置封闭形状的填充颜色和填充效果。

④设置形状的效果。

2. 组合形状

当幻灯片中有多个形状时，有些形状之间存在着一定的关系，有时需要将有关的形状作为整体进行移动、复制或改变大小。把多个形状组合成一个形状，称为形状的组合；将组合形状恢复为组合前状态，称为取消组合。

（1）组合形状

按住 Shift 键并依次单击要组合的每个形状，单击“绘图工具/格式”选项卡→“排列”组→“组合”命令。

（2）取消组合

单击“绘图工具/格式”选项卡→“排列”组→“组合”按钮→“取消组合”命令。

5.4.2　使用图片

在幻灯片中使用图片可以使演示效果变得更加生动直观。可以插入的图片主要有两类：剪贴画、以文件形式存在的图片。

插入图片、剪贴画有两种方式：一种是采用功能区命令，另一种是单击幻灯片内容区占位符中剪贴画或图片的图标。对插入的图片还可以改变其样式。

1. 插入图片（或剪贴画）

方法1：插入新幻灯片并选择“标题和内容”版式（或其他具有内容区占位符的版式），单击内容区的“图片”图标。

方法2：单击“插入”选项卡“图像”组的“剪贴画”或“图片”命令。

2. 改变图片表现形式

（1）调整图片的大小和位置

（2）旋转图片

（3）用图片样式美化图片

图片样式就是各种图片外观格式的集合，使用图片样式可以使图片快速美化，系统内置了 28 种图片样式供选择。

单击“图片工具/格式”选项卡→“图片样式”组，选择样式。

（4）增加图片特定效果

通过设置图片的阴影、映象、发光等特定视觉效果可以使图片更加美观，富有感染力。

系统提供了 12 种预设效果，还可以自定义图片效果。

5.4.3 使用表格

在幻灯片中可以插入表格对象。表格应用十分广泛，可以直观表达数据。

1. 插入表格

方法 1：插入新幻灯片并选择“标题和内容”版式（或其他具有内容区占位符的版式），单击内容区“插入表格”图标。

方法 2：单击“插入”选项卡→“表格”组→“表格”按钮→“插入表格”命令，输入行数和列数。

2. 编辑表格

利用“表格工具/设计”和“表格工具/布局”选项卡下的各命令组可以完成相应的操作。

5.4.4 使用图表

可以使用 Excel 提供的图表功能，在幻灯片中嵌入 Excel 图表和相应的表格。

方法 1：插入新幻灯片并选择“标题和内容”版式（或其他具有内容区占位符的版式），单击内容区“插入图表”图标，可以按照 Excel 的操作方式插入图表。

方法 2：单击“插入”选项卡→“插图”组→“图表”按钮，按照 Excel 的操作方式插入图表。

5.4.5 使用 SmartArt 图形

SmartArt 图形是 PowerPoint 2010 提供的新功能，是一种智能化的矢量图形，它是已经组合好的文本框和形状、线条。

利用 SmartArt 图形可以快速地在幻灯片中插入功能性强的图形，表达用户的思想。

PowerPoint 提供的 SmartArt 图形类型有列表、流程、循环、层次结构、关系、矩阵、棱锥图、图片等。

1. 插入 SmartArt 图形

方法 1：插入新幻灯片并选择“标题和内容”版式（或其他具有内容区占位符的版式），单击内容区“插入 SmartArt 图形”图标，打开“插入 SmartArt 图形”对话框，选择所需的类型。

方法 2：单击“插入”选项卡→“插图”组→“SmartArt 图形”命令，选择类型。

2. 编辑 SmartArt 图形

（1）添加形状

选中 SmartArt 图形的某一形状，单击“SmartArt 工具/设计”选项卡→“创建图形”组→“添加形状”命令。

(2) 编辑文本和图片

选中 SmartArt 图形，单击图形的左侧小三角按钮，出现文本窗格，可以添加文本或编辑文本。

(3) 使用 SmartArt 图形样式

单击“SmartArt 工具/设计”选项卡→“布局”命令组→“重新布局”命令，重新选择图形。

单击“SmartArt 工具/设计”选项卡→“SmartArt 样式”组→“更改颜色”命令，选定颜色。

单击“SmartArt 工具/设计”选项卡→“SmartArt 样式”组→“快速样式”命令，选择样式。

(4) 重新设计 SmartArt 图形样式

单击“SmartArt 工具/格式”选项卡→“形状样式”组，对图形形状的颜色、轮廓、效果等重新进行设计。

5.4.6 使用音频和视频

幻灯片中可以插入一些简单的声音和视频。

选中要插入声音的幻灯片，单击“插入”选项卡→“媒体”组→“音频”命令下的三角形，可以插入“文件中的音频”“剪贴画音频”“来自网站的视频”，还可以录制音频。

插入声音后，幻灯片中会出现声音图标，还会出现浮动声音控制栏，单击栏上的“播放”图标按钮，可以预览声音效果。

外部的声音文件可以是 MP3 文件、WAV 文件、WMA 文件等。

5.4.7 使用艺术字

PowerPoint 提供对文本进行艺术化处理的功能，使用艺术字，使文本具有特殊的艺术效果。

例如，可以拉伸标题、对文本进行变形、使文本适应预设形状，或应用渐变填充等。

在幻灯片中既可以创建艺术字，也可以将现有文本转换成艺术字。

1. 创建艺术字

单击“插入”选项卡→“文本”组→“艺术字”按钮，选择一种艺术字样式，在艺术字编辑框中输入艺术字文本。和普通文本一样，艺术字也可以改变字体和字号。

2. 修饰艺术字

可以利用“绘图工具/格式”选项卡修饰及设置艺术字外观效果。

可以改变艺术字填充颜色、改变艺术字轮廓、改变艺术字效果、确定艺术字位置。

3. 转换普通文本为艺术字

单击“插入”选项卡→“文本”命令组→“艺术字”命令。

【例 5-4】 修饰演示文稿。

（1）插入图片、形状、表格、文本框、艺术字。

步骤：

①单击“插入”→“图片”→“本地图片”，选择插入的图片。

②单击“插入”→“形状”，选择圆形，单击“填充”→“图片或纹理”→“本地图片”。

③单击“插入”→“形状”，选择圆形，单击“填充”→选择浅蓝色。

④单击“插入”→“表格”，选择 2 行 2 列，单击“确定”按钮，输入数字和文字。

⑤单击“插入”→“艺术字”，输入“欢迎来电，谢谢观看”。

（2）插入音频。

步骤：

①单击“插入”→“形状”，选择圆形，“填充”为“无填充颜色”，“轮廓”选择“白色”，“线型”为 4.5 磅，单击“图片或纹理”→“本地图片”，选择本地技术团队文件夹中的图片 1，为形状填充。使用同样的方式添加图 2、图 3。效果如图 5-7 所示。

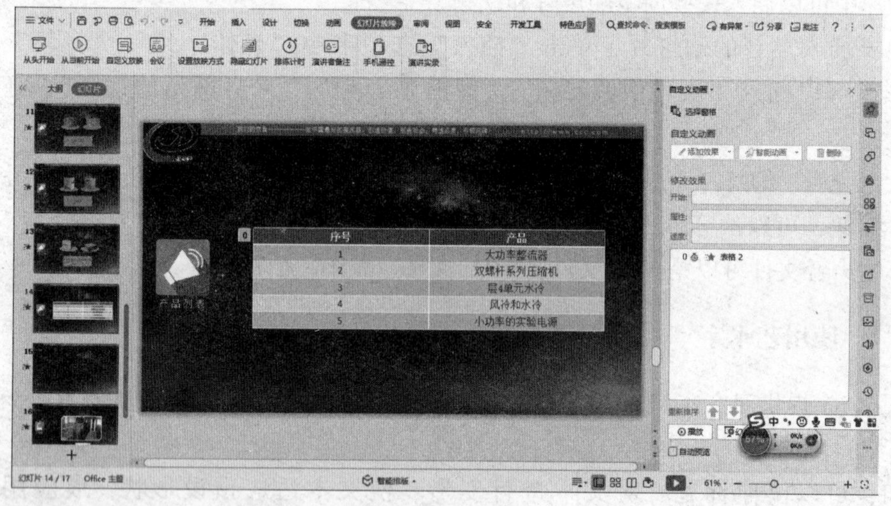

图 5-7　效果图（1）

②选择项目中的第 9 张幻灯片，单击“插入”→“形状”，选择圆形，单击“填充”，选择浅蓝色，调整形状后继续单击“插入”→“图片”→“本地图片”，选择插入的图片，依次插入产品图片，调整位置。效果如图 5-8 所示。

③选择项目中的第 14 张幻灯片，单击“插入”→“表格”→6 行 2 列→“表格样式”，选择中度样式 2，单击“确定”按钮输入数字和文字。效果如图 5-9 所示。

④选择项目中的最后一张幻灯片，单击“插入”→“艺术字”，选择“预设样式”，输入“欢迎来电，谢谢观看”，调整文字大小。效果如图 5-10 所示。

图5-8　效果图（2）

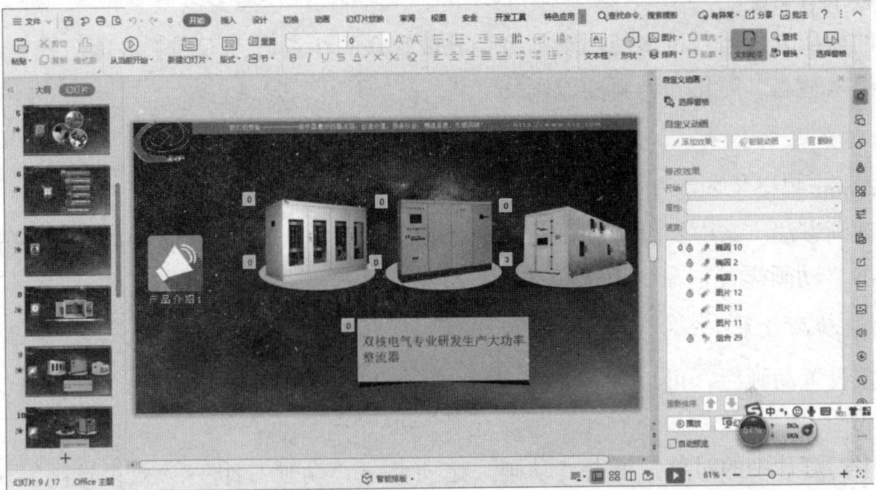

图5-9　效果图（3）

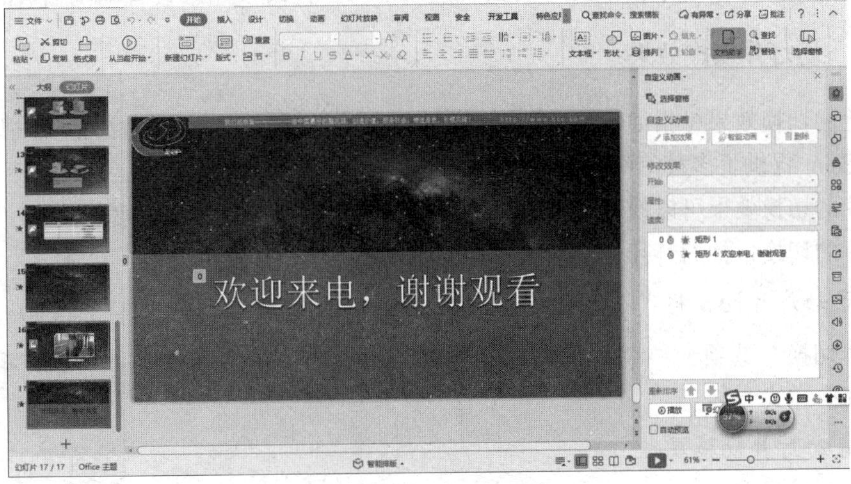

图5-10　效果图（4）

任务5.5 幻灯片交互效果设置

PowerPoint应用程序提供了幻灯片与用户之间的交互功能：

①可以为幻灯片的各种对象，包括组合图形等，设置放映时的动画效果。

②可以为每张幻灯片设置放映时的切换效果。

③可以规划动画路径。

设置了幻灯片交互性效果的演示文稿，放映演示时更富有感染力和生动性。

5.5.1 对象动画设置

为幻灯片设置动画效果可以使幻灯片中的对象按一定的规则和顺序运动起来，赋予它们进入、退出、大小或颜色变化甚至移动等视觉效果，既能突出重点，吸引观众的注意力，又使放映过程十分有趣。

动画的使用要适当，过多使用动画也会分散观众的注意力，不利于传达信息。因此，设置动画应遵从适当、简化和创新的原则。

1. 为对象添加动画

PowerPoint提供了四类动画："进入""强调""退出""动作路径"。

添加动画方法：选中要设置动画的对象，单击"动画"选项卡"动画"组的下拉列表框，或单击"动画样式"命令，选择动画类型。

2. 设置动画效果

为对象设置动画后，可以为动画设置效果、设置动画开始播放的时间、调整动画速度等。

①选中幻灯片中的对象，单击"动画"选项卡→"动画"组→"效果选项"命令，选择动画设置效果。

②选中幻灯片中的对象，单击"动画"选项卡→"计时"组，设置动画播放时间。

5.5.2 幻灯片切换效果

幻灯片的切换效果是指演示文稿放映时幻灯片进入和离开播放画面时的整体视觉效果。PowerPoint提供了多种幻灯片切换样式。

幻灯片的切换效果可以使幻灯片的过渡衔接更为自然，提高了演示度。

幻灯片的切换包括幻灯片切换效果和切换属性。

1. 设置幻灯片切换样式

单击"切换"选项卡→"切换到此幻灯片"组中的下拉列表或者"切换方案"命令，选择一种切换样式。

2. 设置幻灯片切换属性

切换属性包括效果选项、换片方式、持续时间和声音效果等。

单击“切换”选项卡→“切换到此幻灯片”组→“效果选项”命令，选择一种切换效果，在“计时”组设置换片方式、切换声音、持续时间等属性。

3. 预览切换效果

单击“动画”选项卡→“预览”组→“预览”命令。

5.5.3　幻灯片链接操作

幻灯片放映时，可以通过使用超链接和动作来增加演示文稿的交互效果。

使用超链接和动作可以从本幻灯片跳转到其他幻灯片、文件、外部程序或网页上，起到演示文稿放映过程的导航作用。

1. 设置超链接

选中要建立超链接的对象，单击“插入”选项卡→“链接”组→“超链接”命令，指定链接位置。

当幻灯片放映时，单击设置超链接的对象，放映会跳转到所指定的位置。

2. 设置动作

在幻灯片中插入或选择作为动作启动的图片，单击“插入”选项卡→“链接”组→“动作”命令，设置动作属性。

设计和制作完成后的演示文稿要放映给观众，才能达到演示的目的。

通常情况下可以按 F5 键，或单击视图按钮的“幻灯片放映”图标按钮，或利用“幻灯片放映”选项卡中的“开始放映幻灯片”命令组进行幻灯片放映。

PowerPoint 提供幻灯片放映时的设置功能，可以将幻灯片打包输出、转换输出及进行打印等操作。

【例 5 - 5】 宣传片的交互设置。

1. 添加对象的动画及设置效果

选中项目第一张幻灯片的圆角矩形，单击菜单栏中的“动画”，选择“擦除”选项，设置开始：之后；方向：自左侧；速度：非常快。效果如图 5 - 11 所示。

2. 幻灯片切换效果

单击“切换”选项卡“切换到此幻灯片”组中的下拉列表或者单击“切换方案”命令，选择一种切换样式，选择一种切换效果，在“计时”组设置换片方式、切换声音、持续时间等属性。

3. 设置动作效果

在幻灯片中插入或选择作为动作启动的图片，单击“插入”选项卡→“链接”组→“动作”命令，设置动作属性。

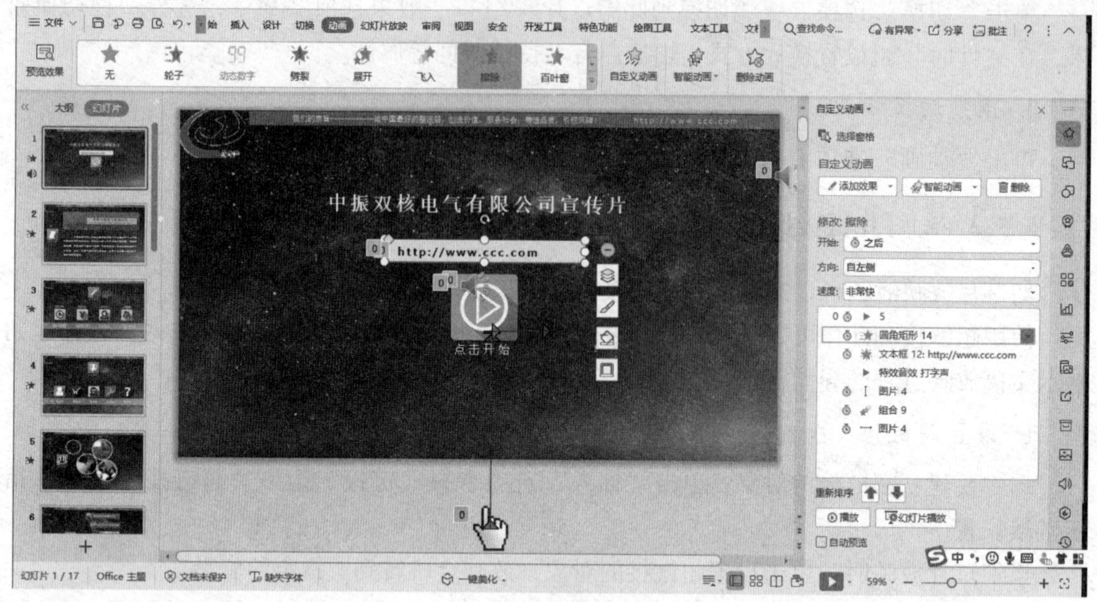

图 5－11　效果图

任务 5.6　幻灯片的放映和输出

为幻灯片上的文本和各对象设置动画效果，可以突出重点、控制信息的流程、提高演示的效果。在设计动画时，有两种动画设计：一种是幻灯片内各对象或文字的动画效果；另一种是幻灯片切换时的动画效果。

5.6.1　幻灯片放映设置

1. 设置放映方式

演示文稿有三种放映类型：演讲者放映（全屏幕）、观众自行浏览（窗口）和在展台浏览（全屏幕），通常选择“演讲者放映”类型。

单击“幻灯片放映”选项卡→“设置”组→“设置幻灯片放映”命令，设定放映方式。

2. 采用排练计时

单击“幻灯片放映”选项卡→“设置”组→“排练计时”命令，在幻灯片播放过程中确定放映时间。

3. 录制旁白

单击“幻灯片放映”选项卡→“设置”组→“录制幻灯片演示”命令，录制旁白声音并保存。

4. 建立不同放映方案

单击“幻灯片放映”选项卡→“开始放映幻灯片”组→“自定义幻灯片放映”命令，建立多种放映方案，在不同的方案中选择不同的幻灯片放映。

5. 选择放映指针

在幻灯片放映时，单击鼠标右键，在弹出的菜单中选择“指针选项”下的不同笔迹类型，可利用鼠标在幻灯片上勾画出重要内容。

5.6.2 演示文稿输出

制作完成的演示文稿可以直接在安装 PowerPoint 应用程序的环境下演示。

PowerPoint 提供了演示文稿打包功能，将演示文稿打包到文件夹或 CD，甚至可以把 PowerPoint 播放器和演示文稿一起打包。这样在安装没有 PowerPoint 应用程序的计算机上也能放映演示文稿。

还可以将演示文稿转换成放映格式，在没有安装 PowerPoint 的计算机上放映。

1. 打包演示文稿

演示文稿可以打包到磁盘的文件夹或 CD 光盘上（需要配有刻录机和空白 CD 光盘）。

单击“文件”选项卡→“保存并发送”命令，双击“将演示文稿打包成 CD”命令，在“打包成 CD”对话框中选择“复制到文件夹”，则演示文稿打包到指定的文件夹中；若选择“复制到 CD”，则演示文稿打包到 CD 上。

2. 运行打包的演示文稿

演示文稿打包后，就可以在没有安装 PowerPoint 应用程序的环境下放映。打包到 CD 的演示文稿文件，可在读光盘后自动播放。

3. 将演示文稿转换为直接放映格式

将演示文稿转换成直接放映格式后，也可以在没有安装 PowerPoint 应用程序的计算机上直接放映。

打开演示文稿，单击“文件”选项卡→“保存并发送”命令，双击“更改文件类型”项的“PowerPoint 放映”命令，自动选择保存类型为“PowerPoint 放映（*. ppsx）”，选择存放路径和文件名，单击“保存”按钮，双击放映格式（*. ppsx）文件，即可放映该演示文稿。

5.6.3 演示文稿打印

1. 页面设置

单击“设计”选项卡→“页面设置”组→“页面设置”命令，在“页面设置”对话框中对幻灯片的大小、跨度、高度、方向等进行重新设置，在幻灯片浏览视图下可以看到页面设置后的效果。

2. 打印预览

单击“文件”选项卡→“打印”选项，可以预览幻灯片的打印效果。

任务5.7　宣传片的放映设置与打印演示文稿

1. 使用排练计时

单击“幻灯片放映”选项卡中的“排练计时”命令旁的倒三角按钮▼，选择“排练全部”，如图5－12所示。随后演示文稿自动进入幻灯片放映状态，从第一张幻灯片开始放映，并出现一个“录制”工具栏，如图5－13所示。

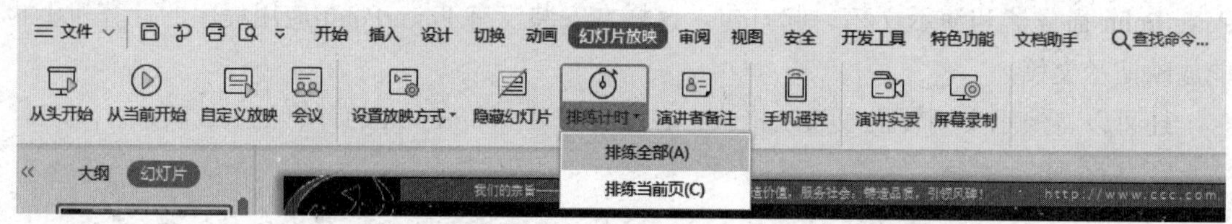

图5－12　排练计时

排练结束后，单击“录制”工具栏上的“关闭”按钮，从弹出的提示框中选择是否保留此次的排练时间，如图5－14所示。

图5－13　“录制”工具栏

图5－14　提示框

2. 对公司宣传片进行录制幻灯片演示

选择“幻灯片放映”选项卡的“设置”功能区中的“录制幻灯片”命令，在弹出的下拉列表中选择“从头开始录制”，这时出现一个“录制幻灯片演示”对话框，如图5－15所示。

演示文稿自动进入幻灯片放映状态，从第一张幻灯片开始放映，并出现一个“录制”工具栏，接下去的界面和“排练计时”的相同，这里不再赘述。

3. 放映演示文稿

选择“幻灯片放映”选项卡的“设置”功能区中的“设置幻灯片放映”命令，打开“设置放映方式”对话框，如图5－16所示。在对话框中选择放映方式，单击“确定”按钮，如图5－17所示。

4. 放映的控制

(1) 翻页方式

①鼠标单击。

②按 PageUp、PageDown 键。

③右击鼠标，从中选择“上一页”“下一页”。

④右击鼠标，从快捷菜单中选择“定位，按标题（或幻灯片漫游)”命令。

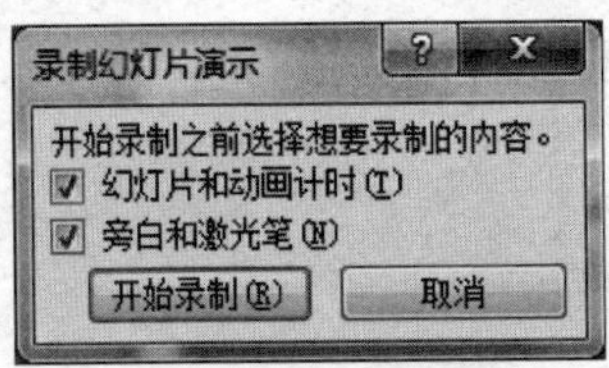

图 5－15　“录制幻灯片演示”对话框

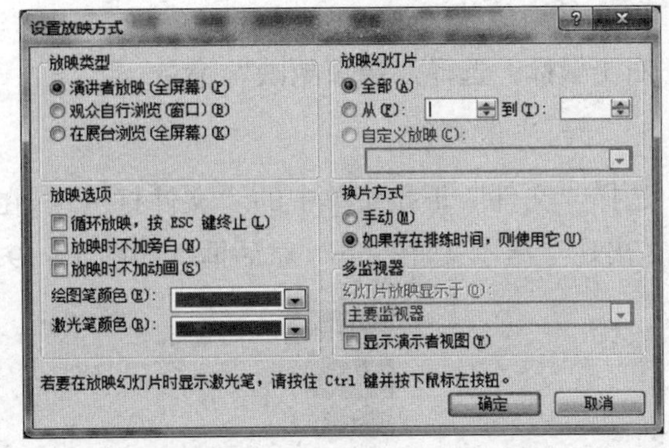

图 5－16　“设置放映方式”对话框

图 5－17　幻灯片放映

(2) 笔指针的应用

右击鼠标，从快捷菜单中选择“指针选项”→“笔”命令，如图 5－18 所示。

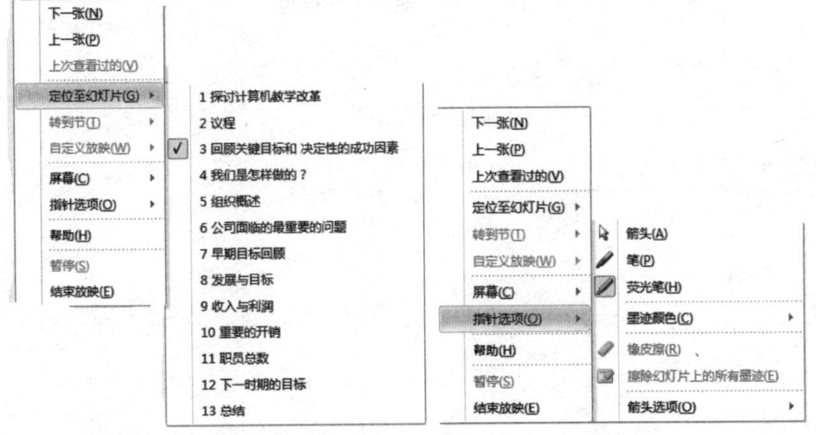

图 5－18　选择“指针选项”→“笔”命令

(3) 结束放映

右击鼠标，选择“结束放映”命令。

5. 打包演示文稿

选择“文件”下拉菜单中的“文件打包”，在级联菜单中选择“将演示文档打包成文件夹”，出现“演示文件打包”对话框，如图 5－19 所示，根据提示完成打包操作。

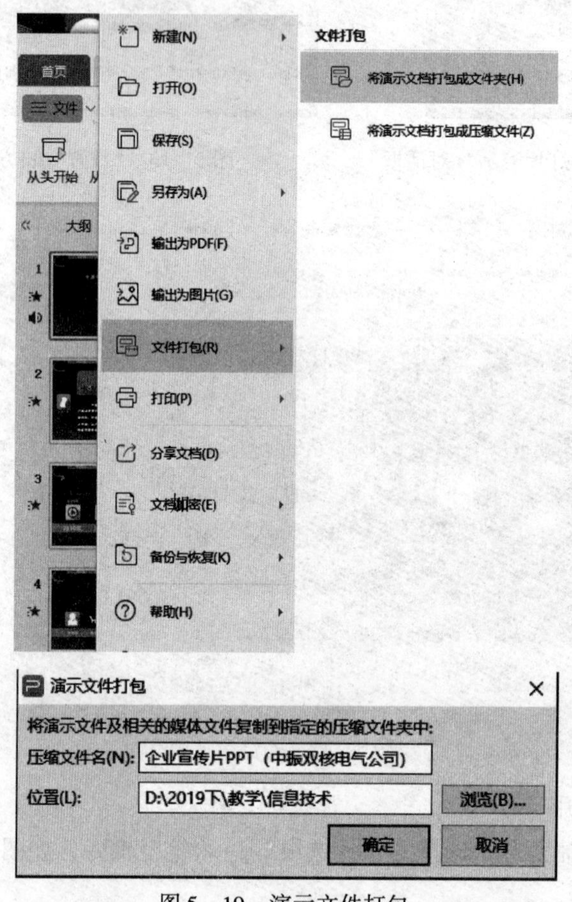

图 5－19 演示文件打包

单元 6

计算机网络基础

学习目标

1. 理解计算机网络的概念。
2. 掌握计算机网络的体系结构。
3. 理解计算机网络的拓扑结构。
4. 了解计算机网络的传输介质。
5. 理解计算机网络的分类。
6. 掌握 IP 地址与域名系统。
7. 了解局域网的分类与组成。
8. 了解网络互联的概念、类型。

重点和难点

重点

1. 计算机网络的体系结构。
2. 计算机网络的拓扑结构。
3. 计算机的网络分类。

难点

IP 地址与域名系统。

任务 6.1 计算机网络基本知识

6.1.1 计算机网络的概述

纵观计算机网络形成与发展的历史，可以清晰地看出网络技术发展的 4 个阶段。

1. 第一阶段：计算机网络技术与理论的准备阶段（20 世纪 50 年代）

主要表现以下两个方面：
①数据通信技术。
②分组交换。

2. 第二阶段：计算机网络的形成阶段（20 世纪 60 年代）

3 个标志性的成果：

①ARPANET。

②TCP/IP。

③DNS、E－mail、FTP、Telnet、BBS 等。

3. 第三阶段：网络体系结构的研究阶段（20 世纪 70 年代中期开始）

主要表现在以下两个方面：

①OSI 参考模型。

②TCP/IP 协议。

4. 第四阶段：互联网技术、无线网络技术与网络安全技术研究的发展阶段（20 世纪 90 年代开始）

①互联网。

②宽带城域网。

③无线局域网（WLAN）与无线城域网（WMAN）。

④P2P。

⑤网络安全。

6.1.2 计算机网络的定义

计算机网络是将分布在不同地理位置上，具有独立工作能力的多台计算机、终端及其附属设备，利用通信设备和通信线路相互连接起来，在通信软件的支持下，实现计算机间资源共享、信息交换或协同工作的系统。

它具有以下特征：

①计算机网络是一个互联的计算机系统的集合。

②这些计算机都是相互独立的。

③系统互联要通过通信设施（通信子网）来实现。

④系统通过通信设施执行信息的交换、资源共享和协作处理。

6.1.3 计算机网络系统的组成

从逻辑功能上可以将计算机网络划分为两个部分：一部分是对数据信息的收集和处理，另一部分则专门负责信息的传输。ARPANET 的研究者们把前者称为资源子网，后者称为通信子网。如图 6－1 所示。

6.1.4 计算机网络的功能

①实现资源共享，如图 6－2 所示。

②实现数据传输，如图 6－3 所示。

③实现集中处理。

④实现分布处理。

⑤实现负载平衡。

⑥提高安全与可靠性。

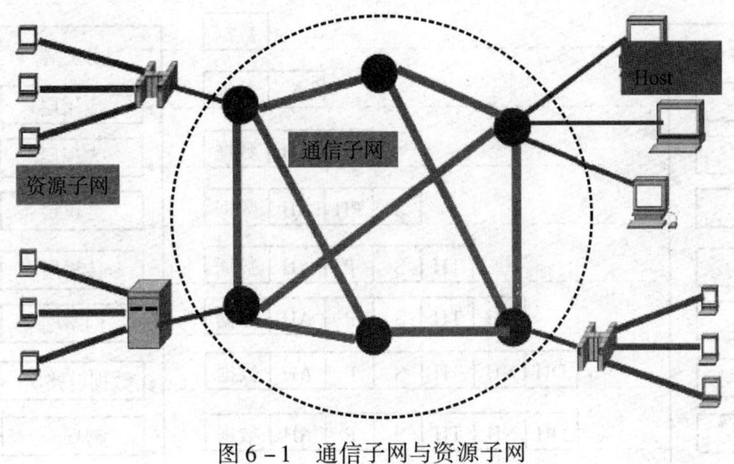

图 6－1　通信子网与资源子网

图 6－2　资源共享

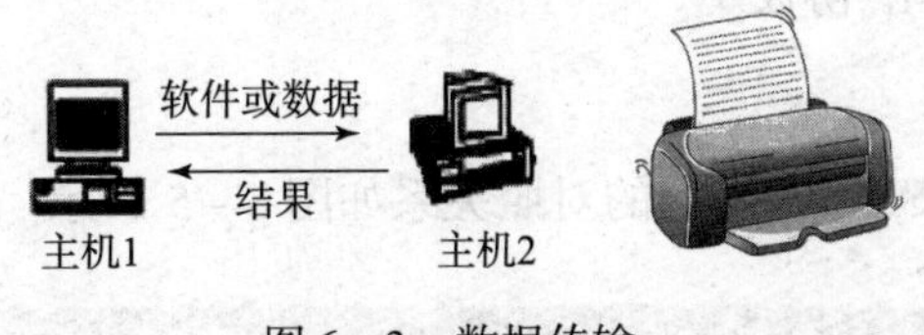

图 6－3　数据传输

任务 6.2　计算机网络体系结构

6.2.1　概述

计算机网络主要解决异地独立工作的计算机之间正确、可靠通信的问题，计算机网络分层体系结构模型正是为了解决计算机网络的这一关键问题而设计的。

6.2.2　OSI 七层参考模型

国际标准化组织（ISO）制定的开放系统互联参考模型（OSI）。是计算机互联的国际标准。所谓开放是指任何计算机系统，只要遵循 OSI 标准，就可以与同样遵循这一标准的任何计算机系统通信。

OSI 从逻辑上把一个网络系统分为功能上相对独立的七个有序的子系统，这样 OSI 体系结构就由功能上相对独立的七个层次组成，如图 6－4 所示。

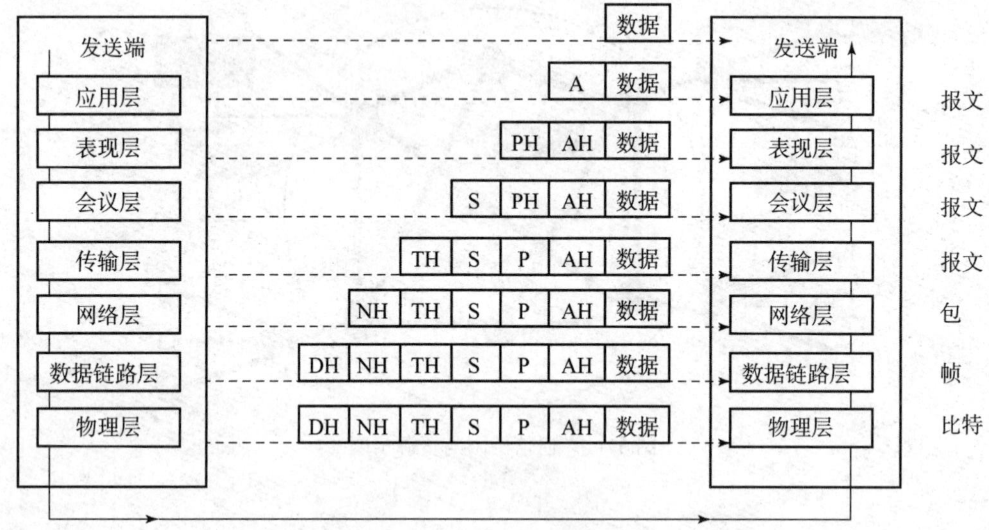

图 6－4　OSI 参考模型

6.2.3　TCP/IP

TCP/IP（Transmission Control Protocol/Internet Protocol）包含了大量的协议和应用，更确切地说，应该称其为 TCP/IP 协议集。

1. TCP/IP 层次结构

TCP/IP 层次结构与 OSI 层次结构的对照关系如图 6－5 所示。

OSI参考模型	TCP/IP参考模型
应用层	应用层
会话层	
表示层	
传输层	传输层
网络层	网际层
数据链路层	网络接口层
物理层	

图 6－5　TCP/IP 层次结构与 OSI 层次结构的对照关系

2. TCP/IP 协议集

在 TCP/IP 的四层次结构中，只有三个层次包含了实际的协议，如图 6－6 所示。

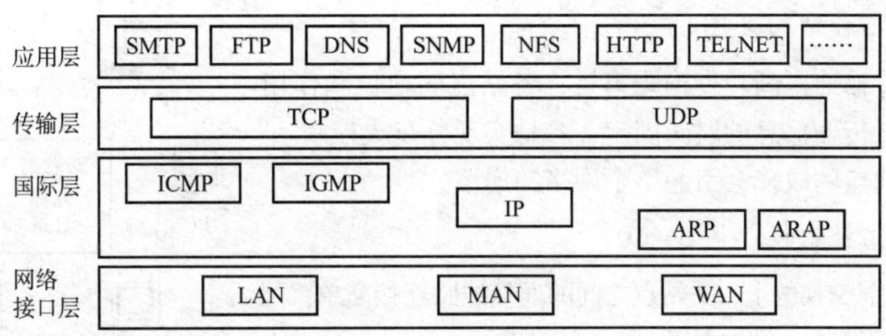

图6-6　TCP/IP协议集

任务6.3　计算机网络拓扑结构

6.3.1　计算机网络拓扑的定义

计算机网络拓扑是通过网络结点与通信线路之间的几何关系表示网络结构，以反映出网络中实体之间的结构关系。

6.3.2　计算机网络拓扑的分类

1. 总线型拓扑结构（图6-7）

优点：易于安装，布线容易，对站点扩充和删除容易，实现成本低，可靠性较高。

缺点：不易管理，总线任务重，易产生瓶颈问题。

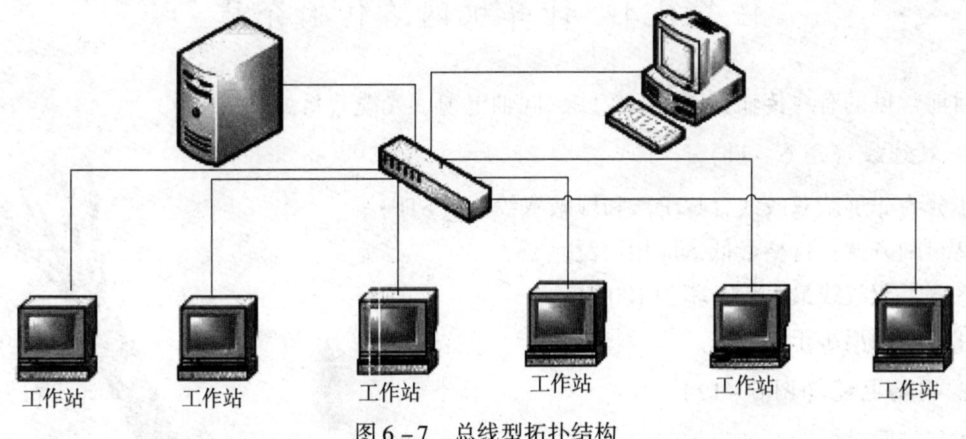

图6-7　总线型拓扑结构

2. 星形拓扑结构（图6-8）

优点：结构简单，易于实现，便于管理，单个站点故障不会影响全网。

缺点：电路利用率低，连线费用大，网络性能依赖中央结点，每个站点都要有一个专用链路。

3. 环形拓扑结构（图6-9）

优点：传输速率高，传输距离远；各站点的地位和作用相同；各站点传输信息的时间固定；容易实现分布式控制。

缺点：站点的故障会引起整个网络的崩溃。

4. 树形拓扑结构（图6-10）

优点：信息交换的上、下站点之间的通信线路连接简单；网络管理软件也不复杂，维护方便。

缺点：资源共享能力差，可靠性低。

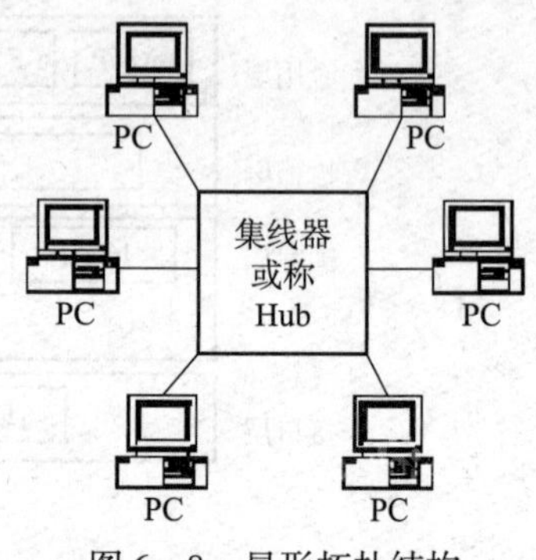

图6-8　星形拓扑结构

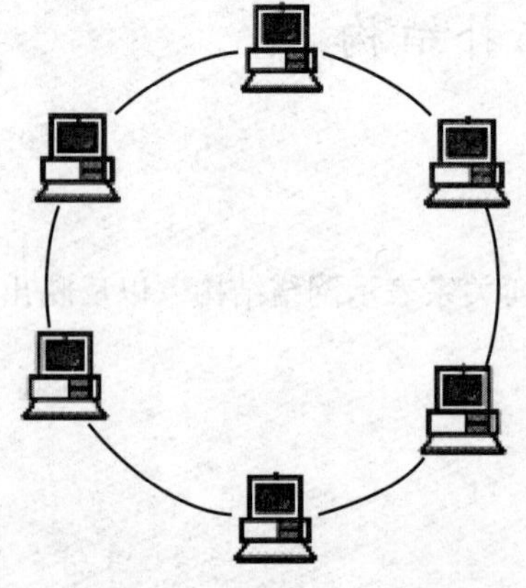
图6-9　环形拓扑结构

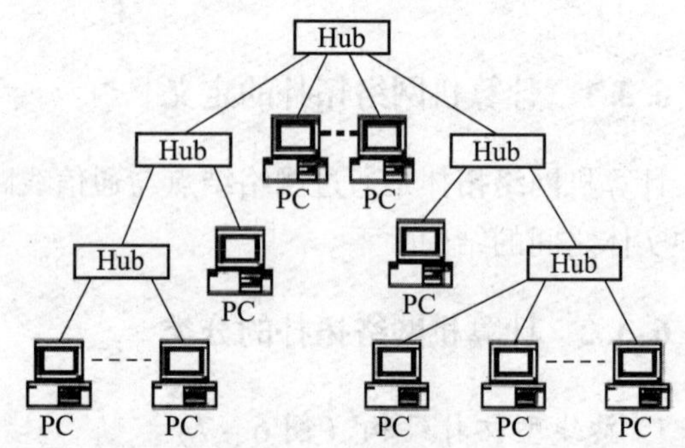

图6-10　树形拓扑结构

任务6.4　计算机网络传输介质

目前常见的有线传输介质有双绞线、同轴电缆、光缆（纤）等。

1. 双绞线（图6-11）。

①分为非屏蔽双绞线（UTP）和屏蔽双绞线（STP）。

②组网方便，价格最低，应用广泛。

③五类双绞线最大传输率为100 Mb/s。

④传输距离小于100 m。

图6-11　双绞线

2. 同轴电缆（图6-12）

①基带同轴电缆：速率10 MB/s，传输距离为1 000 m。

②宽带同轴电缆：速率20 MB/s，传输距离为100 km。

③它是有线电视系统CATV的标准传输电缆。

3. 光缆（图6-13）

光缆的芯线是由光导纤维做成的，它传输光脉冲数字信号。

多模光纤：由发光二极管产生用于传输的光脉冲，通过光纤内部的多次反射沿芯线传输。

可以存在多条不同入射角的光线在一条光纤中传输。

单模光纤：使用激光，光线与芯轴平行，损耗小，传输距离远，具有很高的带宽，但价格更高。在2.5 GB/s的高速率下，单模光纤不必采用中继器可传输数十千米。

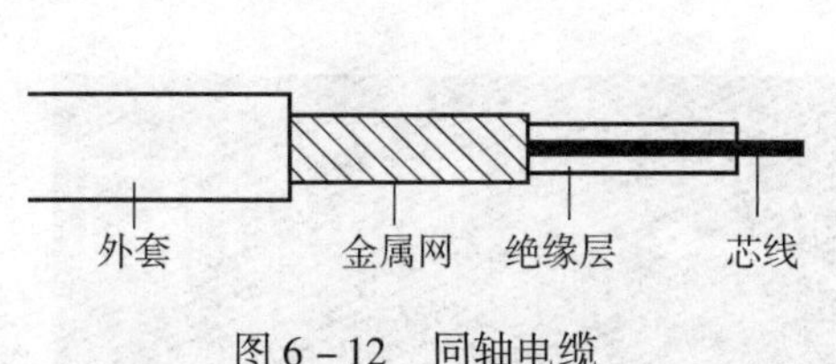

图6－12　同轴电缆

图6－13　光缆

4. 无线介质（图6－14）

无线介质包括无线频段、红外线、激光等。目前可用于通信的电磁波频谱有无线电波、微波、红外、可见光。

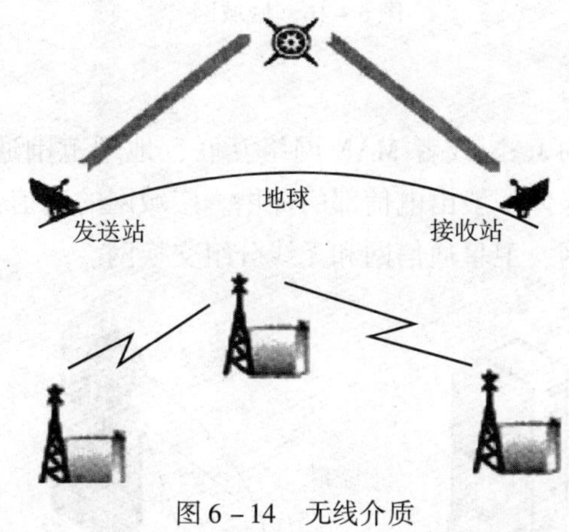

图6－14　无线介质

任务6.5　计算机网络的分类

根据网络覆盖的地理范围进行分类，包括局域网、城域网、广域网。

1. 局域网（图6－15）

①覆盖的地理区域比较小。

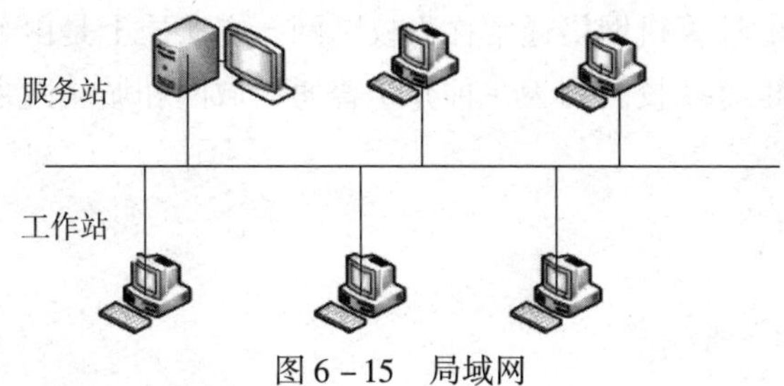

图6－15　局域网

②传输速率高（1～100 Mb/s），误码率低。

③拓扑结构简单，常用的拓扑结构有总线型、星形、环形等。

2. 城域网（图6－16）

通常使用高速光纤的网络，在一个特定的范围内（例如校园、社区或城市）将不同的局域网连接起来，构成一个覆盖该区域的网络。其传输速率比局域网的更高。

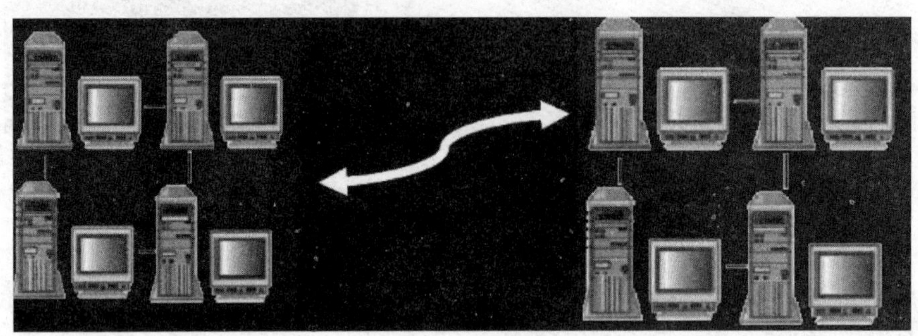

图6－16　城域网

3. 广域网（图6－17）

一般是不同城市之间的LAN或者MAN网络互联，地理范围通常为几十千米到几千千米。它的通信传输装置和媒体一般由电信部门提供。广域网的通信子网主要使用分组交换技术，它可以使用分组交换网、卫星通信网和无线分组交换网。

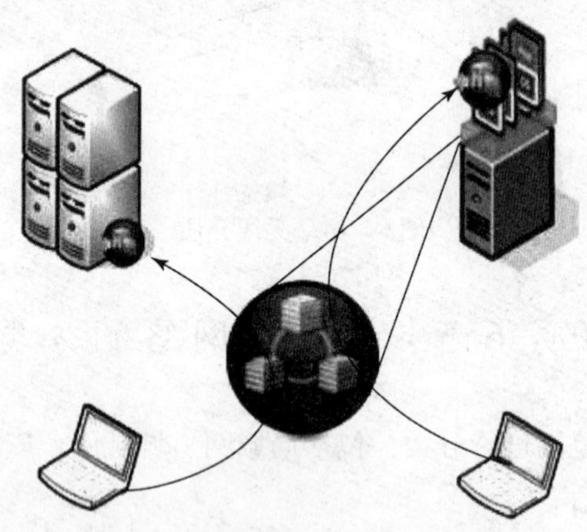

图6－17　广域网

在一个学校范围内的计算机网络通常称为校园网。它实质上是由若干个局域网连接构成的规模较大的局域网，也可视校园网为一种介于普通局域网和城域网之间规模较大的、结构较为复杂的局域网。

任务6.6 IP 地址和域名系统 DNS

6.6.1 IP 地址和子网掩码

1. IP 地址

IP 地址是 IP 协议提供的一种地址格式，它为 Internet 上的每一个网络和每一台主机分配一个网络地址，以此来屏蔽物理地址的差异。它是运行 TCP/IP 协议的唯一标识，格式为 ×××.×××.×××.×××（0~255），即网络部分+机器部分。

2. IP 地址的分类（图6-18）

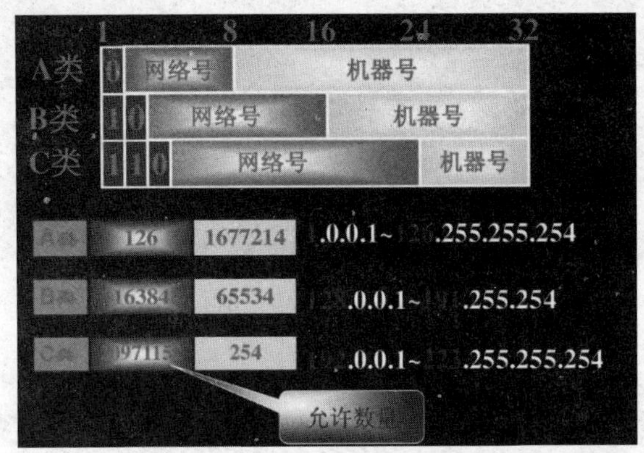

图6-18 IP 地址的分类

3. 子网掩码

在寻址时，通过子网掩码对 IP 地址进行屏蔽运算，先找出网络部分，再确定子网中的主机地址。

子网掩码某位为1，表示该位对应 IP 地址中的一位是网络地址部分中的一位；某位为0，表示它对应 IP 地址中的一位是主机地址部分中的一位，如图6-19所示。

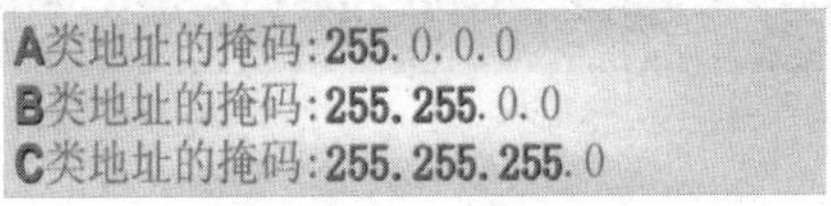

A类地址的掩码：255.0.0.0
B类地址的掩码：255.255.0.0
C类地址的掩码：255.255.255.0

图6-19 子网掩码

IP 地址 202.112.0.36 与掩码 255.255.255.0 进行“与”运算，可得到网络地址 202.112.0。屏蔽 IP 地址中的网络部分，可得到中国教育科研网主机地址36。

6.6.2 域名系统 DNS

DNS 采用分层次结构，入网的每台主机都可以有一个类似下面的域名：

主机名．机构名．顶层域名（moe. edu. cn）

从左到右，域的范围变大。域名具有实际含义，比 IP 地址好记。

Internet 上几乎在每一子域都设有域名服务器，服务器中含有该子域的全体域名和地址信息。Internet 每台主机上都有地址转换请求程序，负责域名与 IP 地址转换，如图 6－20 和图 6－21 所示。

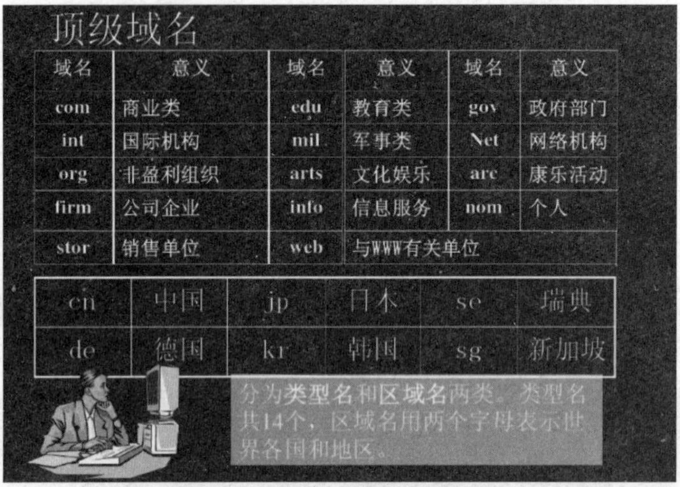

顶级域名

域名	意义	域名	意义	域名	意义
com	商业类	edu	教育类	gov	政府部门
int	国际机构	mil	军事类	Net	网络机构
org	非盈利组织	arts	文化娱乐	arc	康乐活动
firm	公司企业	info	信息服务	nom	个人
stor	销售单位	web	与WWW有关单位		

cn	中国	jp	日本	se	瑞典
de	德国	kr	韩国	sg	新加坡

分为类型名和区域名两类。类型名共14个，区域名用两个字母表示世界各国和地区。

图 6－20　顶级域名

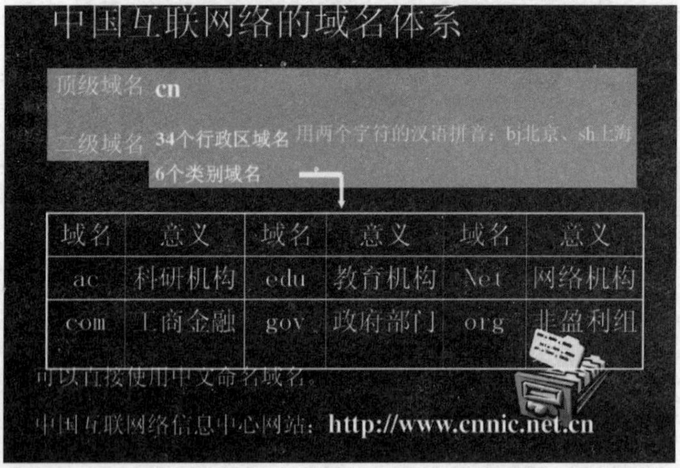

中国互联网络的域名体系

顶级域名 cn

二级域名 34个行政区域名 用两个字符的汉语拼音：bj北京、sh上海

6个类别域名

域名	意义	域名	意义	域名	意义
ac	科研机构	edu	教育机构	Net	网络机构
com	工商金融	gov	政府部门	org	非盈利组

可以直接使用中文命名域名。

中国互联网络信息中心网站：http://www.cnnic.net.cn

图 6－21　二级域名

任务 6.7　Internet 的基本知识

6.7.1　Internet 的概念

Internet 曾有多个中文名称，如因特网、国际互联网、互联网络等，为了统一，其中文

名称正式定为“互联网”。互联网就是位于世界各地的成千上万的计算机相互连接在一起形成的可以相互通信的计算机网络系统。它是全球最大的、最有影响的计算机网络，也是全球的、开放的信息资源网。

在 NCFC 的基础上，我国很快建成了国家承认的对内具有互联网络服务功能、对外具有独立国际信息出口（连接国际 Internet 信息线路）的中国四大主干网，分别是中国科技网、中国教育与科研网、金桥网、中国公众互联网。

其中中国公众互联网是邮电部门主建及经营管理的中国公用 Internet 主干网，1995 年 4 月开通，并向社会提供服务。到 1998 年，中国公众互联网已经发展成一个采用先进网络技术、覆盖国内所有省份和几百个城市、拥有数百万用户的大规模商业网络。

概括起来，Internet 由以下 4 部分组成。

1. 通信线路

通信线路是 Internet 的基础设施，各种各样的通信线路将 Internet 中的路由器、计算机等连接起来，可以说没有通信线路就没有 Internet。Internet 中的通信线路归纳起来主要有两类：有线线路（如光缆、铜缆等）和无线线路（如卫星、无线电等），这些通信线路有的由公用数据网提供，有的是单位自己建设的。

2. 路由器

路由器是 Internet 中最为重要的设备，它是网络与网络之间连接的桥梁。数据从源主机出发，通常需要经过多个路由器才能到达目的主机，当数据从一个网络传输至路由器时，路由器需要根据所要到达的目的地，为其选择一条最佳路径，即指明数据应该沿着哪个方向传输。如果所选的道路比较拥挤，路由负责指挥数据排队等待。

3. 服务器与客户机

所有连接在 Internet 上的计算机统称为主机，接入 Internet 的主机按其在 Internet 中扮演的角色不同，将其分成两类，即服务器和客户机。服务器是 Internet 服务与信息资源的提供者，而客户机则是 Internet 服务与信息资源的使用者。作为服务器的主机通常要求具有较高的性能和较大的存储容量，而作为客户机的主机可以是任意一台普通计算机。

4. 信息资源

Internet 上信息资源的种类极为丰富，主要包括文体、图像、声音或视频等多种信息类型，涉及科学教育、商业经济、医疗卫生、文化娱乐等诸多方面。用户可以通过 Internet 查询科技资料、获取商业信息、收听流行歌曲、收看实况转播等。

6.7.2 Internet 提供的服务方式

虽然 Internet 提供的服务越来越多，但这些服务一般都是基于 TCP/IP 协议的。Internet 的信息服务主要有以下 4 种。

1. WWW 服务

WWW 的含义是 World Wide Web（环球信息网），是基于超文本方式的信息查询服务。

WWW 是由欧洲粒子物理研究中心（CERN）研制的，通过超文本方式将 Internet 上不同地址的信息有机地组织在一起。WWW 提供了一个友好的界面，大大方便了人们浏览信息，并且 WWW 方式仍然可以提供传统的 Internet 服务，如 Telnet、FTP、E-mail 等。

2. 文件传输服务（File Transfer Protocol，FTP）

FTP 解决了远程传输文件的问题，只要两台计算机都加入互联网，并且都支持 FTP 协议，它们之间就可以进行文件传送。FTP 实质上是一种实时的联机服务。用户登录到目的服务器上就可以在服务器目录中寻找所需文件。FTP 几乎可以传送任何类型的文件，如文本文件、二进制文件、图像文件、声音文件等。一般的 FTP 服务器都支持匿名（anonymous）登录，用户在登录到这些服务器时无须事先注册用户名和口令，只要以 anonymous 为用户名，以自己的 E-mail 地址作为口令，就可以访问该 FTP 服务器了。

3. 电子邮件服务（E-mail）

E-mail 是一种利用网络交换文字信息的非交互式服务。只要知道对方的 E-mail 地址，就可以通过网络传输转换为 ASCII 码的信息，用户可以方便地接收和转发信件，还可以同时向多个用户传送信件。电子邮件使网络用户能够发送和接收文字、图像和语音等多种形式的信息。使用电子邮件的前提是拥有自己的电子信箱，即 E-mail 地址，实际上就是在邮件服务器上建立一个用于存储邮件的磁盘空间。

4. 远程登录（Telnet）

Telnet 服务用于在网络环境下实现资源共享。利用远程登录，用户可以把一台终端变成另一主机的远程终端，从而使用该主机系统允许外部使用任何资源。它采用 Telnet 协议，使多台计算机共同完成一个较大的任务。

6.7.3 连接 Internet 的方式

目前常见的连接 Internet 的方式有通过电话线上网、通过专线上网、通过有线电视网络上网（需要 cable modem）、通过无线上网 4 种。其中通过电话线上网的方式运用得最为普遍，它又可以细分成 3 种：拨号上网、一线通 ISDN 上网、ADSL 上网。

1. 使用调制解调器上网

家庭用户上网最常用的接入 Internet 的方式是在计算机上连接调制解调器（modem），再通过调制解调器连接电话线。其中调制解调器的作用是把电话线上的模拟信号转换成计算机能够识别的数字信号，这个过程常常简称为数模转换。

2. ISDN 与 ADSL 专线上网

ISDN（Integrated Services Digital Network）也称为一线通，就是在一根普通电话线上提供语音、数据、图像等综合性业务，并可以连接 8 台终端或电话，有两台终端（如一部电话、一台计算机或一台数据终端）可以同时使用。

ADSL（Asymmetrical Digital Subscriber Line）即非对称数字用户线。简单地说，ADSL 是利用分频的技术把普通电话线路所传输的低频信号和高频信号分离，3 400 Hz 以下供电话使

用；3 400 Hz 以上的高频部分供上网使用。这样可以提供最高达 7 Mb/s 的传输速率（上行和下行的速率不同），并且在上网的同时不影响电话的正常使用。

3. 局域网方式上网

通过路由器将本地计算机局域网作为一个子网连接到 Internet，使得局域网中所有计算机都能够访问 Internet。但访问 Internet 的速率要受局域网出口（路由器）速率和同时访问 Internet 的用户数量的影响。这种接入方式适用于用户数量多且较集中的情况。

4. 无线方式上网

使用无线电波将移动端系统（笔记本电脑、PDA、手机等）和移动运营商的基站连接起来，基站又通过有线方式连入 Internet。

6.7.4　Windows 7 网络配置

1. 局域网方式的网络配置

局域网方式的特点是网络速度快、误码率低，在进行配置之前，要知道网络服务器的 IP 地址和分配给客户机的 IP 地址，配置方法如下。

（1）安装网卡驱动程序

现在使用的计算机及附属设备一般都支持“即插即用”功能，所以安装了即插即用的网卡后，第一次启动电脑时，系统会出现“发现新硬件并安装驱动程序”的提示信息，用户只需要按提示安装所需的驱动程序即可。

（2）安装通信协议

①选择“开始”→“设置”→“控制面板”命令，双击其中的“网络和 Internet”图标，如图 6－22 所示。

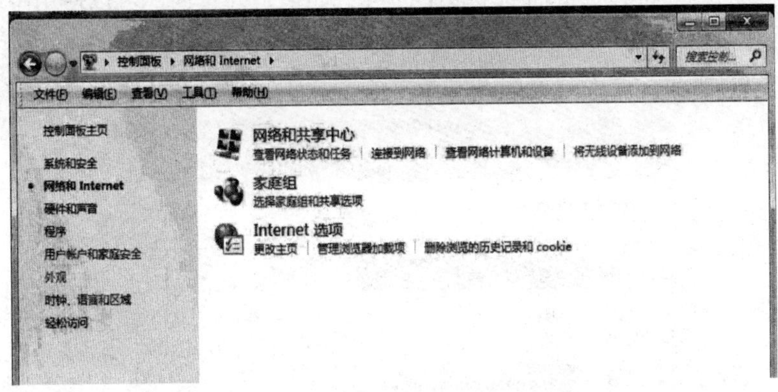

图 6－22　“网络和 Internet”对话框

②选中“网络和共享中心”中的“查看网络状态和任务”图标。

③如图 6－23 所示，在“本地连接　属性”对话框中选中“Internet 协议（TCP/IPv4）”选项，然后单击“属性”按钮，弹出如图 6－24 所示的对话框。在该对话框中设置 TCP/IP 协议的“IP 地址”“子网掩码”和“网关地址”，如“10.1.6.220”“255.0.0.0”和“10.1.6.254”，并设置“首选 DNS 服务器”地址，如“8.8.8.8”。

④单击“确定”按钮，完成网络参数的配置。

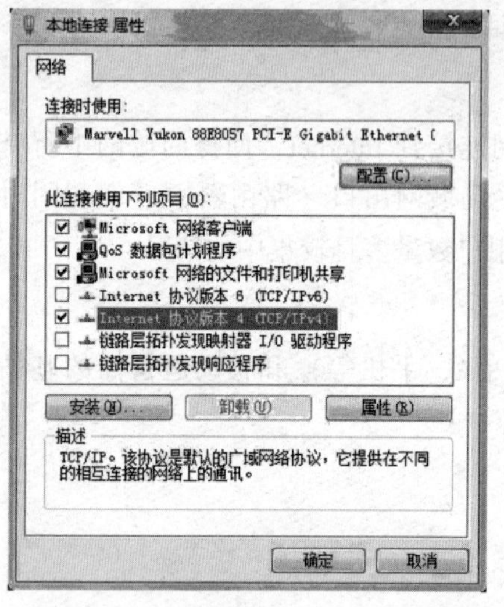

图 6－23 “本地连接 属性”对话框

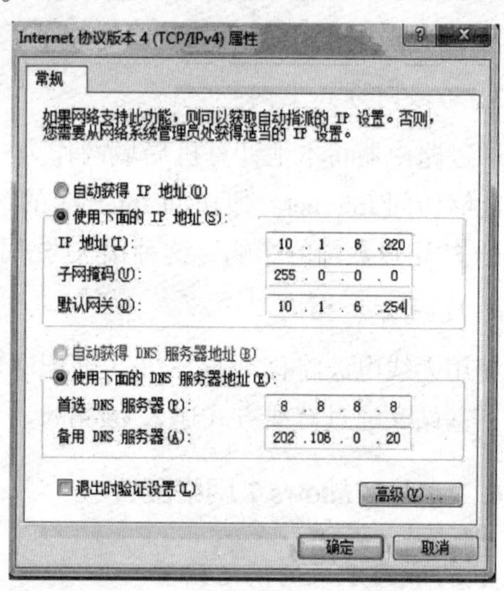

图 6－24 “TCP/IPv4 属性”对话框

2. 宽带拨号网络配置

拨号网络是通过调制解调器和电话网建立一个网络连接，它遵循 TCP/IP 协议。拨号网络允许用户访问远程计算机上的资源，同样，也允许远程用户访问本地用户机器上的资源。在配置拨号网络之前，用户应从 Internet 服务商（ISP）处申请账号、密码和 DNS 服务器地址，以及上网所拨的服务器的电话号码。

（1）安装调制解调器

调制解调器和其他硬件的安装方法类似，但应注意安装的调制解调器是内置的还是外置的。如果是内置的，则将其直接插到主板上即可；如果是外置的，可以使用串口进行连接。

（2）添加拨号网络

①如图 6－25 所示，选中“网络和共享中心”中的“连接到 Internet”图标。

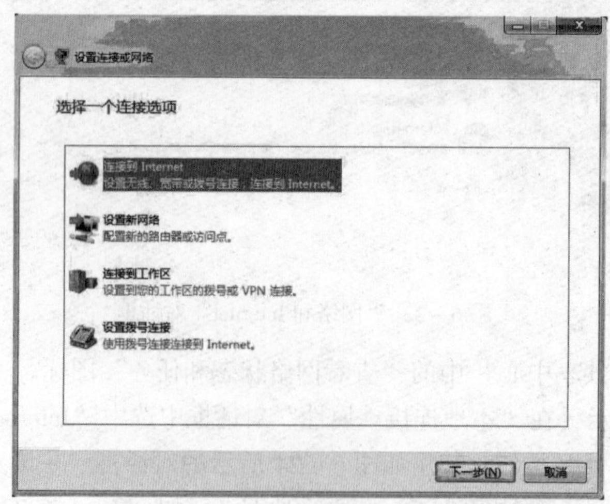

图 6－25 “设置连接或网络”对话框

②设置网络连接类型，如图6－26所示。

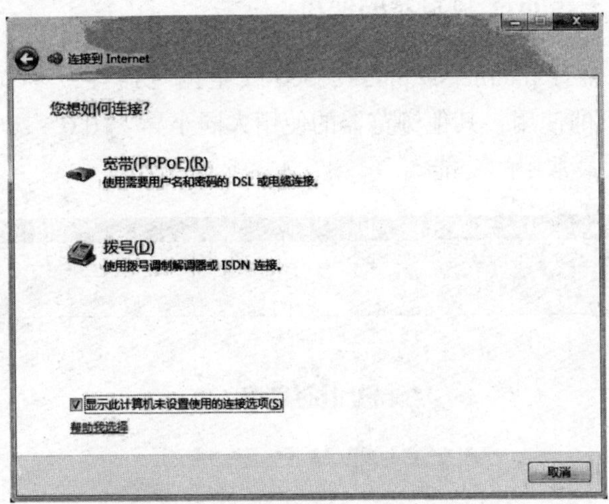

图6－26　设置连接到Internet方式

③如图6－27所示，设置连接名称，进行有效用户的设置，输入ISP账号与密码。如果设置正确，那么单击“宽带连接”图标并输入ISP账号与密码后就能访问Internet。

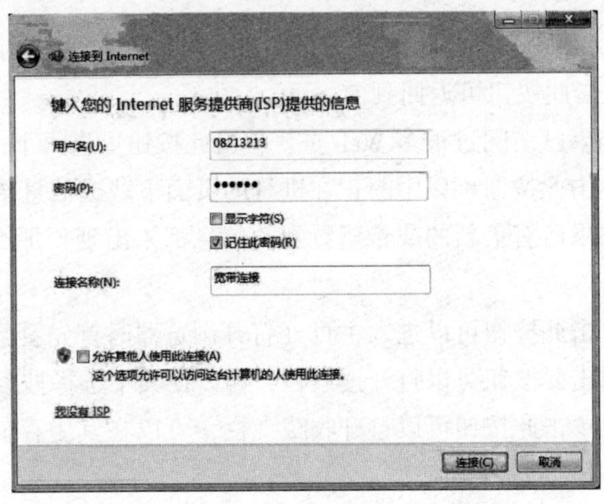

图6－27　设置ISP账号与密码

任务6.8　Internet的应用

6.8.1　WWW的基本概念

WWW即“世界范围内的网络”“布满世界的蜘蛛网”，俗称“万维网”、3W或Web，是使用最广泛的一种Internet服务。它通过超文本向用户提供全方位的多媒体信息，从而为全世界的Internet用户提供了一种获取信息、共享资源的全新途径。它使用超文本开发语言（HTML）、信息资源的统一格式（URL）和超文本传送通信协议（HTTP）。WWW浏览器是一种客户端程序。

6.8.2 Internet Explorer 浏览器的使用

目前常用的浏览器有 Internet Explorer、360 安全浏览器等，本节介绍 Internet Explorer 8.0（以下简称 IE 8）的使用，其他浏览器的使用大同小异。图 6－28 所示为 IE 8 启动后的界面，下面来了解 IE 最常用的功能。

图 6－28 IE 8 启动后的界面

地址栏：在联网状态下，在此处键入 Web 页地址（URL）就能浏览其主页。

“后退”按钮：单击此按钮可返回到前一页。

“前进”按钮：如果已访问过很多 Web 页，单击此按钮可进入下一页。

“停止”按钮：单击此按钮可以中断正在进行的页面下载或信息传递。

“刷新”按钮：如果所有最新的或希望看到的信息都未出现，那么单击此按钮可更新当前页。

“主页”按钮：单击此按钮可以进入主页（打开浏览器时首先看到的页）。

“搜索”按钮：单击此按钮可以打开搜索栏，可以在其中选择搜索服务并搜索 Internet。

“收藏夹”按钮：单击此按钮可以打开收藏夹栏，可以在其中存储最常访问的站点或文档的快捷方式。

6.8.3 电子邮件的收发

电子邮件也称为 E－mail，与传统的通信方式相比有着巨大的优势，它所体现的信息传输方式与传统的信件有较大的区别。

①发送速度快：通常在数秒内即可将邮件发送到全球任意位置的收件人邮箱中。

②信息多样化：除普通文字内容外，还可以发送软件、数据、动画等多媒体信息。

③收发方便：用户可以在任意时间、任意地点收发 E－mail，跨越了时空限制。

④成本低廉：除网络使用费外，无须其他开支。

⑤更为广泛的交流对象：同一个信件可以通过网络极快地发送给网上指定的一个或多个成员。

⑥安全：作为一种高质量的服务，电子邮件是安全可靠的高速信件递送机制，Internet

用户一般只通过 E-mail 方式发送信件。

电子邮件地址的典型格式是用户名@邮件服务器名称。其中用户名是用户申请时设置的，邮件服务器名称由 ISP 提供，如 peng_zc@163.com。

任务6.9 信息检索与信息发布

6.9.1 信息检索的概念

信息检索（Information Retrieval）是指信息按一定的方式组织起来，并根据信息用户的需要找出有关信息的过程和技术。狭义的信息检索就是信息检索过程的后半部分，即从信息集合中找出所需要的信息的过程，也就是常说的信息查询（Information Search 或 Information Seek）。

1. 信息检索的手段

信息检索的手段有手工检索、光盘检索、联机检索和网络检索，概括起来分为手工检索和机械检索。

手工检索指利用检索书刊信息的过程。优点是回溯性好，没有时间限制，不收费；缺点是费时、效率低。机械检索指利用计算机检索数据库的过程。优点是速度快；缺点是回溯性不好，并且有时间限制。

计算机检索、网络文献检索将成为信息检索的主流。

2. 信息检索的对象

①文献检索（Document Retrieval）是以文献（包括题录、文摘和全文）为检索对象的检索，可分为全文检索和书目检索两种。

②数据检索（Data Retrieval）是以数值或数据（包括数据、图表、公式等）为检索对象的检索。

③事实检索（Fact Retrieval）是以某一客观事实为检索对象，查找某一事物发生的时间、地点及过程。

6.9.2 常用的搜索引擎

Internet 是一个巨大的信息资源宝库，几乎所有的 Internet 用户都希望宝库中的资源越来越丰富，应有尽有。的确，每天都有新的主机连接到 Internet 上，每天都有新的信息资源被添加到 Internet 中，使 Internet 中的信息以惊人的速度增长。然而 Internet 中的信息资源被分散在无数台主机之中，如果用户对所有主机的信息都做一番详尽的考察，无异于痴人说梦。那么用户如何在数百万个网站中快速有效地查找想要得到的信息呢？这就要借助于 Internet 中的搜索引擎。

搜索引擎是 Internet 上的一个网站，它的主要任务是在 Internet 中主动搜索其他 Web 站点中的信息并对其自动索引，其索引内容存储在可供查询的大型数据库中。当用户利用关键字查询时，该网站会告诉用户包含该关键字信息的所有网址，并提供通向该网站的链接。

搜索引擎很多，表 6 –1 所示为一些常用的搜索引擎。

表 6 –1　常用的搜索引擎

搜索引擎	URL 地址
百度	http://www. baidu. com
中文 Yahoo	http://cn. yahoo. com
谷歌	http://www. google. com

单元 7
云计算和大数据基础

学习目标 

1. 掌握云计算的定义、层次及分类。
2. 了解国内外云计算产业现状。
3. 掌握大数据的定义、来源及特点。
4. 掌握大数据的处理流程。
5. 了解云计算与大数据的发展。

重点和难点 

重点

1. 云计算的层次。
2. 大数据的处理流程。

难点

云计算的体系结构。

任务 7.1　云计算概述

7.1.1　计算模式的演变

随着技术的发展日新月异，传统的计算模式已经越来越难适应当今大数据的处理及各类工程或科学计算任务。事实上，伴随着计算机的逐步普及和半导体技术的不断进步，计算模式已经经历了几次大的变革，这些变革主要包括四个阶段，即“字符哑终端 - 主机”“客户 - 服务器”“集群计算”“云计算”。

1. 字符哑终端 - 主机

随着 1964 年第一台基于集成电路的通用电子计算机 IBM 360 问世，20 世纪 60—70 年代，计算环境主要是主机（大型机）环境，字符哑终端 - 主机成为主要的计算模式。这种计算环境主要由一台功能强大、允许多用户连接的主机（大型机）组成，它不具备客户端。多个哑终端通过网络连接到主机，并可以与主机进行通信。哑终端一般只是主机的扩展，用户从终端键盘输入的信息被传到主机，然后由主机将执行的结果以字符方式返回到终端上。哑终端上没有任何程序和数据，所有的程序和数据都集中在主机上，并在主机上运行。主机处理多个用户发出的指令时，处理的方案一般为分时，即计算机把它的运行时间分为多个时间段，并且将这些时间段平均分配给用户指定的任务，轮流地为每一个任务运行一定的时间，如此循环，直至完成所有任务。

字符哑终端－主机是一种集中式的计算模式，可以实现集中管理，安全性也较好。但是，由于集中式的通信，很多任务如字处理软件的使用等就无法与主机进行交互。

2. 客户－服务器

集成电路的快速发展极大地降低了计算机生产成本，从20世纪70年代末开始，计算逐步进入家用市场。到了20世纪90年代，个人计算机开始普及，并且形成了相对统一的计算机操作系统，有了方便的计算机软件编程语言和工具。但是，由于个人电子计算机的计算和存储能力有限，仍有一些计算任务无法在单台个人电子计算机上完成。为此，客户－服务器的计算模式逐渐兴起，它允许应用程序分别在客户工作站和服务器上执行。客户工作站向服务器发送处理请求，服务器处理结束后返回处理结果给客户工作站。

在分布式系统的发展历程中，客户－服务器模式扮演了重要角色。20世纪90年代，随着个人计算机的兴起，客户端处理能力不断增强，促进了这一计算模式的快速发展。在这一模式中，客户端负责应用的呈现，服务器处理应用的逻辑并承担资源管理的任务。这种计算模式的好处是可以利用客户机的处理能力，降低服务器的运算负担，同时也使针对不同个性的用户呈现不同的界面内容成为可能。然而，这种计算模式往往会造成客户端和服务器之间耦合紧密，可伸缩性差，服务器往往成为处理瓶颈。此外，一旦应用环境发生变化，需要改变业务逻辑，一般每个客户端的程序都要进行更新，给系统的维护和管理造成一定的困难。

3. 集群计算

客户－服务器计算模式可以将在单台客户计算机上无法完成的计算任务交给服务器协同完成。但是很多计算任务并不是单台普通的服务器能够完成的，这时除了采用更高性能的计算机作为服务器之外，性价比更高的办法是采用计算机集群。尤其是近年来随着硬件能力激增、成本大幅下降，使得通过在电力、能源等较为便宜的地方将硬件设备集中起来实现规模效益成为可能。一些有研发实力的机构或组织开始使用大量廉价的个人计算机或普通服务器来建立集群，从而实现大规模数据中心的功能。

计算机集群通过将一组松散集成的计算机软件和硬件连接起来，高度紧密地协作完成计算工作。集群系统中的单个计算机通常被称为节点，一般通过局域网连接。在某种意义上，它们可以被看作一台计算机。然而，由个人计算机或普通服务器构成的大规模集群面临很多具有挑战性的问题，如可用性和可靠性保障。目前，一台个人计算机或普通服务器平均无故障运行时间一般是几年，而用几千台个人计算机或普通服务器构成的集群平均几个小时就会有一个节点出现故障。这些问题在集群体系结构、硬件和系统软件设计等方面都提出了新的挑战。

4. 云计算

集群计算将计算资源整合在一起，21 世纪初，人们便开始研究如何更加合理、高效地利用这样的计算资源，并以服务形式对外共享这些资源。“云计算”便在这样的思想中诞生，它是近十年来在 IT 领域出现并飞速发展的新技术之一。对于云计算中的“计算”一词，大家并不陌生，而对于云计算中的“云”，可以理解为一种提供资源的方式，或者说，提供资源的硬件和软件系统被统称为“云”。“云”中的资源在使用者看来是可以无限扩展的，并且可以随时获取，按需使用，随时扩展，按使用付费。“云计算”模式的出现是对计算资源使用方式的一种巨大变革，有人打了个比方，从“传统计算”转向“云计算”就好比是从古老的单台发电机模式转向了电厂集中供电的模式。它意味着计算能力也可以作为一种商品进行流通，就像煤气、水电一样，取用方便，费用低廉。最大的不同在于，它是通过互联网进行传输的。所以对于云计算，可以初步理解为通过网络随时随地获取到特定的计算资源。

7.1.2　云计算的定义

1. 云计算的概念

通过上一节的分析，不难看出云计算是一种新技术，同时也是一个新概念，一种新模式，而不是单纯地指某项具体的应用或标准。与此同时，许多人对云计算的理解就如同盲人摸象，不同的人从不同的角度出发就会有不同的理解，如图 7－1 所示。为了尽量准确而全面地理解云计算，了解云计算产业相关的方方面面，需要进一步看看来自业界的对于云计算的各种说法。

图 7－1　对云计算的理解

前 Gartner 研究副总裁 Ben Pring 认为，云计算正在成为一个大众化的词语。作为一个对互联网的比喻，“云”是很容易理解的。一旦同“计算”联系起来，它的意义就扩展了，并且开始变得模糊起来。

美林证券认为，云计算是透过互联网从集中的服务器交付个人应用（E－mail、文档处理和演示文稿）和商业应用（销售管理、客户服务和财务管理）。这些服务器共享资源，如存储、处理能力和带宽。通过共享，资源能得到更有效的利用，而成本也可以降低80%～90%。

财经媒体对云计算也很感兴趣。美国最畅销的日报《华尔街日报》也在密切跟踪云计算的进展。它认为云计算使得企业可以通过互联网从超大数据中心获得计算能力、存储空间、软件应用和数据。客户只需要在必要时为他使用的资源付费，从而可以避免建立自己的数据中心并采购服务器和存储设备。

下面再来看看各个 IT 厂商的看法。

IBM 认为，云计算是一种计算风格，其基础是用公共或私有网络实现服务、软件及处理能力的交付。云计算的重点是用户体验，而核心是将计算服务的交付与底层技术相分离。在用户界面之外，云背后的技术对于用户来讲是不可见的。云计算也是一种实现基础设施共享的方式，在其中大的资源池在公共或私有网络中被连接在一起来提供 IT 服务。云计算的推动力来自接入互联网设备的急剧增长、实时数据流、SOA 及 Web 2.0 应用的广泛出现，比如 Mashup、开放式协作、社会网络和移动商务。

前谷歌 CEO 埃里克·施密特博士认为，云计算与传统的以 PC 为中心的计算不同，它把计算和数据分布在大量的分布式计算机上，这使计算能力和存储获得了很强的可扩展能力，并方便了用户通过多种接入方式（例如计算机、手机等）方便地接入网络获得应用和服务，其重要特征是开放式的。

谷歌中国前总裁李开复认为，整个互联网就是一朵云，网民们需要在“云”中方便地连接任何设备，访问任何信息，自由地创建内容，与朋友分享。当然，这一切都要在一个安全、快速和便捷的前提下完成。所谓云计算，就是要以公开的标准和服务为基础，以互联网为中心，提供安全、快速和便捷的数据存储和网络计算服务，让互联网这片“云”成为每一个网民的数据中心和计算中心。云计算其实就是 Google 的商业模式，因此 Google 一直在不遗余力地推广这个概念。

相比于谷歌，微软对于云计算的态度就要矛盾许多。如果未来计算能力和软件全集中在云上，那么客户端就不需要很强的处理能力了，Windows 也就失去了大部分的作用。因此，微软的提法一直是“云 + 端”。微软认为，未来的计算模式是云端计算，而不是单纯的云计算。一字之差，带来的含义却大不相同。这里的端是指客户端，也就是说，云计算一定要有客户端来配合。微软全球资深副总裁张亚勤博士认为，“从经济学角度来说，带宽、存储和计算不会是免费的，消费者需要找到符合他们需要的模式，因而端的计算一定是存在的。从通信的供求关系来说，虽然带宽增长了，但内容也在同步增长，比如视频、3G 图像等，带宽的限制总是存在的。从技术角度来说，端的计算能力强，才能带给用户更多精彩的应用。”其实微软对于云计算本身的定义并没有什么不同，只不过是强调了“端”在云计算中的重要性。

而在学术界，网格计算之父 Ian Foster 认为，云计算是一种大规模分布式计算的模式，其推动力来自规模化所带来的经济性。在这种模式下，一些抽象的、虚拟化的、可动态扩展和被管理的计算能力、存储、平台和服务汇聚成资源池，通过互联网按需交付给外部用户。他认为云计算的几个关键点是：大规模可扩展性；可以被封装成一个抽象的实体，并提供不同的服务水平给外部用户使用；由规模化带来的经济性；服务可以被动态配置（通过虚拟化或者其他途径），按需交付。

来自著名的伯克利（Berkeley）大学的一篇技术报告则指出，云计算既是指通过互联网交付的应用，也是指在数据中心中提供这些服务的硬件和系统软件。前半部分即是 SaaS，而后半部分则被称为 Cloud。简单地说，Berkeley 认为云计算就是“SaaS + 效用计算（Utility Computing）”。如果这个基础架构可以按照使用付费的方式提供给外部用户，那么这就是公共云，否则便是私有云。公共云即是效用计算。SaaS 的提供者同时也是公共云的用户。

根据以上这些来自产业不同的说法，不难发现，大家对于云计算基本上还是有一致的看法的，只是在某些范围的划定上有所区别。现阶段广为接受的是美国国家标准与技术研究院（NIST）的定义。该定义为：云计算是一种按使用量付费的模式，这种模式提供可用的、便捷的、按需的网络访问，进入可配置的计算资源共享池（资源包括网络、服务器、存储、应用软件、服务），只需投入很少的管理工作，或与服务供应商进行很少的交互，就可以让这些资源能够被快速提供。来自维基百科上的定义也基本涵盖了各个方面的看法，可以认为是比较中立和值得借鉴的。维基百科上对云计算的定义是这样的：云计算是一种计算模式，在这种模式下，动态可扩展，并且通常是虚拟化的资源，通过互联网，以服务的形式提供出来。终端用户不需要了解“云”中基础设施的细节，不必具有相应的专业知识，也无须直接进行控制，而只需关注自己真正需要什么样的资源，以及如何通过网络来得到相应的服务。从以上的分析可以给出一个更加技术性的定义：云计算是一种模式，它实现了对共享可配置计算资源（网络、服务器、存储、应用和服务等）的方便、按需访问；这些资源可以通过极小的管理代价或者与服务提供者的交互被快速地准备和释放。

2. 云计算的特点

云计算具有如下的特点。

（1）超大规模

大多数云计算数据中心都具有相当的规模，如图 7－2 所示。Google 云计算中心已经拥有几百万台服务器，而 Amazon、IBM、Microsoft、Yahoo 等企业所掌控的云计算规模也毫不逊色，均拥有几十万台服务器。并且，云计算中心能通过整合和管理这些数目庞大的计算机集群，来赋予用户前所未有的计算和存储能力。

图 7－2　Amazon 超大规模的数据中心

(2) 虚拟化

云计算支持用户在任意位置使用各种终端获取应用服务。所请求的资源来自云，而不是固定的有形的实体。资源以共享资源池的方式统一管理，利用虚拟化技术，将资源分享给不同用户，资源的放置、管理与分配策略对用户透明。

云计算是基于网络提供的一种服务，只要有网络，使用任何终端（笔记本电脑或手机等）都可以实时连接到云计算服务器，去享受云的服务。在享受服务的时候，用户不知道也没必要知道这个服务是由哪台服务器提供的。

(3) 高可靠性

云计算中心在软硬件层面采用了诸如数据多副本容错、心跳检测和计算节点同构可互换等措施来保障服务的高可靠性，使用云计算比使用本地计算机可靠。此外，它还在设施层面上的能源、制冷和网络连接等方面采用了冗余设计来进一步确保服务的可靠性。由于云计算系统由大量商用计算机组成集群，向用户提供数据处理服务，随着计算机数量的增加，系统出现错误的概率大大增加，因而云计算系统在硬件部署上均有冗余设计，软件上也通过数据冗余和分布式存储来保证数据的可靠性。

(4) 通用性与高可用性

云计算不针对特定的应用，云计算中心很少为特定的应用存在，但它有效支持业界的大多数主流应用，并且一个云可以支撑多个不同类型的应用同时运行，在云的支撑下可以构造出千变万化的应用，并保证这些服务的运行质量。

同时，通过集成海量存储和高性能的计算能力，云能提供较高的服务质量。云计算能容忍节点的错误，因为它可以自动检测失效节点，并将失效节点排除，而不影响系统整体的正常运行。

(5) 高可扩展性

云计算系统是可以随着用户的规模进行扩张的，可以保证支持客户业务的发展。因为用户所使用的云资源可以根据其应用的需要进行调整和动态伸缩，再加上前面所提到的云计算数据中心本身的超大规模，云能够有效地满足应用和用户大规模增长的需要。

云计算能够无缝地扩展到大规模的集群之上，甚至包含数千个节点同时处理。

(6) 按需服务

云是一个庞大的资源池，用户可以支付不同的费用，以获得不同级别的服务。此外，服务的实现机制对用户透明，用户无须了解云计算的具体机制，就可以获得需要的服务。

(7) 极其经济廉价

由于云的特殊容错措施，可以采用极其廉价的节点来构成云。云的自动化集中式管理使大量企业无须负担日益高昂的数据中心管理成本，云的通用性使资源的利用率较传统系统大幅度提升，因此用户可以充分享受云的低成本优势。通常只要花费几百美元、几天时间就能完成以前需要数万美元、数月时间才能完成的任务。

显然，组建一个采用大量的商业机组成的集群，相对于组建同样性能的超级计算机花费的资金要少很多。

（8）自动化

在云中，不论是应用、服务、资源的部署，还是软硬件的管理，都通过自动化的方式来执行和管理，从而也极大地降低了整个云计算中心的人力成本。

（9）节能环保

云计算技术能将许许多多分散在低利用率服务器上的工作负载整合到云中，来提升资源的使用效率，并且云由专业管理团队运维，所以其电源使用效率（Power Usage Effectiveness，PUE）比普通企业的数据中心出色很多，如Google数据中心的PUE在1.2左右，即每一元的电力花在计算资源上，只需再花0.2元的电力在制冷等设备上，而常见的PUE在2~3之间。此外，还能将云建设在水电厂等洁净资源旁边，这样既能进一步节省能源方面的开支，又能保护环境。

（10）高层次的编程模型

云计算系统提供高层次的编程模型。用户通过简单学习，就可以编写自己的云计算程序，在云系统上执行，满足自己的需求。现在云计算系统主要采用MapReduce模型。

（11）完善的运维机制

在云的另一端，有全世界最专业的团队来帮用户管理信息，有全世界最先进的数据中心来帮用户保存数据。同时，严格的权限管理策略可以保证这些数据的安全。这样用户无须花费重金，就可以享受到最专业的服务。

此外，云计算还以其部署迅速、资源利用率高、易管理、几乎可以提供无限的廉价存储和计算能力等特性，而深受市场关注。这些特点使得云计算能为用户提供更方便的体验，它为人们解决大规模计算、资源存储等问题提供了一条新的途径。正因为如此，云计算才能脱颖而出，并被业界推崇。

7.1.3 云计算的层次及分类

云计算可以按需提供弹性资源，它的表现形式是一系列服务的集合。因此，大多数学者及工程技术人员将云计算的3层体系架构分为基础设施服务层（Infrastructure as a Service，IaaS）、平台服务层（Platform as a Service，PaaS）、软件服务层（Software as a Service，SaaS），即3层SPI（SaaS、PaaS、IaaS的首字母缩写）架构，如图7-3所示。

1. 云计算的层次架构

（1）基础架构即服务（Infrastructure as a Service）

位于云计算3层服务的最底端，也是云计算狭义定义所覆盖的范围。就是把IT基础设施像水、电一样以服务的形式提供给用户，以服务形式提供基于服务器和存储等硬件资源的可高度扩展和按需变化的IT能力。通常按照所消耗资源的成本进行收费。

该层提供的是基本的计算和存储能力。以计算能力的提供为例，其提供的基本单元就是服务器，包含CPU、内存、存储、操作系统及一些软件。为了让用户能够定制自己的服务器，需要借助服务器模板技术，即将一定的服务器配置与操作系统和软件进行绑定，并提供定制的功能。服务的供应是一个关键点，它的好坏直接影响到用户的使用效率及IaaS系统

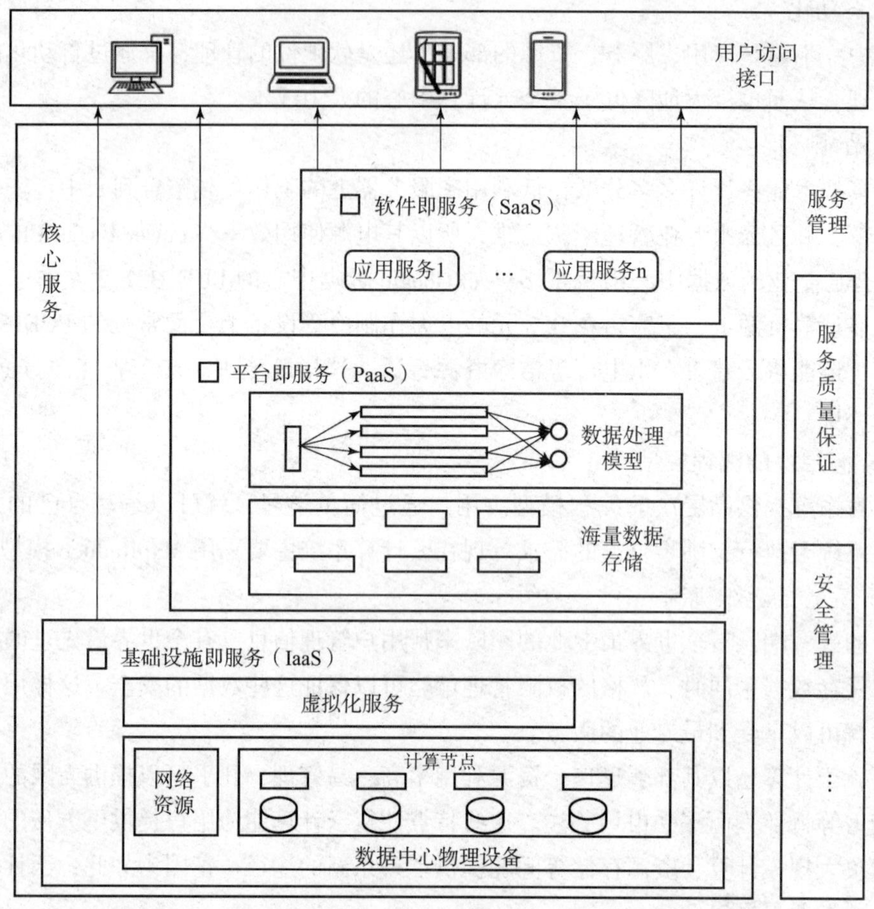

图 7－3　云计算的 3 层体系架构

运行和维护的成本。自动化是一个核心技术，它使得用户对资源使用的请求可以以自行服务的方式完成，无须服务提供者的介入。一个稳定而强大的自动化管理方案可以将服务的边际成本降低为 0，从而保证云计算的规模化效应得以体现。在自动化的基础上，资源的动态调度得以成为现实。资源动态调度的目的是满足服务水平的要求。比如根据服务器的 CPU 利用率，IaaS 平台自动决定为用户增加新的服务器或存储空间，从而满足事先与用户订立的服务水平条款。在这里，资源动态调度技术的智能性和可靠性十分关键。此外，虚拟化技术是另外一个关键的技术，它通过物理资源共享极大地提高资源利用率，降低 IaaS 平台成本与用户使用成本；同时，虚拟化技术的动态迁移功能能够带来服务可用性的大幅度提高，这一点对许多用户极具吸引力。具体的例子包括 IBM 为无锡软件园建立的云计算中心及亚马逊的 EC2。

（2）平台即服务（Platform as a Service）

位于云计算 3 层服务的最中间。通常也称为“云计算操作系统”。它提供给终端用户基于互联网的应用开发环境，包括应用编程接口和运行平台等，并且支持应用从创建到运行整个生命周期所需的各种软硬件资源和工具。通常按照用户或登录情况计费。在 PaaS 层面，

服务提供商提供的是经过封装的 IT 能力，或者说是一些逻辑的资源，比如数据库、文件系统和应用运行环境等。

通常又可将 PaaS 细分为开发组件即服务和软件平台即服务。前者指的是提供一个开发平台和 API 组件，给开发人员更大的弹性，依不同需求定制化。一般面向的是应用软件开发商（ISV）或独立开发者，这些应用软件开发商或独立开发者们在 PaaS 厂商提供的在线开发平台上进行开发，从而推出自己的 SaaS 产品或应用。后者指的是提供一个基于云计算模式的软件平台运行环境，让应用软件开发商（ISV）或独立开发者能够根据负载情况动态提供运行资源，并提供一些支撑应用程序运行的中间件支持。目前有能力提供 PaaS 平台的厂商并不多，本部分中关于云的产品示例包括 IBM 的 Rational 开发者云、Saleforce 公司的 Force. com 和 Google 的 Google App Engine 等。

这个层面涉及两个核心技术。第一个核心技术是基于云的软件开发、测试及运行技术。PaaS 服务主要面向软件开发者，如何让开发者通过网络在云计算环境中编写并运行程序，在以前是一个难题。如今，在网络带宽逐步提高的前提下，两种技术的出现解决了这个难题。一个是在线开发工具。开发者可通过浏览器、远程控制台（控制台中运行开发工具）等技术直接在远程开发应用，无须在本地安装开发工具。另一个是本地开发工具和云计算的集成技术，即通过本地开发工具将开发好的应用直接部署到云计算环境中去，同时能够进行远程调试。第二个核心技术是大规模分布式应用运行环境。它指的是利用大量服务器构建的可扩展的应用中间件、数据库及文件系统。这种应用运行环境可以充分利用云计算中心的海量计算和存储资源，进行充分扩展，突破单一物理硬件的资源瓶颈，满足互联网上百万级用户量的访问要求，Google 的 App Engine 就采用了这样的技术。

（3）软件即服务（Software as a Service）

这是最常见的云计算服务，位于云计算 3 层服务的顶端。用户通过标准的 Web 浏览器来使用 Internet 上的软件。服务供应商负责维护和管理软硬件设施，并以免费（提供商可以从网络广告之类的项目中生成收入）或按需租用方式向最终用户提供服务。尽管这个概念之前就已经存在，但这并不影响它成为云计算的组成部分。

这类服务既有面向普通用户的，诸如 Google Calendar 和 Gmail；也有直接面向企业团体的，用于帮助处理工资单流程、人力资源管理、协作、客户关系管理和业务合作伙伴关系管理等。这些产品的常见示例包括 IBM LotusLive、Salesforce. com 和 Sugar CRM 等。这些 SaaS 提供的应用程序减少了客户安装和维护软件的时间与技能等代价，并且可以通过按使用付费的方式来减少软件许可证费用的支出。

在 SaaS 层面，服务提供商提供的是消费者应用或行业应用，直接面向最终消费者和各种企业用户。这一层面主要涉及 Web 2. 0、多租户和虚拟化技术。Web 2. 0 中的 AJAX 等技术的发展使得 Web 应用的易用性越来越高，它把一些桌面应用中的用户体验带给了 Web 用户，从而让人们容易接受从桌面应用到 Web 应用的转变。多租户是指一种软件架构，在这种架构下，软件的单个实例可以服务于多个客户组织（租户），客户之间共享一套硬件和软件架构。它可以大大降低每个客户的资源消耗，降低客户成本。虚拟化也是 SaaS 层的一项重要技术，与多租户技术不同，它可以支持多个客户共享硬件基础架构，但不共享软件架

构，这与 IaaS 中的虚拟化是相同的。

以上 3 层，每层都有相应的技术支持提供该层的服务，具有云计算的特征，比如弹性伸缩和自动部署等。每层云服务可以独立成云，也可以基于下面层次的云提供的服务。每种云可以直接提供给最终用户使用，也可以只用来支撑上层的服务。

以上云计算的三层架构都属于云计算的核心服务模块，除此之外，完整运营的云计算系统还需要具备服务管理模块，以及用户访问接口模块。其中，服务管理模块为核心服务模块提供支持，以进一步确保核心服务的质量、可用性与安全性。服务管理实际内容应包括很多，但主要是服务质量保证和安全管理等。用户访问接口模块实现了云计算服务的泛在访问，它通常包括命令、Web 服务、Web 门户等形式。命令和 Web 服务的访问模式既可为终端设备提供应用程序开发接口，又便于多种服务的组合。Web 门户是访问接口的另一种模式。通过 Web 门户，云计算将用户的桌面应用迁移到互联网，从而使用户随时随地通过浏览器就可以访问数据和程序，提高工作效率。

虽然用户通过访问接口使用便利的云计算服务，但是由于不同云计算服务商提供接口的标准不同，导致用户数据不能在不同服务商之间迁移。为此，在 Intel、Sun 和 Cisco 等公司的倡导下，云计算互操作论坛宣告成立，并致力于开发统一的云计算接口，以实现“全球环境下不同企业之间可利用云计算服务无缝协同工作”的目标。

2. 云计算的分类

依据云计算的服务范围，又可以将云计算系统分为公有云、私有云及混合云。

(1) 公有云

公有云是云基础设施由一个提供云计算服务的运营商或称云供应商所拥有，该运营商再将云计算服务销售给一般大众或广大的中小企业群体所共有，是现在最主流的，也是最受欢迎的一种云计算部署模式。

公有云是一种对公众开放的云服务，能支持数目庞大的请求，并且因为规模的优势，其成本偏低。公有云由云供应商运行，为最终用户提供各种各样的 IT 资源。云供应商负责从应用程序、软件运行环境到物理基础设施等 IT 资源的安全、管理、部署和维护。用户在使用 IT 资源时，只需为其所使用的资源付费，而无须任何前期投入，所以非常经济。此外，在公有云中，用户不清楚与其共享和使用资源的还有其他哪些用户，整个平台是如何实现的，甚至无法控制实际的物理设施，云服务提供商能保证其所提供的资源具备安全和可靠等非功能性需求。

目前，许多 IT 巨头都推出了自己的公有云服务，包括 Amazon 的 AWS、微软的 Windows Azure Platform、Google 的 Google Apps 与 Google App Engine 等。一些过去著名的厂商，也推出了它们自己的公有云服务，如 Rackspace 的 Rackspace Cloud 和国内世纪互联的 CloudEx 云快线等。

公有云在许多方面都有其优越性，下面是其中的四个方面：

①规模大。因为公有云的公开性，它能聚集来自整个社会并且规模庞大的工作负载，从而产生巨大的规模效应，如能降低每个负载的运行成本或者为海量的工作负载做更多优化。

②价格低廉。由于对用户而言，公有云完全是按需使用的，无须任何前期投入，所以与其他模式相比，公有云在初始成本方面有非常大的优势。此外，就像前面提到的那样，随着公有云的规模不断增大，它将不仅使云供应商受益，而且也会相应地降低用户的开支。

③灵活。对用户而言，公有云在容量方面几乎是无限的。即使用户的需求量很大，公有云也能非常快地予以满足。

④功能全面。公有云在功能方面非常丰富、全面，如可支持多种主流的操作系统和成千上万的应用。

公有云的不足之处如下：

①缺乏信任。虽然在安全技术方面，公有云有很好的支持，但是由于其存储数据的地方并不是在企业本地，所以企业会不可避免地担忧数据的安全性。

②不支持遗留环境。由于现在公有云技术基本上都是基于 x86 架构的，操作系统普遍以 Linux 或者 Windows 为主，所以对于大多数遗留环境没有很好的支持，如基于大型机的 Cobol 应用。

由于公有云在规模和功能等方面的优势，它受到绝大多数用户的欢迎。长期来说，公有云将像公共电厂那样成为云计算最主流的，甚至是唯一的模式，因为它在规模、价格和功能等方面的潜力实在太大了。但是，在短期之内，因为信任和遗留等方面的不足，会降低公有云对企业的吸引力，特别是一些大型企业。

（2）私有云

关于云计算，虽然人们谈论最多的莫过于以 Amazon EC2 和 Google App Engine 为代表的公有云。但是，对许多大中型企业而言，由于很多限制和条款，它们在短时间内很难大规模地采用公有云技术，可是它们也期盼云计算所带来的便利，所以出现了私有云这一云计算的部署模式。

私有云是云基础设施被某单一组织拥有或租用，其可以在本地或防火墙外的异地，该基础设施只为该组织服务。也就是说，私有云主要是为企业内部提供云服务，不对公众开放，大多在企业的防火墙内工作，并且企业 IT 人员能对其数据、安全性和服务质量进行有效的控制。与传统的企业数据中心相比，私有云可以支持动态灵活的基础设施，从而降低 IT 架构的复杂度，使各种 IT 资源得到整合和标准化。

在私有云界，主要有两大联盟：一是 IBM 与其合作伙伴，主要推广的解决方案有 IBM Blue Cloud 和 IBM CloudBurst；二是由 VMware、Cisco 和 EMC 组成的 VCE 联盟，主推的是 Cisco UCS 和 vBlock。在实际中，已经建设成功的私有云有采用 IBM Blue Cloud 技术的中化云计算中心和采用 Cisco UCS 技术的 Tutor Perini 云计算中心。

创建私有云的方式主要有两种：

①独自构建方式。即通过使用诸如 Enomaly 和 Eucalyptus 等软件将现有硬件整合成一个云。这比较适合预算少或者希望重用现有硬件的一些企业。

②购买商业解决方案。它通过购买 Cisco 的 UCS 和 IBM 的 Blue Cloud 等方案来一步到位，这比较适合那些有实力的企业和机构。

由于私有云主要在企业数据中心内部运行，并且由企业的IT团队进行管理，因此这种模式在下面五个方面表现了出色的优势。

①数据安全。虽然每个公有云的供应商都对外宣称，其服务在各方面都非常安全，特别是在数据管理方面。但是，对企业特别是大型企业而言，和业务相关的数据是其生命线，是不能受到任何形式的威胁和侵犯的，并且需要严格地控制和监视这些数据的存储方式和位置。因此，短期而言，大型企业是不会将其关键应用部署到公有云上的，所以私有云在这方面是非常有优势的。因为它一般都构筑在防火墙内，企业会比较放心。

②服务质量。因为私有云一般在企业内部，而不是在某个遥远的数据中心，所以当公司员工访问那些基于私有云的应用时，它的服务质量应该会非常稳定，这样就不会受到远程网络偶然发生的异常的影响。

③充分利用现有硬件资源。每个公司，特别是大公司，都会存在很多低利用率的硬件资源，这样，就可以通过一些私有云解决方案或者相关软件让它们重获“新生”。

④支持定制和遗留应用。现有公有云所支持应用的范围都偏主流，偏x86，这对于一些定制化程度高的应用和遗留应用就很有可能束手无策。但是，这些往往都是一个企业最核心的应用，如大型机、UNIX等平台的应用。在这个时刻，私有云可以说是一个不错的选择。

⑤不影响现有IT管理的流程。对大型企业而言，流程是其管理的核心，如果没有完善的流程，企业将会成为一盘散沙。实际情况是，不仅企业内部和业务有关的流程非常多，而且IT部门的自身流程也不少，并且大多都不可或缺，如那些和Sarbanes - Oxley相关的流程。在这方面，私有云的适应性比公有云好很多，因为IT部门能完全控制私有云，这样，它们就有能力使私有云比公有云更好地与现有流程进行整合。

私有云也有其不足之处，具体表现在以下两方面。

①成本开支高。因为建立私用云需要很高的初始成本，特别是如果需要购买大厂家的解决方案时，更是如此。

②持续运营成本偏高。由于需要在企业内部维护一支专业的云计算团队，因而其持续运营成本也同样会偏高。

在将来很长一段时间内，私有云将成为大中型企业最认可的云模式，并且将极大地增强企业内部的IT能力，并使整个IT服务围绕着业务展开，从而更好地为业务服务。

(3) 混合云

混合云是云基础设施由两种或以上的云（私有云、公有云或行业云）组成，每种云仍然保持独立实体，但用标准的或专有的技术将它们组合起来，具有数据和应用程序的可移植性，可通过负载均衡技术来应对处理突发负载（Cloudburst）。

混合云虽然不如前面的公有云和私有云常用，但已经有类似的产品和服务出现。例如，企业可以将非关键的应用部署到公有云上来降低成本而将安全性要求很高、非常关键的核心应用部署到完全私密的私有云上。

现在混合云的例子非常少，最相关的就是Amazon VPC（Virtual Private Cloud，虚拟私有云）和VMware vCloud了。如通过Amazon VPC服务能将Amazon EC2的部分计算能力接入企

业的防火墙内。

混合云的构建方式有以下两种：

①外包企业的数据中心。企业搭建了一个数据中心，但具体维护和管理工作都外包给专业的云供应商，或者邀请专业的云供应商直接在厂区内搭建专供本企业使用的云计算中心，并且在建成之后由专业的云供应商负责以后的维护工作。

②购买私有云服务。通过购买 Amazon 等云供应商的私有云服务，能将一些公有云纳入企业的防火墙内。此外，在这些计算资源和其他公有云资源之间进行隔离，能够获得极大的控制权，这样也免去了维护之苦。

通过使用混合云，企业可以享受接近私有云的私密性；可以享受类似公有云低廉的成本及大量位于公有云的计算资源，以备不时之需。但现在可供选择的混合云产品较少；在私密性方面不如私有云好；在成本方面不如公有云低；操作起来较复杂。混合云比较适合那些想尝试云计算的企业，以及面对突发流量但不愿将企业 IT 业务都迁移至公有云的企业。虽然混合云不是长久之计，但是它应该也会有一定的市场空间，并且也将会有一些厂商推出类似的产品。

除了以上三类，行业云（Community Cloud）近年来开始被提及。行业云还可译成社区云或机构云，即云基础设施被一些组织共享，并为一个有共同关注点的社区、行业或大机构服务（如任务、安全要求、政策和准则等）。这种云可以被该社区、行业或大机构拥有和租用，也可以坐落在本地、防火墙外的异地或多地，它也可能是一组私有云通过 VPN 连接到一起的 NPC。

行业云虽然较少提及，但是有一定的潜力，主要指的是专门为某个行业的业务设计的云，并且开放给多个同属于这个行业的企业。虽然行业云现在还没有一个成熟的例子，但盛大（游戏行业国内知名企业）的开放平台颇具行业云的潜质，因为它能将整个云平台共享给多个小型游戏开发团队。这样，这些小型团队只需负责游戏的创意和开发，其他和游戏相关的烦琐的运维，可转交给盛大的开放平台来负责。

在构建方式方面，行业云主要有以下两种方式。

①独自构建方式。即由某个行业的领导企业自主创建一个行业云，并与其他同行业的公司分享。

②联合构建方式。即由多个同类型的企业联合建设和共享一个云计算中心，或者邀请外部的供应商来参与其中。

行业云能为行业的业务做专门的优化，这和其他的云计算部署模式相比，能进一步方便用户，另外，可以为行业的业务做专门的优化，还能进一步降低成本。

行业云也存在不足之处，如支持的范围较小，只支持某个行业；建设成本较高，行业云非常适合那些业务需求比较相似，并且对成本非常关注的行业。虽然现在还没有非常好的示例，但是对部分行业应该存在一定的吸引力，如游戏业。

任务 7.2　大数据概述

7.2.1　大数据概述

计算和数据是信息产业不变的主题，半个世纪以来，在信息和网络技术迅速发展的推动下，随着计算机技术全面融入社会生活，信息爆炸已经积累到了一个开始引发变革的程度。它不仅使世界充斥着比以往更多的信息，而且其增长速度也在加快。信息爆炸式的增长，使数据的产生不受时间、地点的限制，创造出了“大数据”这个概念。如今这个概念几乎应用到了所有人类智力与发展的领域中。

21 世纪是数据信息大发展的时代，移动互联、社交网络、电子商务等极大拓展了互联网的边界和应用范围，各种数据正在迅速膨胀并变大。

互联网（社交、搜索、电商）、移动互联网（微博）、物联网（传感器，智慧地球）、车联网、GPS、医学影像、安全监控、金融（银行、股市、保险）、电信（通话、短信）都在疯狂产生着数据。

新的时代，人们从信息的被动接受者变成了主动创造者：

全球每秒钟发送 290 万封电子邮件，如果一分钟读一篇，足够一个人昼夜不息地读 5.5 年。

每天会有 2.88 万小时的视频上传到 Youtube，足够一个人昼夜不息地观看 3.3 年。

推特上每天发布 5 000 万条消息，假设 10 s 浏览一条信息，这些消息足够一个人昼夜不息地浏览 16 年。

每天亚马逊上产生 630 万笔订单。

每个月网民在 Facebook 上要花费 7 000 亿分钟，被移动互联网使用者发送和接收的数据高达 1.3 EB。

Google 上每天需要处理 24 PB 的数据。

这些由信息产生的数据远远超越了目前人力所能处理的范畴，大数据时代已经来临。

1. 什么是大数据

维基百科将大数据描述为：大数据是现有数据库管理工具和传统数据处理应用很难处理的大型、复杂的数据集。大数据的挑战包括采集、存储、搜索、共享、传输、分析和可视化等。

大数据的“大”是一个动态的概念，以前 10 GB 的数据是个天文数字；而现在，在地球、物理、基因、空间科学等领域，TB 级的数据集已经很普遍。大数据系统需要满足以下三个特性。

①规模性（Volume）：需要采集、处理、传输的数据容量大。

②多样性（Variety）：数据的种类多、复杂性高。

③高速性（Velocity）：数据需要频繁地采集、处理并输出。

2. 数据的来源

大数据的数据来源很多，主要有管理信息系统、网络信息系统、物联网系统、科学实验系统等；其数据类型包括结构化数据、半结构化数据和非结构化数据。

①管理信息系统：企业内部使用的信息系统，包括办公自动化系统、业务管理系统等，是常见的数据产生方式。管理信息系统主要通过用户输入和系统的二次加工的方式生成数据，其产生的数据大多为结构化数据，存储在数据库中。

②网络信息系统：基于网络运行的信息系统是大数据产生的重要方式，电子商务系统、社交网络、社会媒体、搜索引擎等都是常见的网络信息系统，网络信息系统产生的大数据多为半结构化或无结构化的数据。网络信息系统与管理信息系统的区别在于管理信息系统是内部使用的，不接入外部的公共网络。

③物联网系统：通过传感器获取外界的物理、化学、生物等数据信息。

④科学实验系统：主要用于学术科学研究，其环境是预先设定的，数据既可以由真实实验产生，也可以是通过模拟方式获取的。

3. 生产数据的三个阶段

①被动式生成数据：数据库技术使得数据的保存和管理变得简单，业务系统在运行时产生的数据直接保存数据库中。这个时候数据的产生是被动的，数据是随着业务系统的运行产生的。

②主动式生成数据：互联网的诞生尤其是 Web 2.0、移动互联网的发展大大加速了数据的产生，人们可以随时随地通过手机等移动终端生成数据，人们开始主动地生成数据。

③感知式生成数据：感知技术尤其是物联网的发展促进了数据生成方式发生了根本性的变化，遍布在城市各个角落的摄像头等数据采集设备源源不断地自动采集、生成数据。

4. 大数据的特点

①数据产生方式：在大数据时代，数据的产生方式发生了巨大的变化，数据的采集方式由以往的被动采集数据转变为主动生成数据。

②数据采集密度：以往进行数据采集时的采样密度较低，获得的采样数据有限；在大数据时代，有了大数据处理平台的支撑，可以对需要分析的事件的数据进行更加密集的采样，从而精确地获取事件的全局数据。

③数据源：以往多从各个单一的数据源获取数据，获取的数据较为孤立，不同数据源之间的数据整合难度较大。在大数据时代，可以通过分布式计算、分布式文件系统、分布式数据库等技术对多个数据源获取的数据进行整合处理。

④数据处理方式：以往对数据的处理大多采用离线处理的方式，对已经生成的数据集中进行分析处理，不对实时产生的数据进行分析。在大数据时代，可以根据应用的实际需求对数据采取灵活的处理方式。对于较大的数据源、响应时间要求低的应用，可以采取批处理的方式进行集中计算；对于响应时间要求高的实时数据处理，则采用流处理的方式进行实时计算，并且可以通过对历史数据的分析进行预测分析。

⑤大数据需要处理的数据大小通常达到 PB（1 024 TB）或 EB（1 024 PB）级。

⑥数据的类型多种多样，包括结构化数据、半结构化数据和非结构化数据。

巨大的数据量和种类繁多的数据类型给大数据系统的存储和计算带来很大挑战，单节点的存储容量和计算能力成为瓶颈。分布式系统是对大数据进行处理的基本方法，分布式系统将数据切分后存储到多个节点上，并在多个节点上发起计算，解决单节点的存储和计算瓶颈。

5. 大数据的应用领域

大数据在社会生活的各个领域得到广泛的应用，不同领域的大数据应用具有不同的特点，其对响应时间、系统稳定性、计算精确性的要求各不相同。

海量的数据本身很难直接使用，只有通过处理的数据才能真正成为有用的数据，因此，云计算时代数据和计算两大主题可以进一步明确为数据和针对数据的计算，计算可以使海量的数据成为有用的信息，进而处理成知识。

7.2.2 主要的大数据处理系统

大数据处理的数据源类型多种多样，数据处理的需求各不相同：

①对海量已有数据进行批量处理。

②对大量的实时生成的数据进行实时处理。

③在分析数据时，进行反复迭代计算。

④对图数据进行分析计算。

目前主要的大数据处理系统有数据查询分析计算系统、批处理系统、流式计算系统、迭代计算系统、图计算系统和内存计算系统。

7.2.3 大数据处理的基本流程

大数据的处理流程可以定义为在适合工具的辅助下，对广泛异构的数据源（Web 系统、手机 App、各种业务系统等）进行抽取和集成，结果按照一定的标准统一存储，利用合适的数据分析技术对存储的数据进行分析，从中提取有益的知识并利用恰当的方式将结果展示给终端用户。

具体步骤如下。

第 1 步：数据抽取与集成。由于大数据处理的数据来源类型丰富，原始数据种类多样，格式、位置、存储、时效性等迥异，所以要先对数据进行抽取和集成，从中提取出关系和实体，经过关联和聚合等操作，按照统一定义的格式对数据进行存储。

第 2 步：数据存储。收集好的数据需要根据成本、格式、查询、业务逻辑等需求，存放在合适的位置中，方便进一步分析。数据存储的主要技术有 HDFS、HBase。

第 3 步：数据分析。数据分析是大数据处理流程的核心步骤，通过数据抽取和集成环节，已经从异构的数据源中获得了用于大数据处理的原始数据，用户可以根据自己的需求对这些数据进行分析处理。

第 4 步：数据解释。大数据处理流程中，用户最关心的是数据处理的结果。正确的数据

处理结果只有通过合适的展示方式才能被终端用户正确理解，因此，数据处理结果的展示非常重要，可视化和人机交互是数据解释的主要技术。

在开发调试程序时，经常通过打印语句的方式来呈现结果，这种方式非常灵活、方便，但只有熟悉程序的人才能很好地理解打印结果。

使用可视化技术，可以将处理的结果通过图形的方式直观地呈现给用户，标签云、历史流、空间信息流等是常用的可视化技术，用户可以根据自己的需求灵活地使用这些可视化技术。

人机交互技术可以引导用户对数据进行逐步的分析，使用户参与到数据分析的过程中，使用户可以深刻地理解数据分析结果。

任务7.3　云计算与大数据的发展

与大数据相比，云计算更像是对一种新的技术模式的描述，而不是对某一项技术的描述，而大数据则较为确切地与一些具体的技术相关联。

目前新出现的一些技术如 Hadoop、HPCC、Storm 都较为确切地与大数据相关，同时，并行计算技术、分布式存储技术、数据挖掘技术这些传统的计算机学科在大数据条件下又再次萌发出生机，并在大数据时代找到了新的研究内容。

大数据其实是对面向数据计算技术中对数据量的一个形象描述，通常也可以被称为海量数据。

云计算整合的资源主要是计算和存储资源，云计算技术的发展也清晰地呈现出两大主题——计算和数据。伴随这两大主题，出现了云计算和大数据这两个热门概念，任何概念的出现都不是偶然的，取决于当时的技术发展状况。

7.3.1　云计算与大数据发展历程

早在 1958 年，人工智能之父约翰·麦卡锡发明了函数式语言 LISP，LISP 语言后来成为 MapReduce 的思想来源。1960 年，约翰·麦卡锡预言：“今后计算机将会作为公共设施提供给公众。”这一概念与现在所定义的云计算已非常相似，但当时的技术条件决定了这一设想只是一种对未来技术发展的预言。云计算是网络技术发展到一定阶段后必然出现的新的技术体系和产业模式。

1984 年，SUN 公司提出“网络就是计算机”这一具有云计算特征的论点，而 2006 年 Google 公司 CEO Eric Schmidt 提出云计算概念，2008 年云计算概念全面进入中国，2009 年中国首届云计算大会召开，此后云计算技术和产品迅速发展起来。

随着社交网络、物联网等技术的发展，数据正在以前所未有的速度增长和积累。IDC 的研究数据表明，全球的数据量每年增长 50%，两年翻一番，这意味着全球近两年产生的数据量将超过之前全部数据的总和。

根据云计算、大数据这两个关键词近年来的网络关注度，可以看出大数据的关注度越来越高，云计算和大数据是信息技术未来的发展方向。

网络技术在云计算和大数据的发展历程中发挥了重要的推动作用。可以认为信息技术的发展经历了硬件发展推动和网络技术推动两个阶段。

早期主要以硬件发展为主要动力，在这个阶段硬件的技术水平决定着整个信息技术的发展水平，硬件的每一次进步都有力地推动着信息技术的发展，从电子管技术到晶体管技术再到大规模集成电路，这种技术变革成为产业发展的核心动力。

但网络技术的出现逐步打破了单纯的硬件能力决定技术发展的格局，通信带宽的发展为信息技术的发展提供了新的动力，在这一阶段通信带宽成为信息技术发展的决定性力量之一，云计算、大数据技术的出现正是这一阶段的产物，其广泛应用是技术发展的必然结果，生产力决定生产关系的规律在这里依然是适用的。

7.3.2 为云计算与大数据发展做出贡献的科学家

1. 超级计算机之父——西摩·克雷

在人类解决计算和存储问题的历程中，西摩·克雷成为一座丰碑，被称为超级计算机之父。他生于1925年9月28日，美国人，1958年设计建造了世界上第一台基于晶体管的超级计算机。作为高性能计算机领域中最重要的人物之一，他亲手设计了Cray全部的硬件与操作系统。Cray机成为从事高性能计算的学者永恒的记忆。到1986年1月为止，世界上有130台超级计算机投入使用，其中大约90台是由克雷的上市公司——克雷研究所研制的。美国的《商业周刊》在1990年的一篇文章中曾这样写道：“西摩·克雷的天赋和非凡的干劲已经给本世纪的技术留下了不可磨灭的印记。”2013年11月，高性能计算500强排行中，第2名和第6名均为Cray机。

2. 云计算之父——约翰·麦卡锡

约翰·麦卡锡1927年生于美国，1951年获得普林斯顿大学数学博士学位。他因在人工智能领域的贡献而在1971年获得图灵奖；麦卡锡真正广为人知的称呼是“人工智能之父”，因为他在1955年的达特矛斯会议上提出了“人工智能”这个概念，使人工智能成为一门新的学科。1958年，他发明了LISP语言，而LISP语言中的MapReduce在几十年后成为Google云计算和大数据系统中最为核心的技术。

麦卡锡更富有远见的预言是他在1960年提出的“今后计算机将会作为公共设施提供给公众”这一观点与现在的云计算的理念竟然丝毫不差。正是由于他提前半个多世纪就预言了云计算这种新的模式，因此将他称为“云计算之父”。

3. 大数据之父——吉姆·格雷

吉姆·格雷生于1944年，在著名的加州大学伯克利分校计算机科学系获得博士学位，是声誉卓著的数据库专家，1998年度的图灵奖获得者。

2007年1月11日，在美国国家研究理事会计算机科学与通信分会上，吉姆·格雷明确地阐述了科学研究第四范式，认为依靠对数据分析的挖掘也能发现新的知识，这一认识吹响了大数据前进的号角，计算应用于数据的观点在当前的云计算大数据系统中得到了大量的体现。在他发表这一演讲后的十几天，2007年1月28号格雷独自驾船出海后，就再也没有了

音信，虽然经多方的努力搜索却没有发现一丝他的信息，人们再也不能见到这位天才的科学家。

7.3.3　云计算与大数据的发展现状

1. 云计算行业现状及发展趋势

目前，全球云计算市场迅速增长，世界信息产业强国和地区对云计算给予了高度关注，已把云计算作为未来战略产业的重点，纷纷研究、制定并出台云计算发展战略规划，加快部署国家级云计算基础设施，并加快推动云计算的应用，抢占云计算产业制高点。

美国政府正在大力推行的云计算计划，内容涉及生产性产业结构调整、发展云端产业、商务业务整合、政府网站改革、社交媒体等诸多方面。欧盟制定了《第7框架计划(FP7)》，推动了云计算产业发展。英国已开始实施“政府云”（G－Cloud）计划，所有的公共部门都可以根据自己的需求通过G－Cloud平台来挑选和组合所需服务。日本提出“相关云”计划，建立一个大规模的云计算基础设施，实现电子政务集中到一个统一的云计算基础设施之上，以提高运营效率、降低成本。IBM、Microsoft、Google、Sun、Amazon等知名电子信息公司相继推出云计算产品和服务，Intel、Cisco等传统硬件厂商也纷纷向云计算服务商转型。

云计算产业在国外尤其是以美国为代表的市场已经非常成熟了，云计算产业在中国国内尚处于蓬勃发展阶段，总体规模每年迅速递增。我国云计算产业生态链的构建正在进行中，在政府的监管下，云计算服务提供商与软硬件、网络基础设施服务商，以及云计算咨询规划、交付、运维、集成服务商及终端设备厂商等一同构成了云计算的产业生态链，为政府、企业和个人用户提供服务。但云计算的产业化快速发展尚存在如用户认知不足、标准缺失、数据主权争议、可用性、稳定性担忧、用户锁定、服务质量难以规范等诸多障碍。其中标准、安全及相关法律法规的完善是最为核心，也是最为迫切需要解决的问题。

现阶段在政府的大力扶持下，我国已有多个城市开展云计算相关研究和项目建设，未来将会有大规模突破发展。“十二五”末，中国云计算市场产值规模突破1万亿元，主要以政府、电信、教育、医疗、金融、石油石化、电力等行业为应用重点。相信在未来，云计算产业将成为IT行业中增长速度最快、人才需求量最大的一个发展方向。

我国云计算产业拥有巨大的发展空间。以阿里云为例，2019年1月，阿里巴巴公布2019财年第三季度财报，阿里云营收规模为213.6亿元，4年间增长约20倍，成为亚洲最大的云服务公司。上一年，这一数字为111.7亿元。根据阿里云官方数据，目前40%的中国500强企业、近一半中国上市公司、80%中国科技类公司在使用阿里云。

此前，Gartner和IDC也分别发布数据。Gartner数据显示，2018年全球公共云市场整体增长为21.4%，以亚马逊AWS、微软Azure和阿里云为首的全球云计算“3A”阵营占据了超过七成市场份额。IDC数据显示，在中国市场上，阿里云市场份额相当于第2～9名的总和，而在全球市场，阿里云已超过了Google和IBM的云业务。

未来，云计算的范畴越来越广，人工智能开始成为重要组成部分。随着公有云公司提供机器学习和人工智能，意味着人工智能的优质基础设施同样会大量普及，促进人工智能产业的发展。同时，云计算、大数据等的发展需要底层信息基础设施来承载，未来对于服务器数量的需求将大大提升，并带动以 IDC 为代表的计算集群的增长。云计算作为下一代企业数据中心，基本形式为大量链接在一起的共享 IT 基础设施，其不受本地和远程计算机资源的限制，可以很方便地访问云中的“虚拟”资源，使用户和云服务提供商之间可以像访问网络一样进行交互操作。移动互联网再次拓展了以网络化资源交付为特点的云计算技术的应用能力，同时也改变了数据的产生方式，推动了全球数据的快速增长，推动了大数据的技术和应用的发展。

2. 大数据行业发展现状及发展趋势分析

当前，数据分析、数据运营的作用已经显现出来，拥有用户数据的 IT 企业对传统的行业产生了巨大影响，“数据为王”的时代已经到来。

（1）国家发展战略

2015 年 5 月，国务院编制实施软件和大数据产业“十三五”规划，大数据产业第一次明确出现在规划中。

2015 年 9 月，国务院发布了《促进大数据发展行动纲要》，是第一个真正意义上的大数据发展国家战略，正式把促进大数据的发展和应用提升到国家战略层面，明确提出了我国大数据发展的关键任务，即加快政府数据开放共享、推动产业创新发展、强化网络及数据安全保障。

2017 年 1 月，工信部发布了《大数据产业发展规划（2016—2020 年）》，进一步落实国家大数据战略，为我国大数据产业健康、快速发展提供有效的支持和指导。

2018 年 3 月，国务院颁布了《科学数据管理办法》，是确立大数据国家战略以来，首个国家层面出台发布的类目数据管理办法。

（2）我国大数据产业发展存在的问题

1）数据开放共享进程较慢。

在我国，数据开放与共享才刚刚起步，还处于地方政府尝试探索阶段。地方性政府数据开放平台存在着总体数量少、地域差异大、资源建设与利用情况差、数据管理薄弱、服务不完善等问题。而许多企业为了让用户依赖自己的产品，不愿意将收集到的数据共享给其他人。同时，数据质量不高、数据资源流通不畅、管理能力弱等原因也造成数据价值难以被有效挖掘利用。

2）数据安全面临威胁。

大数据技术的发展赋予了大数据安全区别于传统数据安全的特殊性。在大数据时代新形势下，数据安全、隐私安全乃至大数据平台安全等，均面临新威胁与新风险，做好大数据安全保障工作具有严峻挑战。

3）法律制度不完善。

大数据技术在中国得到重视并开发的时间较晚，数据所有权、隐私权等相关法律法规和

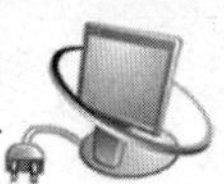

信息安全、开放共享等标准规范不健全，尚未建立起兼顾安全与发展的数据开放、管理和信息安全保障体系。当前存在的数据黑市交易猖獗，不利于正规大数据企业的生存，相应的区块链技术的应用或可有效打击数据非法流通行为，但由于区块链技术的应用还在起步阶段，还无法真正发挥出实力去解决黑市交易问题。

4）大数据人才紧缺。

近几年，我国大数据产业发展逐渐加快，但专业化人才短缺也逐渐成为大数据产业发展的绊脚石。人才的培养需要时间的积累，从大数据迅猛发展对相关人才的需求来看，未来很长一段时间，大数据人才都面临严重缺口。大数据基础研究、产品研发和业务应用、大数据平台运维与开发、数据分析、数据安全等专业人才供求矛盾将十分突出。

(3）大数据的发展趋势

随着大数据技术的不断发展和升级，大数据在各个行业、领域的应用将会更加丰富。比如，在金融行业中，可应用于金融反欺诈、风控、信贷业务等；在电信行业中，精准营销、信用评估则是大数据技术主要的应用场景；而政府层面，大数据应用则更加偏向于智慧城市、公共安全、交通、气象等方面。另外，随着国家战略建设及社会需求的推动，大数据行业在医疗领域也将大有可为。

大数据还能与传统产业进行融合，从设计研发、生产管理到售后维护等多环节或全流程推动传统产业转型升级，比如零售业可以运用大数据调整销售策略，制造业可以运用大数据加强售后维护，农业可以运用大数据制定收割路线，电信业可以运用大数据加强精准营销。

当前的5G网络是一场创新革命，人类社会已经进入了“大智移云”时代，大数据、人工智能、移动互联网与云计算的结合越来越紧密。移动通信信息服务企业已开始建设基于大数据关键技术的大数据应用平台，大数据正由技术创新向应用创新转变，得益于人工智能、5G、区块链、边缘计算的发展与融合，将带来井喷式增长的海量原始数据，未来大数据技术能将各行业丰富的数据类型与应用场景不断深度融合，实现应用创新层面的大爆炸。未来，5G技术的发展将带来大数据产业的加速繁荣、带动产业链的迅速成长。

单元 8

人工智能

学习目标

1. 了解人工智能的概念。
2. 了解人工智能对人类社会的影响。
3. 了解 Python 语言中的 scikit 和 dlib 程序库的作用及安装方法。
4. 体验编写、调试人脸识别程序和人工智能聊天程序。

重点和难点

重点

1. 了解人工智能概念及人工智能对人类社会的重要影响。
2. 了解人脸识别的基本原理。
3. 掌握 Python 程序中的两个程序库（scikit - image 和 dlib）的作用。
4. 体验编写、调试人脸识别程序和人工智能（图灵机器人）聊天程序。

难点

了解识别人脸的基本原理，编写和调试人脸识别程序。

任务 8.1　人工智能现状与未来

8.1.1　什么是人工智能

人工智能（Artificial Intelligence，AI）是研究、开发用于模拟、延伸和扩展人的智能的理论、方法、技术及应用系统的一门新的技术科学。

人工智能是计算机科学的一个分支，它试图了解智能的实质，并生产出一种新的能以人类智能相似的方式做出反应的智能机器。该领域的研究包括机器人、语言识别、图像识别、自然语言处理和专家系统等。人工智能从诞生以来，理论和技术日益成熟，应用领域也不断扩大，可以设想，未来人工智能带来的科技产品将会是人类智慧的“容器”。人工智能可以对人的意识、思维的信息过程进行模拟。人工智能不是人的智能，但能像人那样思考，也可能超过人的智能。

人工智能是一门极富挑战性的科学，从事这项工作的人必须懂得计算机知识、心理学和哲学。人工智能是包含知识十分广泛的科学，它由不同的领域组成，如机器学习、计算机视觉等，总的说来，人工智能研究的主要目标是使机器能够胜任一些通常需要人类智能才能完成的复杂工作。但不同的时代、不同的人对这种“复杂工作”的理解是不同的。

人工智能的定义可以分为两部分，即“人工”和“智能”。

“人工”比较好理解，争议性也不大。有时人们会要考虑什么是人力能制造的，或者人自身的智能程度有没有高到可以创造人工智能的地步，等等。但总的来说，“人工系统”就是通常意义下的人工系统。

“智能”涉及诸如意识（Consciousness）、自我（Self）、思维（Mind）（包括无意识的思维（Unconscious_mind））等问题。人唯一了解的智能是人本身的智能，这是普遍认同的观点。但是人们对自身智能的理解都非常有限，对构成人的智能的必要元素也了解有限，所以就很难定义什么是“人工”制造的“智能”了。因此，人工智能的研究往往涉及对人的智能本身的研究。其他关于动物或其他人造系统的智能也普遍被认为是人工智能相关的研究课题。

人工智能在计算机领域内得到了更加广泛的重视，并在机器人、经济政治决策、控制系统、仿真系统中得到应用。

尼尔逊教授对人工智能的定义为：“人工智能是关于知识的学科——怎样表示知识及怎样获得知识并使用知识的科学。”麻省理工学院的温斯顿教授认为：“人工智能就是研究如何使计算机去做过去只有人才能做的智能工作。”这些说法反映了人工智能学科的基本思想和基本内容。即人工智能是研究人类智能活动的规律，构造具有一定智能的人工系统，研究如何让计算机去完成以往需要人的智力才能胜任的工作，也就是研究如何应用计算机的软硬件来模拟人类某些智能行为的基本理论、方法和技术。

人工智能是计算机学科的一个分支，20 世纪 70 年代被称为世界三大尖端技术（空间技术、能源技术、人工智能）之一，也被认为是 21 世纪三大尖端技术（基因工程、纳米科学、人工智能）之一。这是因为近 30 年来它获得了迅速的发展，在很多学科领域都获得了广泛应用，并取得了丰硕的成果。人工智能已逐步成为一个独立的分支，无论在理论还是实践中，都已自成一个系统。

人工智能是研究使用计算机来模拟人的某些思维过程和智能行为（如学习、推理、思考、规划等）的学科，主要包括计算机实现智能的原理、制造类似于人脑智能的计算机，使计算机能实现更高层次的应用。人工智能涉及计算机科学、心理学、哲学和语言学等学科，可以说几乎是自然科学和社会科学的所有学科，其范围已远远超出了计算机科学的范畴。人工智能与思维科学的关系是实践和理论的关系，人工智能是处于思维科学的技术应用层次，是它的一个应用分支。从思维观点看，人工智能不限于逻辑思维，还要考虑形象思维、灵感思维，才能促进人工智能的突破性的发展。数学常被认为是多种学科的基础科学，数学也进入语言、思维领域，人工智能学科必须借用数学工具，它们将互相促进，从而更快地发展。

8.1.2 人工智能发展史

1. 人工智能的发展

(1) 1942 年："机器人三定律" 提出

美国科幻巨匠阿西莫夫提出"机器人三定律"，后来成为学术界默认的研发原则。

(2) 1956 年：人工智能的诞生

达特茅斯会议上，科学家们探讨用机器模拟人类智能等问题，并首次提出了人工智能（AI）的术语，AI 的名称和任务得到确定，同时，出现了最初的成就和最早的一批研究者。

(3) 1959 年：第一代机器人出现

德沃尔与美国发明家约瑟夫·英格伯格联手制造出第一台工业机器人。随后，成立了世界上第一家机器人制造工厂——Unimation 公司。

(4) 1965 年：兴起研究"有感觉"的机器人

约翰·霍普金斯大学应用物理实验室研制出 Beast 机器人。Beast 已经能通过声呐系统、光电管等装置根据环境校正自己的位置。

(5) 1968 年：世界第一台智能机器人诞生

美国斯坦福研究所公布他们研发成功的机器人 Shakey。它带有视觉传感器，能根据人的指令发现并抓取积木，不过控制它的计算机有一个房间那么大，可以算是世界上第一台智能机器人。

(6) 2002 年：家用机器人诞生

美国 iRobot 公司推出了吸尘器机器人 Roomba，它能避开障碍，自动设计行进路线，还能在电量不足时自动驶向充电座。Roomba 是目前世界上销量较大的家用机器人。

(7) 2014 年：机器人首次通过图灵测试

在英国皇家学会举行的"2014 图灵测试"大会上，聊天程序"尤金·古斯特曼"（Eugene Goostman）首次通过了图灵测试，预示着人工智能进入全新时代。

(8) 2016 年：AlphaGo 打败人类

2016 年 3 月，AlphaGo 对战世界围棋冠军、职业九段选手李世石，并以 4：1 的总比分获胜。

2. 人工智能的复兴

1997 年：电脑深蓝战胜国际象棋世界冠军。

1997 年 5 月 11 日，IBM 公司的电脑深蓝战胜国际象棋世界冠军卡斯帕罗夫，成为首个在标准比赛时限内击败国际象棋世界冠军的电脑系统。

2011 年：开发出使用自然语言回答问题的人工智能程序。

2011 年，Watson（沃森）作为 IBM 公司开发的使用自然语言回答问题的人工智能程序参加美国智力问答节目，打败两位人类冠军，赢得了 100 万美元的奖金。

2012 年：Spaun 诞生。

加拿大神经学家团队创造了一个具备简单认知能力、有 250 万个模拟"神经元"的虚拟大脑，命名为“Spaun”，并通过了最基本的智商测试。

2013 年：深度学习算法被广泛运用在产品开发中。

Facebook 人工智能实验室成立，探索深度学习领域，借此为 Facebook 用户提供更智能化的产品体验；Google 收购了语音和图像识别公司 DNNResearch，推广深度学习平台；百度创立了深度学习研究院等。

2015 年：人工智能突破之年。

Google 开发了利用大量数据直接就能训练计算机来完成任务的第二代机器学习平台 Tensor Flow；剑桥大学建立人工智能研究所等。

2016 年：AlphaGo 战胜围棋世界冠军李世石。

2016 年 3 月 15 日，Google 人工智能 AlphaGo 与围棋世界冠军李世石的人机大战最后一场落下了帷幕。人机大战第五场经过长达 5 个小时的搏杀，最终李世石与 AlphaGo 总比分定格在 1：4，以李世石认输结束。这一次的人机对弈让人工智能正式被世人所熟知，整个人工智能市场也像是被引燃了导火线，开始了新一轮爆发。

8.1.3 全球人工智能未来发展趋势

人工智能作为新一轮产业变革的核心驱动力，正在释放历史次科技革命和产业变革积蓄的巨大能量，持续探索新一代人工智能应用场景，将重构生产、分配、交换、消费等经济活动各环节，催生新技术、新产品、新产业。

过去的 2018 年，人工智能从基础研究、技术到产业，都进入高速增长期。根据中国电子学会的统计，2018 年全年，全球人工智能核心产业市场规模超过 555.7 亿美元，相较于 2017 年同比增长 50.2%。数据显示，全球人工智能的发展呈现三足鼎立之势，主要集中在美国、欧洲、中国。

美国硅谷是当今人工智能基础层和技术层产业发展的重点区域，聚焦了人工智能企业 2 905家，以谷歌、微软、亚马逊等为代表形成集团式发展，同时，在人工智能企业数量、投融资规模、专利数量等方面全球领先。

中国人工智能行业的企业总数达到 670 家，占全球的 11.2%，在论文总量和被引论文数量上都排在世界第一，如图 8－1 和图 8－2 所示。同时，中国已成为全球人工智能专利最多的国家。中国在人工智能领域的投融资占到了全球的 60%，成为全球最“吸金”的国家，投融资主要集中在技术和应用层，并出现了全球总融资金额最大、估值最高的人工智能独角兽企业。

欧洲人工智能企业总数为 657 家，占全球的 10.88%。欧洲通过大量的科技孵化机构助力早期的人工智能初创企业，高新技术产业转化率较高，诞生了大量优秀的人工智能初创企业。

值得关注的是，印度成为人工智能领域的后起之秀。目前已有 500 多家印度公司部署人工智能，在医疗保健、农业、教育、智慧城市和城市交通 5 个应用领域发力。

全球市场规模中，基础层智能芯片的研发占比仍然最高，约为 55.6 亿美元。此外，算法模型和智能传感器体量相当；技术层方面，语音识别占据技术层整体规模的 2/3 以上，达

到118.9亿美元，图像视频识别次之；应用层市场规模分布较为平均，智能教育和智能安防市场规模分别为43.6亿美元与43.4亿美元，均为16%左右，其他产业发展规模继续保持稳步增长。

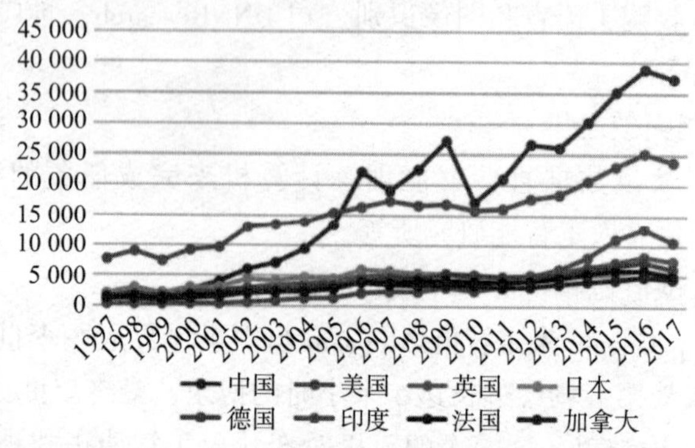

图8-1　全球人工智能论文产出最多的8国

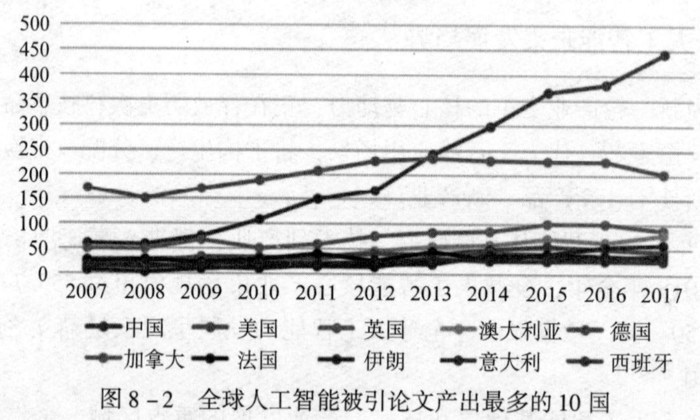

图8-2　全球人工智能被引论文产出最多的10国

8.1.4　人工智能市场产业分析

随着计算性能的提高和机器学习算法的优化，人工智能有望在20年内迈入强人工智能阶段，届时机器将能够从事绝大多数的人类劳动。人工智能是智能产业的战略制高点，将引领新一次科技浪潮。人工智能作为智能产业发展的核心，直接决定着智能产业发展的进度。近期，IBM、Google、微软、百度等知名高科技公司纷纷斥巨资在人工智能领域布局。如果说互联网变革了人类的生活方式，那么人工智能将切实带动整个社会生产力的提高，引领新一轮科技浪潮的发展。

人工智能技术将首先从专业性较强的细分领域开始应用，随着数据库的积累和算法的进步，渐渐拓展到生活中的各个领域，从而汇聚成通用智能。在这一过程中，能够带动多个产业的发展，逐步打开万亿级别的市场。发展较为迅速的三个细分领域为：人脸识别技术在金融、安防等领域的应用；语音识别领域；智能客服领域。

8.1.5　人工智能产业生态

人工智能是个“大”领域，它涵盖了大数据、机器学习、AR/VR 等技术，也应用于“工业 4.0”、O2O、智能家居等广阔的生产、生活领域。人工智能又是个“小”支点，在任何应用和技术方面，它都是一个撬动变革的引爆点。那么，究竟应该以怎样的逻辑框架来理解人工智能呢？人工智能是一个三层技术架构：基础资源层、核心算法层、仿生感知层。

1. 基础资源层——类似于人的大脑器官

（1）数据工厂

海量的数据是机器学习的基础，是形成机器“思维逻辑”的基础资源。大数据技术和应用的发展，为人工智能奠定了基础。

（2）运算平台

负责数据的存储和计算。海量数据的“存储”形成人的“记忆”。超级计算能力满足对数据的处理能力。近年来，云计算的发展，使数据的存储和计算能力达到较高水平，为人工智能提供了坚实的技术基础，同时，成本大幅下降。

2. 核心算法层——类似于人的神经网络

（1）机器学习

机器学习是决策树、贝叶斯网络、聚类等核心算法模拟人处理问题的决策逻辑。

（2）深度学习

通过更多的机器模型和海量数据训练，模拟人的特征，提升分类和预测的准确性。预测人的行为是模拟人的重要特征。根据接收的信息，做出判断，然后行动，这是“机器人”的完整逻辑。

3. 仿生感知层——类似于人的感知器官

（1）自然语言处理——耳朵

包括语音识别、语义识别、自动翻译。实际上是让机器听得见、听得懂，接受外部指令或者沟通语言。语言成为机器和人沟通的一种重要通道。

（2）AR/VR——眼睛

AR/VR 作为计算机视觉的一种，是目前比较流行的人工智能领域之一，目标是能像人一样立体地观察世界，适应自然。

（3）自动控制——手

自动控制系统是机器根据指令模拟人的行为，也是人工智能应用的表现形式。

三层结构是人工智能技术运转的工作逻辑。人工智能逻辑可以应用于广泛的应用场景，以及智能生活、在线教育等领域。

8.1.6　卷积神经网络

1. 神经网络的概念和组成部分

人工神经网络也简称为神经网络或称作连接模型，它是一种模仿动物神经网络行为特征，进行分布式并行信息处理的算法数学模型，如图 8－3 所示。这种网络依靠系统的复杂程度，通过调整内部大量节点之间相互连接的关系，从而达到处理信息的目的。

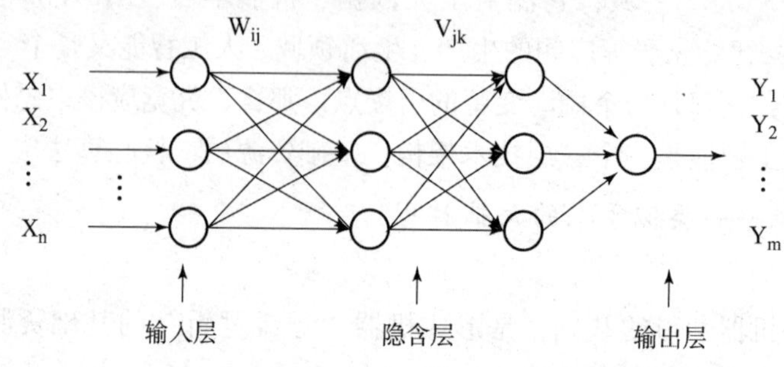

图 8－3　人工神经网络

神经网络主要有三个部分组成，分别为：

①网络结构，描述神经元的层次与连接神经元的结构。

②激活函数（激励函数），用于加入非线性的因素，解决线性模型所不能解决的问题。

③参数学习方法的选择，如 BP 算法等。

人工神经网络仍然存在很多的问题，其中最主要的是 BP 求解可能造成的梯度消失和梯度爆炸的问题，而卷积神经网络可以解决这些问题。

2. 卷积神经网络的应用领域

卷积神经网络在以下几个领域均有不同程度的应用：

①图像处理领域（最主要的运用领域），如图像识别和物体识别、图像标注、图像主题生成、图像内容生成、物体标注等。

②视频处理领域，如视频分类、视频标准、视频预测等。

③自然语言处理领域，如对话生成、文本生成、机器翻译等。

④其他方面，如机器人控制、游戏、参数控制等。

3. 卷积神经网络的网络结构

传统的神经网络结构是一种全连接的结构，这也造成了参数训练的难度加深，BP 求解中可能出现梯度爆炸和梯度消失的现象等。此外，深度结构（涉及多个非线性处理单元层）非凸目标代价函数中普遍存在的局部最小是训练困难的主要原因。这些因素都造成了传统的神经网络的不适用，所以没有较为广泛地运用。

卷积神经网络的网络结构和传统神经网络结构异同点有：

卷积神经网络主要有数据输入层、卷积层、RELU 激励层、池化层、全链接层。传统神经网络主要有数据输入层、一个或多个隐含层及数据输出层。比较可以发现，卷积神经网络仍然使用传统神经网络的层级结构。

卷积神经网络的每一层都具有不同的功能，而传统神经网络每一层都是对上一层特征进行线性回归，再进行非线性变换的操作。

卷积神经网络使用 RELU 作为激活函数（激励函数），传统神经网络使用 sigmoid 函数作为激活函数。

卷积神经网络的池化层实现数据降维，提取数据的高频信息。传统神经网络没有这个作用。

8.1.7 人脸识别

事实上，随着互联网的普及，网络安全受到了前所未有的关注。其中，人脸识别技术凭着安全、可靠、便捷等优势，一举成为网络安全的“守护神”，受到了企业和政府的重视。目前，除了旷视等人工智能企业在人脸识别领域不断耕耘，以更高标准的人脸识别技术为网民树立安全屏障外，在政策层面，国家自2015年以来就持续出台利好政策，推动人脸识别技术在金融、医疗等领域的应用。在今年的政府工作报告中也再次涉及人脸识别，这就为中国人脸识别行业的发展奠定了坚实的基础。

政策推动加速了我国人脸识别技术的创新突破与应用，如旷视推出的FaceID在线身份验证平台就通过活体检测及人脸验证、证照验证、多重数据交叉验证等多重风控验证方式一起为客户构建了一套便捷、安全、高效的在线身份核验解决方案，从而进一步扩展了人脸识别技术在各行业中的应用。

旷视FaceID在线身份验证平台具备证件质量检测、证件OCR识别、活体检测、攻击检测、人脸比对等功能。其中活体检测作为核心功能，使用了云加端的联合防范方式，针对不同的活体攻击方案推出不同的防御策略，包括动作活体、视频活体、静默活体等，可以有效地预防假脸攻击。同时，旷视FaceID还可以通过金融级的人脸识别及证件识别技术，帮助用户便捷安全地实现1:1在线身份验证、证件验证，从而达到在线核实身份的效果，解决现有在线验证方式交叉验证复杂的难题。

尤其是旷视FaceID在线身份验证平台新增的静默活体检测技术，打破了“完成动作=我是真人”的固定公式。在使用中，用户无须按指令完成动作，只需要面对手机屏幕1 s，静默活体就能在1秒内迅速准确判断受测人是否为真人。同时，其内置的安全算法包含云端与手机端双重检测，能有效应对过曝、暗光、特殊天气等各类情况，并可有效抵御各类攻击策略，安全性能强劲。

凭借着深厚的行业经验和精准高效的技术，目前旷视FaceID已经为全球220多个国家和地区超过4亿的用户提供了从端到云的丰富的人脸识别身份验证服务。其中，在应用极为广泛的手机领域，旷视针对人们对手机安全性的需求，推出了可以适配各种配置手机的人脸识别解锁及人脸识别支付解决方案，在性能上可达到毫秒级解锁和金融级支付。如旷视此前与OPPO深度合作，基于3D结构光模组打造的3D人脸识别解决方案就让oppo find x具备毫秒极速解锁和百万分之一精度的安全支付功能，打响了安卓阵营3D结构光量产的第一枪。

除了为用户手机安全进行保驾护航外，在对安全性要求极高的金融行业，旷视FaceID更是通过刷脸支付、人脸核身、智慧营业厅、智能通行、金库安全、智慧机房、OCR平台等环节，被广泛应用到各类银行的柜面、手机银行、自助机具、移动营销等方面。如旷视就通过为北京银行提供人脸识别后端引擎和人脸质量控制插件，完成了全套系统对接。目前，北京银行部分支行柜面业务，以及直销银行和信用卡线上业务中，都已应用了旷视的人工智能技术，在为客户带来了更好的体验的同时，也大大减轻了行内业务系统压力。

如今人脸识别等生物识别技术的发展与应用渐入佳境，市场规模日益壮大，生物识别市场正处在快速增长中，其市场前景十分广阔。在此背景下，如旷视这样的人工智能企业也将不断精进人脸识别技术的研究，从而进一步降低技术使用门槛，不断拓宽应用场景，让人脸识别技术为更多人树立安全屏障。

8.1.8 无人驾驶

2019WAIC 期间，占地 3.6 万多平方米的无人驾驶体验场地是 2019WAIC 的打卡地。在现场的动态试乘体验中，纽劢科技的自动驾驶车辆模拟真实的自动驾驶出行场景。乘客在出发点上车后，车辆开启自动驾驶模式，完全自主地行驶至目的地。当经过限速牌时，车辆根据指示的信息自动调整车速；当经过路口时，车辆自动识别交通信号灯，根据红绿灯状态来判断通过路口还是停车等待。

位于国展路与周家渡路交叉口西南角，毗邻世博展览馆的 AI 赛道建设成国内首个融合单车智能、车路协同、5G 远程控制等多种技术在内的大规模无人驾驶动态体验场，打造了无人驾驶、智慧交通的中国赛道。该场地由无人驾驶静态展示区、动态体验区及功能区三大部分构成，是国内首次融合多种无人驾驶技术的大规模无人驾驶体验场。

国内外 20 多家无人驾驶领先企业在 3 万平方米的动态体验区展示最先进的技术和解决方案。无人驾驶场景静态展示区可同时展示车辆 12 辆，详细展示车辆参数、性能、技术等。功能区则用于展示无人驾驶的 5G 现场直播，可实现车内、车外和航拍的多视角拍摄。

此外，全球第一款全时无人驾驶电动重卡 Q – truck 量产车在 2019WAIC 期间迎来首秀。该车采用无人驾驶室的设计，车头部位安装大型电池组，不仅进一步增强了续航能力，还压缩了生产成本，堪称自动驾驶“新物种”。

对研发无人驾驶技术的科技企业而言，无人驾驶经过测试之后才能投入真实道路运营，并获得商业化许可。在无人驾驶技术最为先进的美国，测试、运营与商业化结合已经实现。而在上海自贸区临港新片区，正在研发、调试中的“无人车”有了一个“模拟大考场”。由上海自贸区临港新片区管委会规划并投资的上海临港智能网联汽车综合测试示范区已于 2019 年 8 月 23 日正式开园。

无人驾驶企业图森未来旗下无人驾驶集卡已于美国投入商用，2018 年 8 月图森未来获得了第一笔来自无人驾驶集卡运输的收入，真正实现了无人驾驶集卡的落地运营。“我们相信在临港新片区的政策红利下，无人驾驶卡车实现实体运营和商业化的时间会提前。”图森未来副总经理、总裁助理薛健聪说。据悉，截至目前，临港测试示范区一期已建成并试运行，包括 26.1 km 开放测试道路、3 km^2 封闭测试区及数据中心，并实现了区域内 4G、5G 网络全覆盖，初步构建了车路协同智能交通系统环境。

任务8.2　人工智能知识体系

8.2.1　人工智能操作系统

人工智能操作系统的理论前身为20世纪60年代末由斯坦福大学提出的机器人操作系统，其具有通用操作系统所具备的所有功能，并且包括语音识别、机器视觉、执行器系统、和认知行为系统。发展至今，人工智能操作系统已经被广泛应用于家庭、教育、军事、宇航和工业等领域。

人工智能操作系统具有学习、推理等认知能力，使它能应用于种类繁多的家用机器人，如清洁机器人、割草机器人、智能家电（熨衣机器人、智能冰箱、数字化衣柜）、智能住宅、厨房机器人、康复和医疗机器人等。

人工智能操作系统还具有支持微型MCU和众多的传感器的特性，使它能应用于教育机器人领域。

人工智能操作系统的实时性特点还使它能广泛应用于军事、宇航和工业领域，如战场机器人、空中机器人、水下机器人、空间机器人、农林机器人、建筑机器人、搜救机器人、采矿机器人、危险作业机器人、工业机器人、智能车辆及无人机等。

人工智能操作系统应具有通用操作系统所具备的所有功能，并且包括语音识别、机器视觉、执行器系统和认知行为系统。具体来说，应包含（但不限于）以下子系统：文件系统、进程管理、进程间通信、内存管理、网络通信、安全机制、驱动程序、用户界面、语音识别系统、机器视觉系统、执行器系统、认知系统等，如图8－4所示。

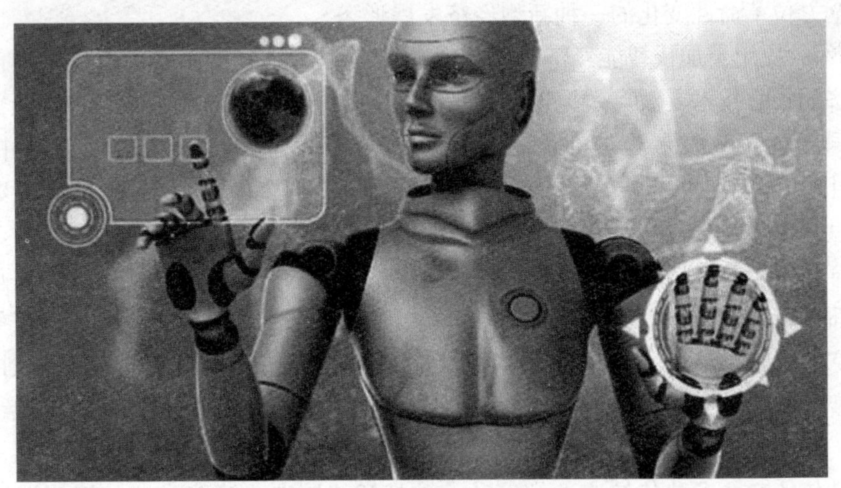

图8－4　人工智能

文件系统：当系统意外宕机时，健壮的日志文件系统能使之快速恢复。

进程管理：可创建和销毁进程、设置进程的优先级策略。

进程间通信：可提供管道、共享内存、信号量、消息队列、信号等进程间通信机制。

内存管理：可管理虚拟内存和提供进程空间保护。

网络通信：能提供各类网络协议栈接口、套接字接口。

安全机制：能提供网络、文件、进程等各个层次方面的安全机制，防止被恶意入侵和误操作。

驱动程序：能提供硬件抽象层。

用户界面：能提供图形界面接口、命令行接口、系统调用 API 接口。

语音识别系统：能提供语音识别功能，用户可通过语音指令控制机器人。

机器视觉系统：能提供视觉识别功能，通过机器视觉可执行 SLAM、导航等任务。

执行器系统：能提供手臂抓取、步态算法、机器人底盘运动算法等。

认知系统：能提供机器的推理、认知功能。

8.2.2 智能经济与社会

人工智能已成为经济发展的新引擎，其作为新一代产业变革的核心驱动力，将重构生产、分配、交换、消费等经济活动各环节，从而引领中国进入智能经济时代。

1. 智能经济发展的基础

智能经济的诞生与人工智能的发展存在密切的关系，但是为什么后者已经研究了较长时间，而前者的出现仅仅是在最近十年呢？实际上，在人工智能发展的前期，信息技术和网络的发展仍然存在很多限制，更多的时候是作为人类的工具出现在生产、生活中，来替代人类劳动或者传统资源。但是，对人类生产方式产生革命性的影响，是在网络速度、存储能力及计算技术取得重要进展后才开始显现。综合可知，智能经济主要是以大数据、互联网、物联网、云计算等新一代信息技术为基础，以算法为支撑，以智能产业化和产业智能化为核心，在智能交通、智能制造、智能医疗及大数据金融等领域正获得快速发展，对人类生活、生产方式带来全方位革命性变化的一种新型经济发展形态。

5G 技术的应用会加快智能经济时代的到来。5G 是智能经济中必不可少的通信技术，它把智能经济的核心技术要素有效地连接在一起，为传统技术、商业模式带来了颠覆性的创新力量。中国智能经济发展也非常引人注目，据清华大学中国科技政策研究中心公布的《2018 中国人工智能发展报告》显示，最近 20 年来，中国关于人工智能的论文数量超过美国，位居世界第一。

在培育发展智能经济过程中，核心仍然是供给与需求并重。在供给侧，需要从行业层面和企业层面进行战略支持引导；在需求端，需要从生产方式、生活方式和公共服务等方面进行应用推广。对于供给端的提升，2017 年国务院印发《新一代人工智能发展规划》，其中提出了培育智能产业的三个层次：第一个层次是人工智能的战略性新兴产业，包括模式识别、人脸识别、智能机器人、智能运载工具、增强现实和虚拟现实、智能终端等。第二个层次是改造和提升传统产业，让传统产业智能化，包括智能制造、智能农业、智能海洋、智能物流、智能商务。第三个层次是大力发展智能企业，对企业进行智能化升级，培育人工智能产业的领军企业。

2. 智能经济下的新机遇

智能经济为中国经济增长提供新动能。人工智能作为新一代创新技术，对全要素生产率

的提升作用不言而喻。制造业作为我国工业的核心，与人工智能的结合不仅会带来产业结构的升级，更可能催生新的经济业态。快速老龄化将给中国经济带来巨大挑战，根据《老年健康蓝皮书：中国老年健康研究报告（2018）》的研究数据，到2020年，全国老年人口总量预计会超过2.5亿人，占总人口比重接近20%。青壮年人口占比的下降及其受教育程度的提升，都使传统制造业尤其是劳动密集型企业的成本急剧上升。

人工智能的应用将会显著降低用工成本并提升产出率。目前制造业中利用智能技术的领域和产品已不胜枚举。比如，在药物研发方面，人工智能技术将显著缩小潜在候选药物分子的筛选范围，节省后续测试的时间与开支，减少临床试验失败的概率，极大缩短新药的上市时间。根据全球最大的管理咨询、信息技术和业务流程外包的跨国公司埃森哲的报告《人工智能：助力中国经济增长》显示，到2035年，人工智能有潜力拉动中国经济年增长率上升1.6个百分点，并将中国的劳动生产率提升27%。

智能经济助力中国经济转型升级。我国经济已由高速增长阶段转向高质量发展阶段，正处在转变发展方式、优化经济结构、转换增长动力的攻关期，供给侧改革也已经取得了阶段性的成果，这为人工智能大范围应用打下基础，供给侧结构性改革减少了无效低端供给，加快了产业间整合速度与能力，并改善了企业组织内部治理模式和组织管理手段，为智能科技的发展带来了便利。同时，将人工智能技术融入供给侧结构性改革，有利于构建统一大数据平台，甚至实现个性化需求与设计、制造、物流等业务的无缝衔接，达到产业与人工智能的融合，从而不断深化供给侧结构性改革。

人工智能科技的快速普及也会激发大量创新并触发链式反应，推动产业升级，催生出新需求匹配新供应。现阶段，我国金融行业发展不均衡，无论是研究能力、价值导向还是监管能力方面，与西方发达国家都有明显差距，人工智能的应用正创造出新的金融投资需求，并加速缩小上述差距。据艾瑞研究院的统计数据显示，2016年到2018年，我国智能理财市场规模从300.7亿元增长到2 546.9亿元，年复合增长率达191%，远高于美国同期的52%。可以看出，渗透力极强的人工智能的出现为金融行业带来了经营和服务模式的变化，在未来有可能使财富、货币及价值观点等概念被重新审视和定义，当然，由于金融业的风险易传染性，其与人工智能的交融合作需要谨慎。

智能经济加速中国普惠共享经济的构建。智能经济的核心不仅在于智能制造，还在于以智能制造为基础的智能交通、智能电网、智能建筑、智能公共服务等构成的智能化城市建设。在智能交通方面，解决交通拥堵的智能交通系统正在建立。北京和广州等地均开始了智能交通试点推行，利用大数据进行交通路线布局优化。同时，智能汽车的研发推进将进一步缓解交通拥堵问题，并极大地降低交通事故发生概率。在智能公共服务方面，智能客户服务系统可提供全天候业务咨询服务，释放大量例如社保、医院等领域的人工客服岗位。在医疗服务方面，人工智能在诊断、手术与术后康复、健康管理等方面都极大提升了医疗服务质量。在医保控费方面，智能化监管有望成为有效提高医保监管水平的新手段。此外，人工智能在图书馆和环境监测系统中的应用，拓展了服务的时间和空间，让更多人获得及时准确的信息和便利的服务。

智能经济有助于提升中国国际话语权。在以人工智能为核心的第四次产业革命中，中国将以其独有的大数据基础优势和复杂多样的应用场景优势，实现国际话语权的提升。根据美国白宫发布的报告《为未来人工智能做好准备》及《美国国家人工智能研究与发展策略规划》显示，在深度学习领域，无论从论文发表数量还是论文被引用次数，中国均已超过美国。华人作者参与的顶级 AI 论文，其数量占比已从 2006 年的 23.2% 递增到 2015 年的 42.8%；其被引用次数占比已从 2006 年的 25.5% 递增到 2015 年的 55.8%。在企业实践层面，国内人工智能公司近年来在算法、计算能力、数据层面的研发投入不断加大，成果也不断涌现。人工智能已经被许多国家视为未来国家之间竞争的主要领域，中国在该领域的进步正进一步提升国际形象和国际话语权。

3. 智能经济带来的挑战与应对

智能经济将对原有就业结构形成冲击。根据世界经济论坛的报告，到 2020 年，受人工智能与机器人等科技发展的影响，已有超过 500 万份工作消失。为了解决这方面的问题，需要各国政府提出更加前瞻性的规划，建立适应智能经济和智能社会需要的终身学习和就业培训体系，支持高等院校、职业学校和社会化培训机构等开展人工智能技能培训，大幅提升就业人员专业技能，满足人工智能发展带来的高技能、高质量就业岗位需要；同时，积极培育为机器服务的生产性服务业，如机器的保养、维修、营销、设计、创意、电商服务等。对人工智能所不擅长的领域进行有针对性的人员教育和再培训，弥补人工智能系统所欠缺的“人际交往能力”，发展出更多类似社会工作者、按摩技师等需要人际间微妙互动的岗位。

智能经济也有可能冲击法律与社会伦理，并为国际关系准则带来挑战。比如，如何应对带有种族倾向的算法、自动驾驶汽车是否应当在突发事故时优先考虑驾驶员的生命安全等，甚至可能会涉及生物人与智能人的人际关系的探讨。另外，各国政府及研究机构要积极参与人工智能全球治理，加强机器人异化和安全监管等人工智能相关的重大国际共性问题研究，深化在人工智能法律法规、国际规则等方面的国际合作，共同应对全球性挑战。

8.2.3 智能科学与技术

“智能科学与技术”是面向前沿高新技术的基础性本科专业，覆盖面很广。专业涉及机器人技术，以新一代网络计算为基础的智能系统，微机电系统（MEMS），与国民经济、工业生产及日常生活密切相关的各类智能技术与系统，新一代的人-机系统技术等。特别是经过近几十年的发展，智能技术及其应用已经成为 IT 行业创新的重要生长点，其广泛的应用前景日趋明显，如智能机器人、智能化机器、智能化电器、智能化楼宇、智能化社区、智能化物流等，对人类生活的方方面面产生了重要的影响。

智能科学与技术是自动化工程、机电工程、计算机工程等工程学科的核心内容，工程性和实践性很强，所培养的学生正是高新技术研究及产业发展急需的人才，同时，这些人才也会对传统产业的提升和改造起到积极的作用。“智能技术与工程”专业融合了机械、电子、传感器、计算机软硬件、人工智能、智能系统集成等众多先进技术，是现代检测技术、电子技术、计算机技术、自动化技术、光学工程和机械工程等学科相互交叉和融合的综合学科；它涉及检测技术、控制技术、计算机技术、网络技术及有关工艺技术，充分地体现了当代信息技术多个领域的先进技术，它正影响着国民经济的很多领域，已成为一个国家科技发展水平和国民经济现代化、信息化的重要标志。

“智能科学与技术”专业以光、机、电系统的单元设计，总体集成及工程实现的理论、技术与方法为主要内容，面向前沿高技术，培养具备基于计算机技术、自动控制技术、智能系统方法、传感信息处理等科学与技术，进行信息获取、传输、处理、优化、控制、组织等并完成系统集成，具有相应工程实施能力，具备在相应领域从事智能技术与工程的科研、开发、管理工作，具有宽口径知识和较强适应能力及现代科学创新意识的高级技术人才。

任务8.3 我的第一个Python程序

首先，把Python软件下载到自己的计算机上。在计算机浏览器中输入“http://www.cstor.cn/Python/PythonStudy.rar”并按Enter键，下载PythonStudy.rar到计算机程序文件中。

然后，双击PythonStudy目录下“Python安装包”子目录下的Python-3.6.4-amd64.exe文件，在出现的界面中，选中“Add Python 3.6 to PATH”复选框，然后选择“Install Now”选项，这时就开始安装了。Python软件装好之后，再安装本书需要用到的其他软件包。双击PythonStudy目录下“Python安装包”子目录下的“install.bat”文件，系统会自动安装好本书会用到的所有依赖包。

现在可以来试试写自己的程序了！

单击屏幕左下角的Windows标志，选择“所有程序”菜单的Python 3.6中的第一项IDLE（Python），这个界面叫Shell。Shell是外壳的意思，指用户的操作界面。然后选择“File”菜单，在下拉菜单中选择“New File”命令，写出如图8-5所示的两行代码。

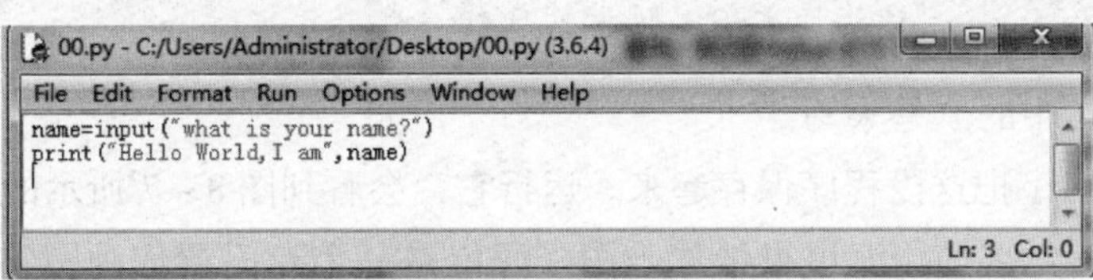

图8-5 Python代码

第一行代码的意思是显示“What is your name?”，然后把输入的单词保存到name中。

第二行代码的意思是显示“Hello World，I am”，然后显示输入的name内容。写完之后选择“File（文件）”菜单的“Save（保存）”命令，如图8-6所示。

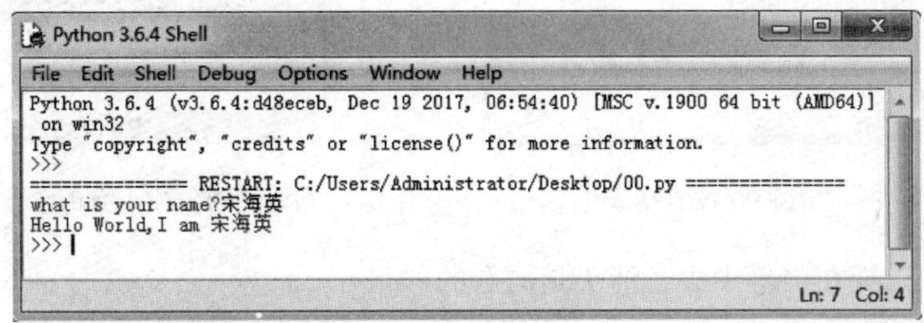

图8-6 保存Python代码

文件取名为Hello，然后单击“Save（保存）”按钮，这时所写的程序就安全地保存在计算机里了。以后可以用“Hello”这个名字找到它。单击“Run（运行）”菜单的“Run Module F5”命令，出现图8-6所示Python代码的运行界面，输入你的名字，例如宋海英，计算机会显示：Hello World，I am 宋海英，如图8-6所示。此时你已经成功地编写了自己的第一个程序。

练习：编写一个程序，让计算机首先提示你输入第一个人的名字并用name1 来表示：

What is your name?

然后让计算机提示输入一位朋友的名字并用name2 来表示：

What is your friend's name?

最后让计算机输出一句话：

Name1 and name2 are friends!

这里的name1 和name2 要用你输入的两个名字代替。

任务8.4 海龟画图

屏幕中间有一只看不见的海龟，你指挥它移动，它就会留下一道痕迹。

1. 画一条线

先打开IDLE 编辑器，输入下面这段代码。

```
import turtle   #呼叫海龟
t =turtle.Pen()  #让海龟拿起笔
t.forward(90)   #让海龟画90像素的横线
```

注意：Pen() 中的P是大写。

用Line 作为名字把这段程序保存起来。运行它，会看到图8-7所示的效果。

import turtle 表示要使用海龟来帮你画图。海龟是一个专门帮你画图的程序，它是一只想象的小海龟，图上的箭头就表示这只小海龟的位置和方向。

t = turtle. Pen()这句话表示让小海龟拿上笔。一旦拿上笔，就会出现箭头，如图8-8所示。

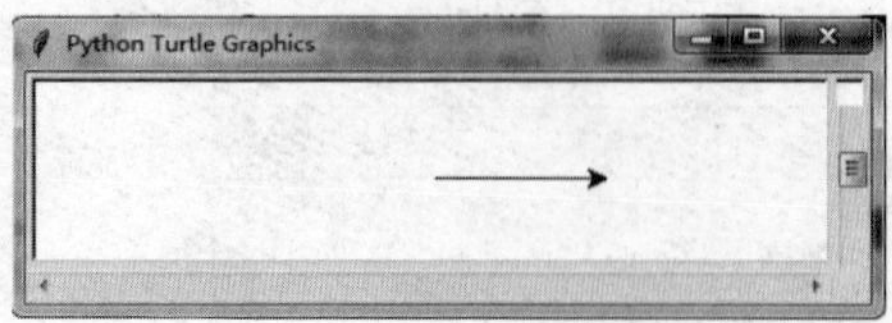

图8-7 画90像素横线

图8-8 让小海龟拿上画笔

小海龟默认出现在屏幕中央，箭头是向右的。

```
t.forward(90)
```

这行代码是让小海龟向前走 90 像素。像素是屏幕上的一个小点，屏幕上的画面是由许多小点构成的，每个小点就是一个像素，所以就出现了一条向右的直线。

2. 画一个正方形

绘制如图 8 - 9 所示的正方形。

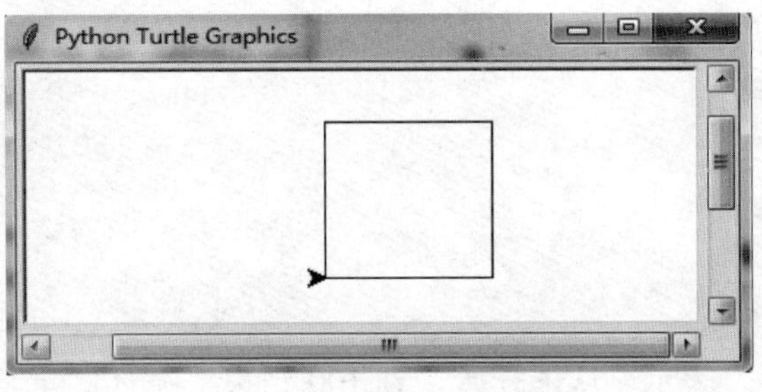

图 8 - 9 画一个正方形

```
import turtle
t = turtle.Pen()
t.forward(90)
t.left(90)
t.forward(90)
t.left(90)
t.forward(90)
t.left(90)
t.forward(90)
t.left(90)
```

3. 自动画出正方形

输入如图 8 - 10 所示的代码，可以让程序自动画这个正方形。

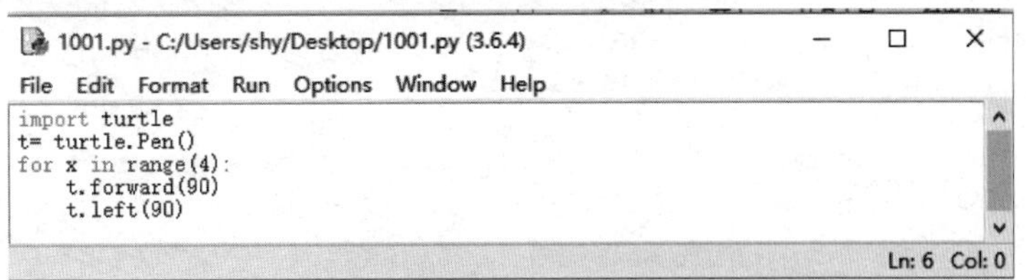

图 8 - 10 自动画正方形

```
for x in range(4):
```

这是一个循环语句（loop）。用循环语句来表示需要重复做的事情。x 是变量，就是一个会不断变化的值；range 是范围的意思，表示变量变化的范围；4 表示循环 4 次，第一次 x 的值是 0，第二次是 1，第三次是 2，第四次是 3。为什么是从 0 开始而不是从 1 开始的呢？这是计算机的习惯，都是从 0 开始的。在循环中，语句需要缩进。在输入时，需要先按一下

Tab（制表）键。

```
t.forward(90)
t.left(90)
```

这两行属于循环的内容，它们会被重复执行 4 次，因此画出了整个正方形。

要计算从 1 到 100 的总和，就可以用循环来解决。

```
sum = 0
for x in range(I,101):
sum + = x
print(sum)
```

其中，range(1,101）表示 x 从 1 开始，到 100 结束，循环共重复 100 次。sum + = x 相当于 sum = sum + x，每次循环都在 sum 的基础上加 x。

如果要计算 1 ~ 1 000 的总和，只要用 range(1,1001）即可。

4. 复杂图形

绘制如图 8 – 11 所示图形。

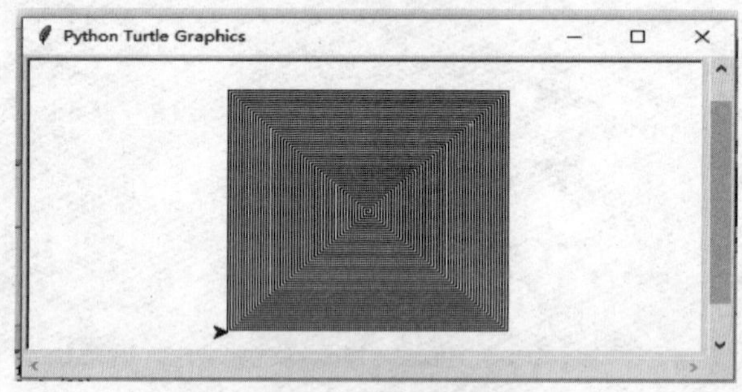

图 8 – 11　复杂图形

代码如图 8 – 12 所示。

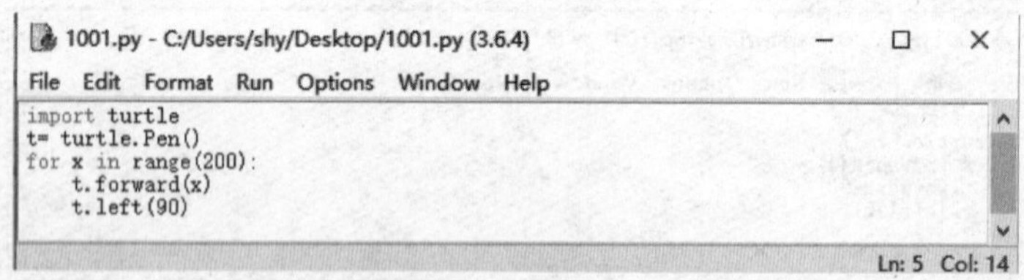

图 8 – 12　程序代码

这是一个重复 200 次的循环，x 范围为 0 ~ 199。每次往前走 x 个像素，然后左转 90°，随着 x 的增加，线会越来越长。

练习 1

（1）请输入下面的代码，看看是什么效果。

```
import turtle
t =turtle.Pen()
for x in range(200):
t.circle(x)
t.left(90)
```

效果如图 8－13 所示。如果把 t. left(90) 中的 90 改成其他角度，会是什么样的？

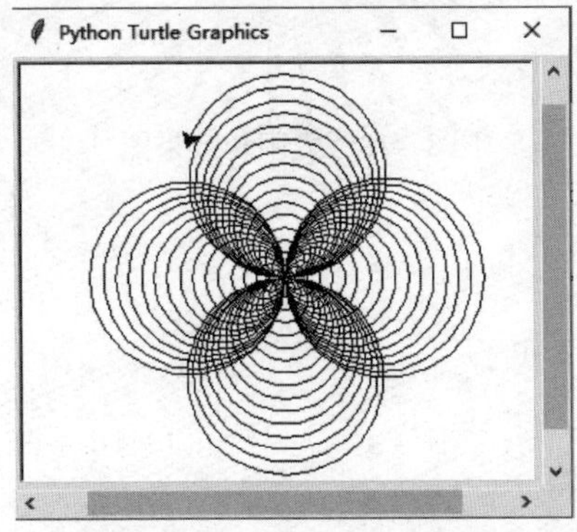

图 8－13　右转 90 度的效果图

（2）编写程序，画出如图 8－14～图 8～16 所示的图形。

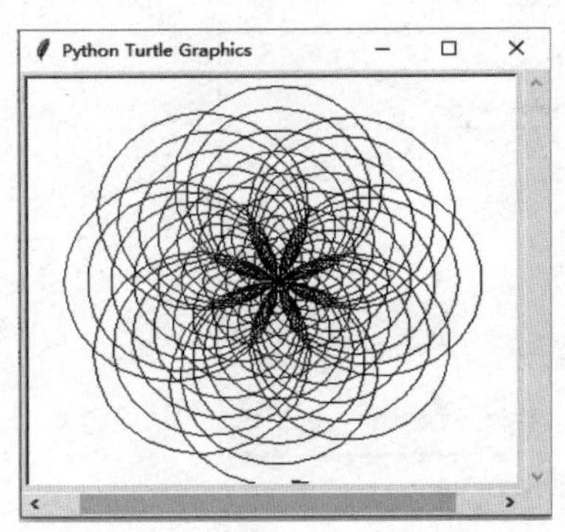

图 8－14　右转 45 度的效果图

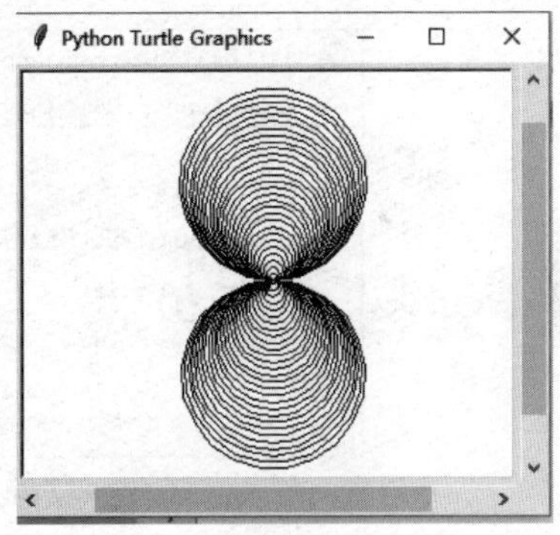

图 8－15　右转 180 度的效果图

（3）让海龟画一个太阳花，代码如图 8－17 所示。

图 8－16　右转 360 度的效果图

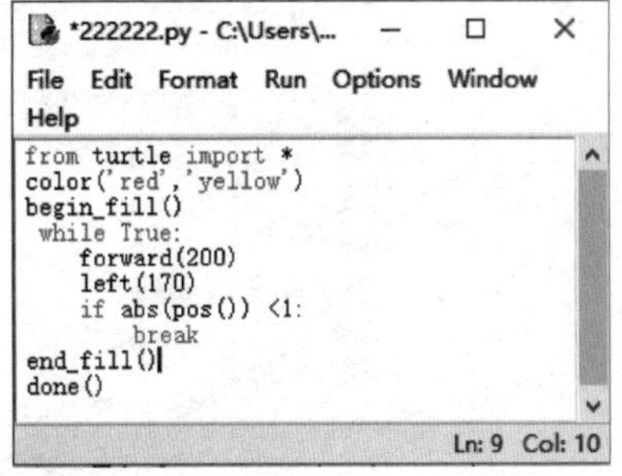

图 8－17　红黄相间的太阳花编写代码

效果如图 8－18 所示。

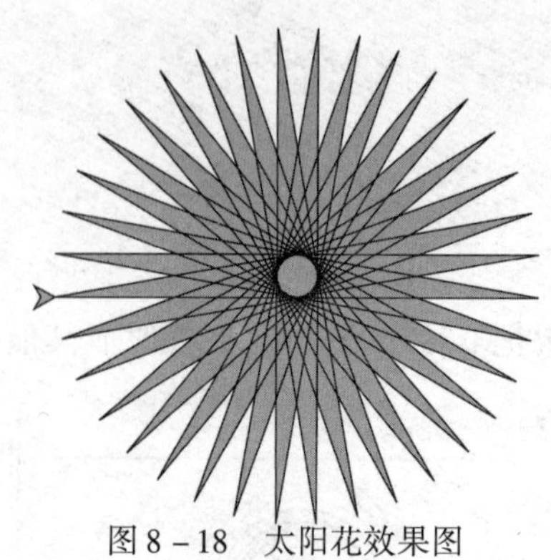

图 8－18　太阳花效果图

练习 2

（1）在 Shell 界面计算以下式子。

```
8*72                    55-3+7          (848+256)/1024
25//2                   1024%255        1024/256 >=35/7
25%2(33-8)*(22+8)                       (87*3+25)>105 and 98<25*5
```

（2）用 eval 做一个点菜系统，代码如图 8－19 所示。

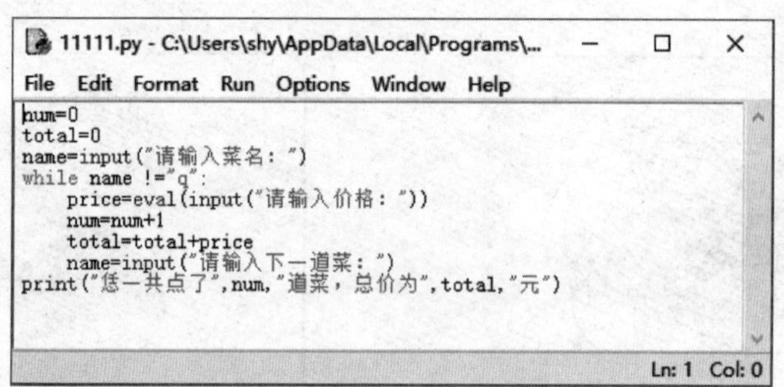

图 8－19　eval 点菜系统代码

运行结果如图 8－20 所示。

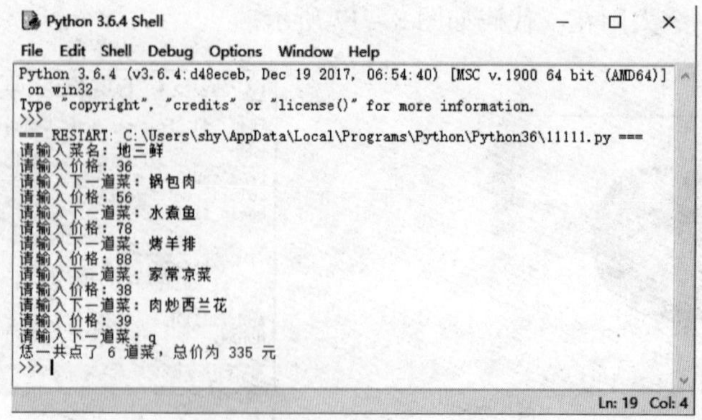

图 8－20　eval 点菜系统效果图

任务8.5　画彩图

1. 用不同颜色的笔

打开 IDLE 编辑器，输入下面这段代码：

```
import turtle
t =turtle.Pen()
colors =["red","yellow","blue","green"]
for x in range(200):
t.pencolor(colors[x%4])
t.forward(x)
t.left(90)
```

得到如图 8-21 所示的效果。

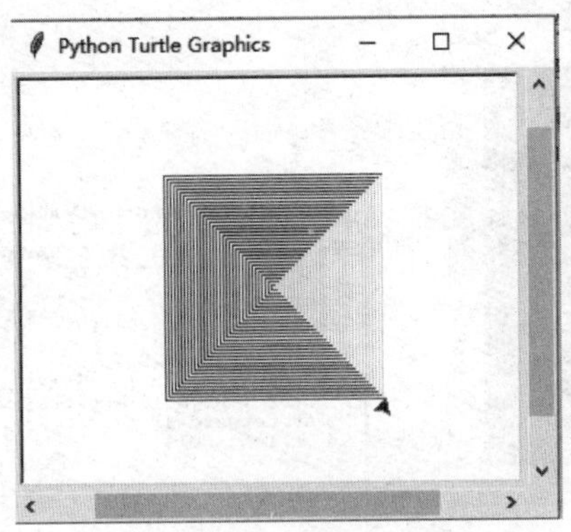

图 8-21　彩色的复杂方框图案

colors 列表里有 4 种颜色。如果要获得第一种颜色的名称，就用 colors[0] 来表示，也就是“red”；第 2 种就用 colors[1] 表示，也就是“yellow”；依此类推。

```
for x in range(200):
t.pencolor(colors[x%4])
t.forward(x)
t.left(90)
```

这个循环一共会执行 200 次。每次执行 x 会从 0 到 199 不断增加，海龟会前进 x 步，然后左转 90°。t. pencolor(colors[x%4]) 用来设置画笔的颜色。x%4 中的% 在计算机语言中叫取模运算符，简称模，表示除法运算的余数。比如，7 除以 4 的商是 1，余数是 3，所以 7%4-3。colors[x%4] 会随着 x 从 0 到 199 的变化，而依次取 colors[0]，colors [1]，colors[2]，colors[3]，colors[0]，colors[1]，colors[2]，…，因而画笔的颜色也不断地重复着 red，yellow，blue，green，red，yellow，blue…

2. 改变背景颜色

程序如下。

```
import turtle
t = turtle.Pen()
colors = [ "red","yellow","blue","green"]
turtle.bgcolor( "black")
for x in range(200):
t.pencolor(colors[x%4])
t.forward(x)
t.left(90)
```

运行结果如图 8 – 22 所示。

如果把更换背景颜色的代码放进循环里，每次循环都用下一种颜色作为背景，如图8 – 23 所示，看看是什么效果。

图 8 – 22　改变背景颜色

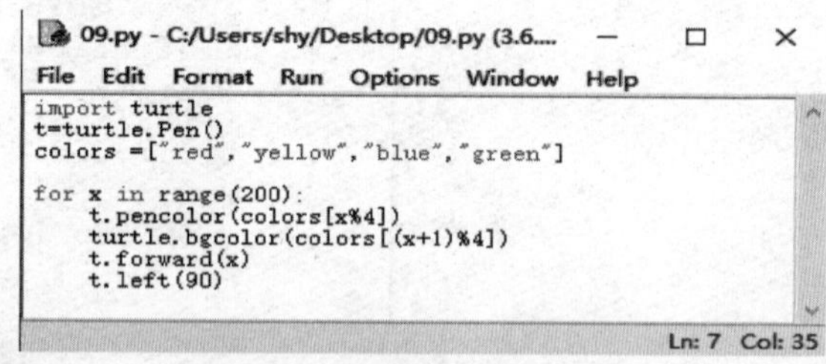

图 8 – 23　用循环控制背景颜色代码

3. 神奇的变量

输入如图 8 – 24 所示代码。

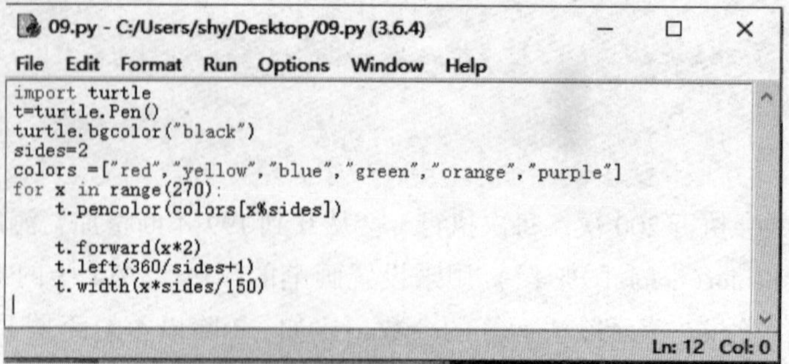

图 8 – 24　sides = 2 时的代码

出现如图 8 – 25 所示图案。

图 8－25 sides＝2 时的图案

t. pencolor(colors[x% sides])，每循环一次，就会在 colors[0] 和 colors[1] 中切换一下，也就是说，会交替出现红色和黄色。

t. forward(x * 2) 表示会画一条线，每次循环画线的长度依次从 0 逐步增大到 269 ×2。

t. left(360/sides +1) 中的“/”是除法符号。表示每次循环小海龟会把笔的方向向左转 360/2 +1 度，也就是 181 度。相当于倒转了方向，但错开了 1 度。

t. width(x * sides/150) 表示每次循环画线的宽度都会变成 x * 2/150，即 x/75。当 x = 269 时，线宽最大，达到 3. 6。因此，上面的程序就相当于在来回画线，每画一次，颜色切换一下，线变长，反一下方向，并略微错开，并且线的宽度也略微增加。

如果把上面程序中的 sides =2 改成 sides =3，图案如图 8 －26 所示。

如果把 sides 的值改成 4，图案如图 8 －27 所示。

图 8－26 sides＝3 时的代码

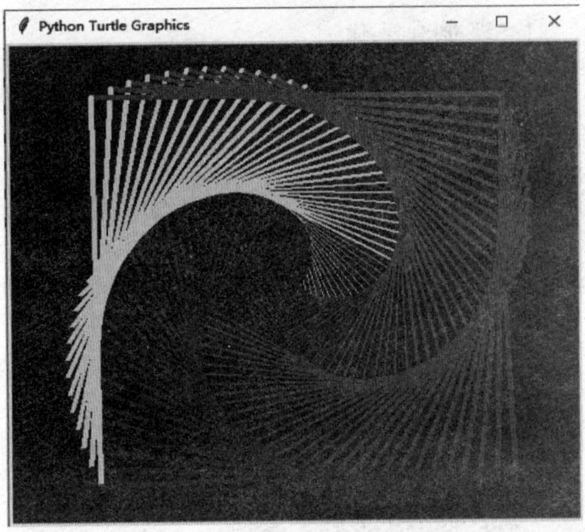

图 8－27 sides＝4 时的代码

如果把 sides 的值改成 5，图案如图 8 －28 所示。

如果把 sides 的值改成 6，图案如图 8 －29 所示。

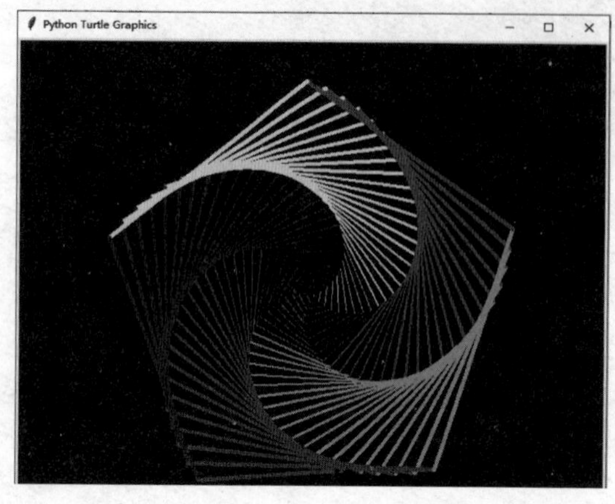

图 8－28　sides＝5 时的代码

图 8－29　sides＝6 时的代码

练习

在上面的程序中，把 sides 改成 7、8、9，会出现什么效果？注意：colors 中定义的颜色比前面的多，是为了避免 color[x% sides] 出现错误，颜色种类要多于或等于 sides 的个数。

任务 8.6　人工智能

人工智能，就是通过人类设计的计算机程序，模仿人类具有的一些特殊能力，比如看、听、说、读、写，甚至思考等。

1. 我能看见你

现在让人工智能把一张照片里的人脸都找出来。首先，在“命令提示符”窗口中输入命令来安装两个软件包。

```
pip install scikit-image
pip install dlib
```

然后在 IDLE 编辑器中输入下面的代码。

```
import dlib
from skimage import io

#使用正面人脸检测器
detector = dlib.get_frontal_face_detector()

# 读入要检测的人脸图片
```

```
img = io.imread("test1.jpg")
#test1.jpg 是要测试人脸的照片文件,请把它放到本程序的目录里

#生成图像窗口
win = dlib.image_window()

#显示要检测的图像
win.set_image(img)

#检测图像中的人脸
faces = detector(img, 1)
print("人脸数:",len(faces))

#绘制矩阵轮廓
win.add_overlay(faces)

#保持图像
dlib.hit_enter_to_continue( )
```

对图 8－30（a）所示照片的人脸识别如图 8－30（b）所示。

（a）　　　　　　（b）

图 8－30　简单人脸识别效果图

程序如图 8－31 所示。

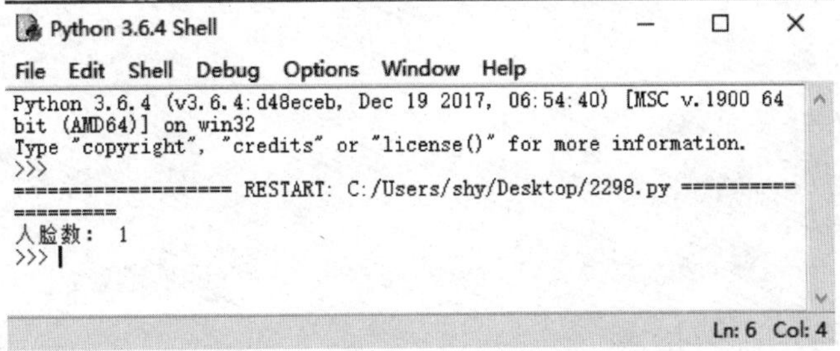

图 8－31　单人人脸识别程序

对图 8－32（a）所示照片进行人脸识别，结果如图 8－32（b）所示。

（a）

（b）

图 8－32　多人人脸识别效果

程序如图 8－33 所示。

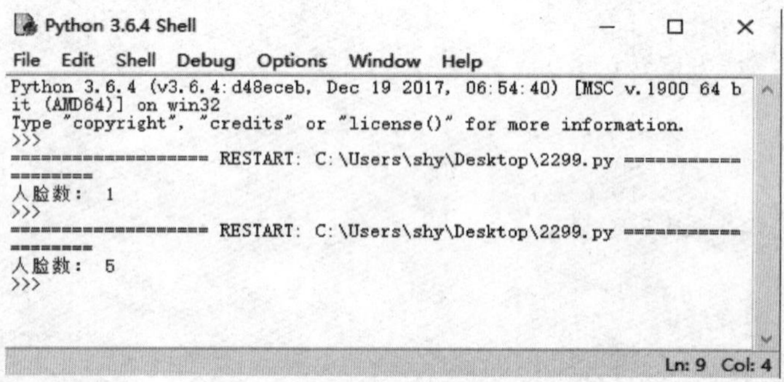

图 8－33　多人识别结果图

2. 我能认识你

前面知道人工智能能够从图片中找到人脸，那么它能不能认识里面的人呢？

首先安装人脸识别程序包，在“命令提示符”窗口中输入如下命令。

```
pip install face_recognition
```

然后输入下面的代码。

```
importos                       #导入操作系统程序包
importface_recognition         #导入人脸识别程序包
path = ".\\known"              #指定需要读取已经知道的人脸文件的目录
files  = os.listdir(path)      #从该目录读取所有文件到 files 中
known_names = [ ]              #已知的人名,最开始为空
known_faces = [ ]              #已知的人脸,最开始为空
for file in files:                     #从 files 中循环读取每个文件名
  filename = str(file)                 #得到当前文件的名字
  known_names.append(filename) # 把当前文件名字加入人名清单里

  image = face_recognition.load_image_file(path + "\\" + filename)
                                       #读入当前人脸图像
  encoding = face_recognition.face_encodings(image)[0]
```

```
            #对当前人脸图像进行识别,将识别的特征保存在 encoding 中
    known_faces.append(encoding)
                                    #把当前人脸特征保存在已知人脸中
  unknown_image = face_recognition.load_image_file(" 未知 1.jpg")
                                    #调入一张不知人名的人脸
  unknown_encoding = face_recognition.face_encodings(unknown_image)
[0]
                                    #识别这张人脸的特征
  results = face_recognition.compare_faces(known_faces,unknown_en-
coding,tolerance =0.5)
                                    #将未知人脸与所有已知人脸进行比较
  print("识别结果如下:")
  for i in range(len(known_names)):
                                    #显示未知人脸与每张已知人脸的比较结果
    print(known_names[i] + ":",end = " ")
                                    #打印已知的人脸文件名,end =“”表示不换行
    if results[i]:
      print("相同")                  #识别结果是 True,就显示相同
    else:
      print("不同”)                  #识别结果是 False,就显示不同
```

保存在当前目录下名为 known 的子目录下的人脸图片如图 8－34 所示。

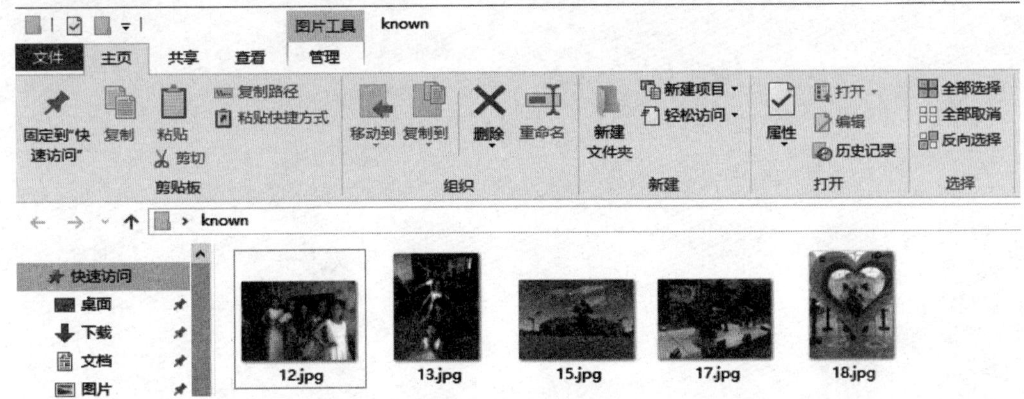

图 8－34 保存在当前目录下的人脸图片

保存在当前子目录下的两张测试人脸的图片如图 8－35 所示。

图 8－35　保存在当前子目录下的测试人脸的图片